建筑电气工程
质量控制要点

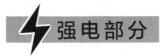 强电部分

主编　郭建明　杜玉川　牛立君

副主编　陈建伟　宋俊岭　刘强　刘志永

U0250876

知识产权出版社
全国百佳图书出版单位
—北京—

图书在版编目（CIP）数据

建筑电气工程质量控制要点：强电部分／郭建明，杜玉川，牛立君主编. —北京：知识产权出版社，2021.3

ISBN 978-7-5130-7470-4

Ⅰ.①建… Ⅱ.①郭… ②杜… ③牛… Ⅲ.①房屋建筑设备—电气设备—建筑安装—质量控制 Ⅳ.①TU85②TU712.3

中国版本图书馆 CIP 数据核字（2021）第 055717 号

责任编辑：张　冰		责任校对：谷　洋	
封面设计：杰意飞扬·张悦		责任印制：刘译文	

建筑电气工程质量控制要点——强电部分

主　编　郭建明　杜玉川　牛立君

副主编　陈建伟　宋俊岭　刘　强　刘志永

出版发行：知识产权出版社 有限责任公司	网　　址：http：//www.ipph.cn	
社　　址：北京市海淀区气象路 50 号院	邮　　编：100081	
责编电话：010-82000860 转 8024	责编邮箱：740666854@qq.com	
发行电话：010-82000860 转 8101/8102	发行传真：010-82000893/82005070/82000270	
印　　刷：北京建宏印刷有限公司	经　　销：新华书店、各大网上书店及相关专业书店	
开　　本：787mm×1092mm　1/16	印　　张：20.75	
版　　次：2021 年 3 月第 1 版	印　　次：2021 年 3 月第 1 次印刷	
字　　数：515 千字	定　　价：99.00 元	

ISBN 978-7-5130-7470-4

编 委 会

主 编 单 位：河北冀科工程项目管理有限公司
参 编 单 位：河北省医疗建筑学会
　　　　　　石家庄市健康建筑技术创新中心
　　　　　　筑医台科技河北有限公司
主　　　编：郭建明　杜玉川　牛立君
副 主 编：陈建伟　宋俊岭　刘　强　刘志永
常 务 编 委：张广彬　陈志成　王明亮
编委会成员（按姓氏笔画排名）：

于 杰	于文彬	于珍珍	马 良	马晓东	王 江	王 洋	王 培
王 绵	王 鹏	王 鑫	王一好	王立民	王永阔	王伟东	王军志
王志国	王丽肖	王丽敏	王秀朋	王建章	王南南	王彦伟	王彦勋
王勇智	王浩波	井水兰	付 杨	白 岩	白闪闪	冯平华	司 佳
司昊田	边 扬	邢一凡	吕 睦	任 硕	任伟强	任雪松	刘 佳
刘 欣	刘 阔	刘子强	刘延东	刘春建	刘树成	刘胜永	刘彦庆
刘勇强	刘莫函	刘健强	刘毅刚	闫 磊	闫树辉	祁俏莉	许玉滴
许利民	许倩雯	许群星	孙 诚	孙月琦	孙朝硕	苏立坡	苏丽丽
杜 浩	杜 超	杜琳倩	李 卫	李 跃	李 铭	李 超	李东旭
李亚楠	李成志	李先慧	李克宁	李佛磊	李国欣	李凯亮	李朋辉
李宗轩	李桂军	李琦星	杨 勇	杨 慧	杨何龙	杨钦强	杨翠镯
时媛媛	吴 姣	汪金满	宋雅琼	张 龙	张永刚	张伟成	张志斌
张明明	张学辉	张宗林	张晓勃	张海峰	张啸虎	张磊永	邰艳景
范 靖	国 彬	周 鹏	周小安	周安利	周思聪	周晓岚	周益文
郑 栋	宗 旭	赵 博	赵木宽	赵继雷	赵新义	郝虹千	胡 越
胡红阳	胡志鹏	禹沛孜	侯克芳	侯国栋	俞广程	娄金佩	贺日晨
秦有权	耿晓强	贾 浩	党向东	徐 朋	徐 楠	殷青妙	高 津
高 硕	高卫利	唐宝涛	黄益慧	曹 敬	盛 云	梁 朋	梁丽丽
梁肖然	梁忠宝	梁海坤	扈高飞	蒋录珍	焦子益	鲁丽珍	甄 真
解咏平	赫宏涛	蔡晓锋	翟军朝	潘亚宁	冀 峰	冀 楠	

前　言

　　现代民用建筑电气技术虽然是一项成熟的应用技术，但还在不断完善、创新之中，其所涉及的规范、标准、图集等种类众多、内容庞杂，不易查取。一位技术成熟的电气工程师往往只精通一类或几类常用的电气技术，但现代建筑发展日新月异，材料、工艺甚至规范、标准都在更新换代，在取用不熟悉或接触较少的领域的内容时往往会出现遗漏。本书编委会根据这种情况，将相关规范、标准、工法、要求、验收以及施工经验、常见问题等内容分类整理，集成一册，以方便现场施工人员进行技术交底及指导施工，同时也为监理人员检查、验收现场施工提供了一个很好的依据。本书还可为刚刚踏入工作岗位或工作时间不长的工程师提供指导。这类人员工程经验不足，对规范及施工程序尚不熟悉，加之建筑电气工程内容繁多，常有手足无措之感。本书编者也经历过这个阶段，所以在第一章对施工内业资料、施工程序、监理程序、相关规范标准进行了总结。本书亦可作为公司入职技术培训教材使用。

　　建筑电气工程可分为强电、弱电两个部分，本书只对强电部分进行介绍，参考《建筑电气工程施工质量验收规范》（GB 50303—2015）编写。全书共分为 24 章，其内容包括：建筑电气工程概论；变压器、箱式变电所安装；成套配电柜、控制柜（屏、台）和动力、照明配电箱（盘）安装；低压电动机、电加热器及电动执行机构检查接线；柴油发电机组安装；不间断电源安装；低压电气动力设备试验和试运行；裸母线、封闭母线、插接式母线安装；桥架、托盘和槽盒安装；导管敷设；电缆敷设；导管内穿线和槽盒内敷线；钢索配线；电缆头制作、导线连接和线路绝缘测试；普通灯具安装；专用灯具安装；开关、插座、风扇安装；建筑物照明通电试运行；接地装置安装；防雷引下线和变配电室接地干线敷设；防雷装置安装；建筑物等电位联结；电梯安装；质量检验评定的等级标准。

　　本书由杜玉川、郭建明、牛立君担任主编，参加编写的有陈建伟、宋俊岭、刘强等，其中，第一章由杜玉川、郭建明、牛立君编写，第二章、第十六章至第十八章、第二十三章由郭建明、陈建伟、刘强编写，第三章至第五章、第八章至第十二章由杜玉川、刘强编写，第六章、第七章、第十三章至第十五章由杜玉川、郭建明、刘志永编写，第十九章至第二十二章、第二十四章由牛立君、宋俊岭编写。全书由杜玉川、牛立君进行总纂及初校。

在本书编写过程中，河北冀科工程项目管理有限公司、河北省医疗建筑学会、石家庄市健康建筑技术创新中心、筑医台科技河北有限公司给予技术支持；完稿之后，由华北理工大学建筑工程学院王爱强老师进行内容审核，并提出了很多宝贵的建议，在此一并感谢。

由于作者水平和经验有限，加之时间仓促，书中难免有不足或不妥之处，望读者给予批评指正。

编　者

2021 年 3 月

目　录

第一章　建筑电气工程概论 ··· 1
　第一节　电气工程相关法规及标准 ··· 1
　第二节　建筑电气工程施工概述 ··· 2
　第三节　建筑电气工程监理概述 ··· 9
　第四节　建筑监理施工阶段常用表格及资料 ································· 28
第二章　变压器、箱式变电所安装 ··· 32
　第一节　变压器、箱式变电所安装 ··· 32
　第二节　工程施工监理 ··· 39
　第三节　工程质量标准及验收 ··· 41
　第四节　质量通病及防治 ·· 43
第三章　成套配电柜、控制柜（屏、台）和动力、照明配电箱（盘）安装 ······· 45
　第一节　成套配电柜、控制柜（屏、台）和动力、照明配电箱（盘）安装 ······· 45
　第二节　工程施工监理 ··· 48
　第三节　工程质量标准及验收 ··· 53
　第四节　质量通病及防治 ·· 57
第四章　低压电动机、电加热器及电动执行机构检查接线 ··················· 58
　第一节　电动机安装 ··· 58
　第二节　工程施工监理 ··· 62
　第三节　工程质量标准及验收 ··· 63
　第四节　质量通病及防治 ·· 65
第五章　柴油发电机组安装 ·· 66
　第一节　柴油发电机组安装 ·· 66
　第二节　工程施工监理 ··· 70
　第三节　工程质量标准及验收 ··· 72
　第四节　质量通病及防治 ·· 74
第六章　不间断电源安装 ·· 75
　第一节　不间断电源安装 ·· 75
　第二节　不间断电源设备选择与布置 ·· 80
　第三节　工程施工监理 ··· 81
　第四节　工程质量标准及验收 ··· 83

第五节 质量通病与防治·······84

第七章 低压电气动力设备试验和试运行 ·······85
第一节 低压电气设备安装·······85
第二节 设备安装试验和试运行·······92
第三节 工程施工监理·······99
第四节 工程质量标准及验收·······100
第五节 质量通病及防治·······102

第八章 裸母线、封闭母线、插接式母线安装 ·······103
第一节 母线安装·······103
第二节 封闭插接母线安装·······110
第三节 工程施工监理·······111
第四节 工程质量标准及验收·······113
第五节 质量通病及防治·······116

第九章 桥架、托盘和槽盒安装 ·······117
第一节 桥架、托盘和槽盒安装·······117
第二节 工程施工监理·······119
第三节 工程质量标准及验收·······120
第四节 质量通病及防治·······121

第十章 导管敷设 ·······123
第一节 导管敷设质量要点·······123
第二节 工程施工监理·······125
第三节 工程质量标准及验收·······127
第四节 质量通病及防治·······130

第十一章 电缆敷设 ·······131
第一节 电缆敷设施工要点·······131
第二节 电缆敷设监理要点·······134
第三节 工程质量标准及验收·······135
第四节 质量通病及防治·······137

第十二章 导管内穿线和槽盒内敷线 ·······138
第一节 导管内穿线和槽盒内敷线施工·······138
第二节 工程施工监理·······139
第三节 工程质量标准及验收·······140
第四节 质量通病及防治·······141

第十三章 钢索配线 ·······144
第一节 钢索配线·······144
第二节 工程施工监理·······148
第三节 工程质量标准及验收·······149
第四节 质量通病及防治·······150

第十四章　电缆头制作、导线连接和线路绝缘测试··············151
　　第一节　电缆头制作、导线连接和线路绝缘测试·········151
　　第二节　工程施工监理·····························157
　　第三节　工程质量标准及验收·······················160
　　第四节　质量通病及防治···························162

第十五章　普通灯具安装·····························164
　　第一节　普通灯具安装····························164
　　第二节　工程施工监理·····························169
　　第三节　工程质量标准及验收·······················170
　　第四节　质量通病及防治···························172

第十六章　专用灯具安装·····························174
　　第一节　专用灯具安装····························174
　　第二节　工程施工监理·····························181
　　第三节　工程质量标准及验收·······················183
　　第四节　质量通病及防治···························186

第十七章　开关、插座、风扇安装······················188
　　第一节　开关、插座、风扇安装······················188
　　第二节　工程施工监理·····························190
　　第三节　工程质量标准及验收·······················192
　　第四节　质量通病及防治···························194

第十八章　建筑物照明通电试运行······················195
　　第一节　建筑物照明通电试运行······················195
　　第二节　工程施工监理·····························196
　　第三节　工程质量验收标准·························197
　　第四节　质量通病及防治···························198

第十九章　接地装置安装·····························199
　　第一节　接地装置安装····························199
　　第二节　工程施工监理·····························210
　　第三节　工程质量标准及验收·······················212
　　第四节　质量通病及防治···························213

第二十章　防雷引下线和变配电室接地干线敷设·············214
　　第一节　防雷引下线和变配电室接地干线敷设···········214
　　第二节　工程施工监理·····························217
　　第三节　工程质量标准及验收·······················218
　　第四节　质量通病及防治···························219

第二十一章　防雷装置安装···························221
　　第一节　防雷装置安装····························221
　　第二节　工程施工监理·····························223

第三节　工程质量标准及验收 ……………………………………………… 224

第四节　质量通病及防治 …………………………………………………… 225

第二十二章　建筑物等电位联结 ………………………………………… 227

第一节　建筑物等电位联结 ………………………………………………… 227

第二节　工程施工监理 ……………………………………………………… 229

第三节　工程质量标准及验收 ……………………………………………… 230

第四节　质量通病及防治 …………………………………………………… 231

第二十三章　电梯安装 ……………………………………………………… 232

第一节　电梯安装 …………………………………………………………… 232

第二节　曳引式电梯安装 …………………………………………………… 234

第三节　工程施工监理 ……………………………………………………… 270

第四节　工程质量标准及验收 ……………………………………………… 275

第五节　质量通病及防治 …………………………………………………… 287

第二十四章　质量检验评定的等级标准 ………………………………… 291

第一节　质量等级要求概述 ………………………………………………… 291

第二节　线路敷设 …………………………………………………………… 293

第三节　硬母线和滑接线安装 ……………………………………………… 299

第四节　电气器具、设备 …………………………………………………… 302

第五节　避雷针（网）及接地装置安装工程 ……………………………… 309

附录 ……………………………………………………………………………… 311

附录 A　常用标注方式及文字符号汇总 …………………………………… 311

附录 B　常用导线型号及使用范围 ………………………………………… 313

附录 C　常用数据汇总 ……………………………………………………… 316

参考文献 ………………………………………………………………………… 321

第一章 >>>

建筑电气工程概论

第一节 电气工程相关法规及标准

一、工程建设必读文件

（一）法律

《中华人民共和国建筑法》

《中华人民共和国民法典》

《中华人民共和国招标投标法》

（二）行政法规

《建设工程质量管理条例》

《建设工程安全生产管理条例》

《生产安全事故报告和调查处理条例》

《中华人民共和国招标投标法实施条例》

（三）部门规章

《建设工程监理范围和规模标准规定》

《注册监理工程师管理规定》

《工程监理企业资质管理规定》

（四）合同文件

《建设工程监理合同（示范文本）》（GF—2012—0202）

《建设工程施工合同（示范文本）》（GF—2013—0201）

二、建筑电气安装工程相关标准、规范

《建设工程监理规范》（GB/T 50319—2013）

《建筑工程施工质量验收统一标准》（GB 50300—2013）

《建筑电气工程施工质量验收规范》（GB 50303—2015）

《建筑物电子信息系统防雷技术规范》（GB 50343—2012）

《电气装置安装工程　接地装置施工及验收规范》（GB 50169—2016）

1

《电气装置安装工程　电气设备交接试验标准》（GB 50150—2016）

《电气装置安装工程　66 kV 及以下架空电力线路施工及验收规范》（GB 50173—2014）

《建筑物防雷装置检测技术规范》（GB/T 21431—2015）

《阻燃和耐火电线电缆或光缆通则》（GB/T 19666—2019）

《1 kV 及以下配线工程施工与验收规范》（GB 50575—2010）

《电气装置安装工程　蓄电池施工及验收规范》（GB 50172—2012）

《电气装置安装工程　电缆线路施工及验收标准》（GB 50168—2018）

《电气装置安装工程　盘、柜及二次回路接线施工及验收规范》（GB 50171—2012）

《工业安装工程施工质量验收统一标准》（GB/T 50252—2018）

《外壳防护等级（IP 代码）》（GB/T 4208—2017）

《剩余电流动作保护装置安装和运行》（GB/T 13955—2017）

《电梯工程施工质量验收规范》（GB 50310—2002）

《施工现场临时用电安全技术规范》（JGJ 46—2005）

《建设工程施工现场供用电安全规范》（GB 50194—2014）

《电梯制造与安装安全规范》（GB 7588—2003）

《建设工程文件归档规范》（GB/T 50328—2014，2019 年版）

《建筑工程资料管理规程》（JGJ/T 185—2009）

《电梯安装验收规范》（GB/T 10060—2011）

《电控配电用电缆桥架》（JB/T 10216—2013）

《建筑机电工程抗震设计规范》（GB 50981—2014）

《建筑电气设施抗震安装》（16D707—1）

第二节　建筑电气工程施工概述

一、建筑电气工程施工的基本程序

（一）建筑电气工程的施工过程

1. 施工准备阶段

（1）阅读和熟悉施工图纸。

（2）编制施工预算。

（3）编写施工组织设计或施工方案。

（4）领取施工材料，对预埋件进行预制加工，准备开工前工具及设施，筹备劳动力组织等。

2. 施工阶段

（1）配合土建施工，预埋电线电缆保护管和支持固定件。

（2）固定接线箱、灯头盒及传感器底座等。

（3）随着土建工程的进展，逐步进行电气设备安装。

（4）线路敷设。

（5）单体检查试验。

3. 竣工验收阶段

（1）进行系统调试并投入正常运行，填写有关交接试验表格。

（2）请建设单位、施工单位、政府质量监督部门审查，现场验收。

（3）通信系统检查、测试验收。

（4）消防工程由公安消防部门进行验收。

（5）在政府质量监督部门见证下，进行竣工验收。

（二）图纸会审

在图纸会审前，负责施工的专业技术人员认真阅读施工图，熟悉图纸内容和要求，整理并记录疑难问题及图纸中存在的问题。

图纸会审工作应按照工程的性质、规模大小、重要程度、特殊要求等组织开展。图纸会审由建设单位组织，会审结果应形成纪要，由设计单位、建设单位、监理单位、施工单位共同签字确认。

（三）施工方案的编制和审批

1. 电气施工方案的主要内容

（1）工程概况及特点。

（2）质量管理体系。

（3）施工技术措施与专业技术交底。

（4）质量保证措施（包括分部工程质量目标，设备、器件、材料的订货、购置与进货计划，施工人员的配备，冬雨季施工措施，以及质量保证主要措施）。

（5）施工现场电力供应平面布置图。

（6）施工技术资料管理。

（7）成品保护措施。

（8）安全、消防及文明施工措施。

2. 施工方案的审批

施工组织设计、施工方案的审批必须是在施工单位自审手续齐全的基础上（有编制人、施工单位技术负责人的签名和施工单位公章），由施工单位填写组织设计方案报审表报监理单位。

（四）技术交底

（1）监理交底。监理交底内容应符合现场实际情况及相关规范要求及程序。

（2）设计交底。设计交底由建设单位组织，由建设单位、监理单位、设计单位、施工单位的有关人员参加，在图纸会审的基础上，由设计单位对施工单位就图纸问题、工程做法、设计思路等进行交底。

（3）施工组织设计交底。这属于施工单位内部交底，是施工技术负责人对操作者进行工程全过程的技术交底。其目的是明确所承担施工任务的特点、技术质量要求、系统的划分、施工工艺、施工要点和注意事项等，做到心中有数，有利于有计划、有组织地完成任务，并对施工技术的具体要求、安全措施、施工程序、配置的工机具等做详细说明，使责任明确，各负其责。

（五）工程变更

经过图纸会审和技术交底，会发现一些图纸中的问题，或随着工程的进展，会不断地发现问题，这时设计单位一般会采用设计变更的形式，将需要修改和变更的地方进行更改。当收到工程变更单时，应对相应的施工图认真核对，在施工时应按照变更后的图纸进行施工。工程设计变更是竣工图绘制的重要依据，同时也是竣工资料的重要组成部分，应归纳存档。

（六）电气施工

（1）在建筑物基础施工阶段，应做好接地装置及接地引线、防雷装置引下线等工作。

（2）在建筑物主体施工阶段，应做好配管、配线的预留、预埋工作。

（3）在建筑物装修阶段，应做好电器安装、调试等工作。

（七）质量检验评定

必须对分项、分部、单位工程的质量进行评定，其评定标准见本书第二十四章。

（八）交竣工验收

工程交竣工验收是检查评定建筑安装工程质量的重要环节。在施工过程中，除按照有关质量标准逐项检查外，还必须根据建筑安装工程的施工进度，对隐蔽工程、分项工程和竣工工程进行工程验收。

二、电气工程施工组织设计的编制

电气工程施工组织设计一般包括工程概况、施工方案和施工方法、施工进度计划、施工准备工作计划、各项资源需要量计划、质量保证体系、施工平面图、技术经济指标等部分。本书主要对工程概况、施工方案和施工方法进行介绍。

（一）工程概况

（1）工程特点：包括电气工程种类、名称、地点、内容（电气内、外线工程，电缆工程或照明、动力、变配电、电话、广播、报警、防盗系统的要求、特点和做法）、工程量、交付使用的时间、建设单位和设计单位等。

（2）施工地点的特征：包括施工部位的特征、规模，施工地点的地质情况，地下水及当地的气候情况等。

（3）施工条件：包括现场条件、与协作单位的施工配合条件和其他工种交叉情况，材料和预制加工品的供应情况、劳动力和机械运输等情况。

（二）施工方案和施工方法

（1）施工程序安排。

（2）流水段的划分。

（3）施工机具的选择，施工机具应遵循切合需要、实际可能、经济合理的原则进行选择。

（4）主要项目施工方法的选择。

1）方法可行，条件允许，可以满足施工工艺要求。

2）符合施工验收规范和质量评定标准的有关规定。

3）尽量选择那些经过试验鉴定的科学、先进、节约的方法，尽可能进行技术经济分析。

4）要与选择的施工机具及划分流水段相协调。

（5）技术组织措施。这是指在技术、组织方面对保证质量、安全、节约和季节施工所采用的方法。

三、建筑电气安装与土建施工的相互配合

（一）施工前的准备

在工程项目开工前，电气安装技术人员应会同土建施工技术人员共同查对土建与电气施工图纸，对有关基础型钢预埋、支吊架的预埋和线路保护管的预埋等，排出配合交叉施工的计划，以防遗漏或发生差错，要在配合施工前，将各种预埋件制作好，并做好必要的防腐处理。

（二）基础工程施工中的配合

在土建基础工程施工中，应做好接地工程引线孔、地面内配管的过墙孔、电缆过墙保护管和进线管的预埋工作。其具体位置、标高、材料要求需参见图纸。

（三）墙体砌筑工程施工中的配合

在内线工程中，经常采用的是暗管配线敷设，有时穿线管未能预先备齐，需要在墙体上留槽。为了保护电气设备，大量盒、箱必须在土建粉刷或装修时才能进行，因此也要预留孔洞。

（四）梁柱结构施工中的配合

预制梁柱结构的施工一般在预制厂中进行，其中比较规则的预制件可在预制厂埋入电气管道和预埋钢板；对于不便安装管线的预埋件，可预埋钢板或木砖，也可预留钢筋头，以备敷设线路和安装电气设备使用。现场浇制的梁柱按配管方式施工，在浇制混凝土前安装好管道和固定件。

（五）楼板安装施工中的配合

为了在合适的位置上安装灯具和火灾报警探测器等设备，在楼板安装时，要安排好楼板的排列次序，与土建施工人员密切配合，合理选择安装接线盒位置，要使接线盒（灯头盒）布置对称，成排安装。

当楼板上面几根电线管交叉时，应设法绕开叠加处，以免影响土建地坪制作。管线在楼板中暗配，一般不用接线盒，而直接将线管伸下。

（六）地面施工中的配合

在混凝土浇筑前，必须把地面中的线管安装到位，连接紧固，敷设好室内的接地线，安装好各种箱体及基础型钢，预埋好地脚螺栓。

（七）预制构件之间接合处的配合

混凝土预制构件之间接合处的管线连接需要认真处理，一般是在预制构件中各自安装接线盒和预留小槽，在构件接合好后，再相互对齐小槽中的连接线管。

（八）装修施工中的配合

在吊顶内敷设线管，首先装修固定好主吊顶龙骨，待主龙骨调整好后，可在主龙骨上配置管线，钢管应卡固在龙骨上，按最近直线距离敷设，在吊顶上安装接线盒，接线盒不应高出吊顶平面，钢管配好后，应将电缆电线穿入，做完吊顶上面的工作，再由装修人员安装次龙骨和上面板，这需要在吊顶上面开孔，留出接线盒，开孔的面积应小于接线盒口

面。此外，还可以先将线管配好，将带丝穿入线管，待吊顶安装完毕后，再穿线接线和安装电气设备。

四、电气安装工程的试运行

（一）试运行方案的内容

（1）试运行的目的。

（2）试运行的范围。

（3）试运行应具备的条件。

（4）试运行前的各项准备工作。

（5）试运行的内容步骤和操作方法。

（6）试运行中可能出现的问题和应采取的对策。

（7）安全措施。

（8）试运行所需的工具、仪器仪表和材料。

（9）试运行人员的组织和分工。

（二）试运行的条件

（1）各项安装工作均已完成，并经检验合格，达到试运行要求。

（2）试运行工程的施工图，设备的合格证、产品说明书、安装记录、调试报告等资料齐全。

（3）与试运行有关的机械、管道、仪表、自控等设备和联锁装置均已安装调试完毕，并符合使用条件。

（4）现场清理完毕，无任何影响试运行的障碍。

（5）试运行所需工具、仪表和材料齐全。

（6）试运行所有记录表格齐全并指定专人填写。

（7）试运行参加人员组织分工、责任明确，岗位清楚。

（8）安全防火措施齐全。

（三）试运行前的检查和准备工作

（1）清除试运行设备周围障碍物，拆除设备上的各种临时接线。

（2）恢复所有被临时拆开的线头和连接点，检查所有端子有无松动现象。

（3）检查所有回路和电气设备的绝缘情况，并将绝缘电阻值填入记录表格中。

（4）对控制、保护和信号系统进行空操作，检查所有设备，如隔离开关、断路器、继电器的可动部分均应动作灵活、可靠。

（5）检查备用电源、备用设备及自动装置应处于良好状态。

（6）检查行程开关、限位开关的位置是否正确，解除是否严密可靠，动作是否灵活。

（7）电动机在空转前，手动盘车应运转灵活，无异常响动。

（8）若对某一设备单独试运行，并需暂时解除与其他部分的联锁，应事先通知有关部门和人员，试运行后再恢复到原来状态。

（9）试运行前检查通风、润滑及水冷却系统是否良好，各辅助的联锁保护是否可靠。

（10）试运行前应确定不可逆装置电动机的旋转方向。

（11）直流电动机应检查各绕组的极性是否正确，励磁电阻有无断线，接触是否良好。

（12）当两条线路并联运行时，应检查是否符合并联规定。

（13）在变电所送电试运行前，应先制定操作程序；在送电时，调试负责人应在场。

（14）检查变压器分接开关的位置是否符合设计要求。

（15）检查所有高低压熔断器是否导通良好。

（16）对大容量的设备，起动前应通知变电所值班人员或供电部门。

（17）为了保证试运行中指挥能与各岗位随时取得联系，应在变电所、控制操作盘等处装设电话。

（18）所有调试记录、报告均应经有关负责人审核同意并签字。

（四）试运行中的注意事项

（1）一切试运行工作应服从指定的专人指挥。

（2）无论送电或停电都应严格执行操作规程。

（3）传动装置的试运行应在空载状态下进行，空载试运行良好后再带负载；试运行中若发现起动困难，应立即停车检查。

（4）串励电动机不准空载试运行。

（5）直流电动机在试运行时，磁场电阻器应放在最小位置，直流发电机应放在最大位置。

（6）对非可逆电动机，其运转方向应与厂家所标的箭头方向一致。

（7）对由多台电动机驱动的同一台机械设备，应在试运行前分别起动，判明方向后再进行系统试运行。

（8）凡带有限位保护的设备，应用点动式进行初试，再由低速到高速进行试运行。

（9）电动阀门类机械在第一次试车时，应在接近限位位置前停车，改用手动关闭开关，手动调好后，再采用电动方式检查。

（10）试运行时应注意仪表的指示内容，电动机的起动时间、转速、声音、温度及继电保护，开关、接触器等器件是否正常。

（11）起动后，试运行操作人员要坚守岗位，将试运行中有关情况随时报告给指挥人员，并随时准备应对各种意外情况而紧急停车。

（12）对间歇工作的电动机或机械，应按照规定的持续率进行试运行。

（13）当更换工作程序而需变动选择开关位置时，应先停车后再改变选择开关。

（14）若电动机在运行中失磁，应迅速切断主电路。

（15）两台以上的变压器并运，应先分别受电，经检验符合并联运行条件后，方可并联运行。

（16）新投运的变压器，其空载冲击试验一般为 5 次，初次试运行时间为 24 h 或根据具体情况确定。

（17）若电气或机械设备发生特殊意外情况，来不及通知试运行负责人，试运行人员可自行紧急停车。

（18）由于事故停车后，应立即将开关或控制器扳回到停车位置，切断电源，查明原因。

（19）试运行中若继电器保护装置动作，应尽快查明原因，不得任意增大整定值或强行送电。

（20）在操作隔离开关时，应动作迅速、准确，但在断开时应动作缓慢。

（21）当第一次对线路或设备冲击合闸时，应在合闸指示灯亮后，即断路器确已合闸完毕，再切断该断路器。

（22）在冲击试验时，若发现受电设备空载电流很大，而又不能马上降下来，应立即切断电源进行检查，不得继续送电。

（23）不允许在变压器二次侧待复核的情况下送电。

五、电气安装工程的交竣工验收

（一）隐蔽工程验收

电气安装中的埋设管线、直埋电缆、接地等工程在下道工序施工前，应由监理工程师进行隐蔽工程检查验收，并认真办理隐蔽工程验收手续。

（二）分项工程验收

电气工程在某阶段施工结束，或在某一分项工程完工后，由监理单位、设计单位进行分项工程验收。电气安装工程项目完成后，要严格按照有关的质量标准、规程、规范进行交接试验、试运转和联动试运行等各项工作，并做好签证验收记录，归入工程技术档案。

（三）竣工验收

在工程正式验收前，应进行预验收，检查有关的技术资料、工程质量，发现问题及时做好处理。竣工验收工作由建设单位负责组织，根据工程项目的性质、大小，分别由设计单位、监理单位、施工单位及有关人员共同进行。所有建设项目均需按单位工程，严格按照国家规定进行验收，评定质量等级，办理验收手续，归入工程技术档案。不合格的工程不能验收和交付使用。

1. 工程验收的依据

（1）甲乙双方签订的合同。

（2）上级主管部门的有关文件。

（3）设计文件、施工图纸和设备技术说明书及产品合格证。

（4）国家现行的施工验收技术规范。

（5）建筑安装设计规定。

（6）对从国外引进的新技术或成套设备项目，还应按照签订的合同和国外提供的设计文件等资料进行验收。

2. 工程验收的标准

（1）工程项目按照合同规定和设计图纸内容全部完成，达到国家规定的质量标准。

（2）设备调试、试运转达到设计要求，运转正常。

（3）施工场地清理完毕，无残存的垃圾、废料和机具。

（4）交工所需的资料齐全。

（四）交接验收

（1）施工单位向建设单位提供下列资料。

1）分项工程竣工一览表：包括工程编号、名称、地点、建筑面积、开竣工日及简要工程内容。

2）设备清单：包括电气设备名称、型号、规格、数量、重量、价格、制造厂以及设备的备品、备件和专用工具。

3）工程竣工图及图纸会审记录：在电气施工中，如设计变更程度不大，则以原设计图纸、设计变更文件及施工单位的施工说明作为竣工图；如设计变更较大，要由设计单位另行绘制竣工图，然后由施工单位附上施工说明作为竣工图。

4）设备、材料证书：包括设备、材料（包括半成品、构件）的出厂合格证及说明书、试验调整记录等。

5）隐蔽工程记录。

6）质量检验和评定表：包括施工单位自检记录及质量监督部门的工程项目检查评定表。

7）调试报告：包括对系统进行装置分项、系统联动调试报告和实验记录。

8）整改记录及工程质量事故记录：包括设备的整修更改记录以及质量事故的处理报告。

9）情况说明、安装日记、设备使用或操作注意事项及合理化建议和材料代用说明与签证。

10）未完工程明细表：少量允许的未完工程需列表说明。

（2）建设单位收到施工单位的通知或提供的交工资料后，应按时派人会同施工单位进行检查、鉴定和验收。

（3）进行单机试车、无负载联动试车和带负载联动试运行，应以施工单位为主，并与其他工种密切配合。

（4）办理工程交接手续，经检查、鉴定和试车合格后，合同双方签订交接验收证书，逐项办理固定资产移交，根据承包合同的规定，办理工程结算手续，除注明承担的保修工作内容外，双方的经济关系与法律责任可予以解除。

第三节　建筑电气工程监理概述

一、监理单位业务介绍

（一）项目决策阶段

（1）组织进行建设项目的可行性研究。

（2）参与设计任务书的编制。

（二）设计阶段

（1）提出设计要求，组织评选设计方案。

（2）协助建设单位（业主）评选设计单位，组织设计招标或设计竞赛，商签设计合同并组织实施。

（3）审查设计文件和概（预）算。

（三）施工招标阶段

（1）编制与发送招标文件。

（2）对投标商进行资格预审。

（3）协助评审投标书，提出意见。

（4）协助建设单位与承建单位签订合同。

（5）审查和确认总承建单位选择的分包单位。

（四）施工阶段

（1）协助建设单位与承建单位编写开工报告。

（2）审查承建单位提出的施工组织设计、施工方案及施工进度计划，并予以确认。

（3）审查与确认承包商提出的材料和设备清单及其规格与质量。

（4）检查、督促承包商严格执行合同及有关技术规范与标准。

（5）监督、检查与控制承包商使用工程材料、设备的质量和安全措施。

（6）监督、检查与控制承包商的施工进度和施工质量。

（7）组织指导承包商对工程事故的处理，并予以验收、确认。

（8）协调业主与承包商之间及各承包商之间各方的关系，调解有关争议。

（9）处理有关索赔事件。

（10）进行分部、分项工程的中间验收，签署中间交工证明和工程款支付凭证。

（11）建立合同文件和技术档案资料。

（12）组织工程项目的竣工预验收，提出验收报告。

（13）审查与确认工程结算。

（五）工程保修阶段

（1）负责检查工程运行及使用状况。

（2）分析、鉴定所出现的质量问题的原因及责任。

（3）督促承包商履行保修职责，对保修质量加以确认。

（4）完成工程的最终验收。

二、项目监理机构及监理人员职责

项目监理机构是工程监理单位实施监理时，派驻工地负责履行建设工程监理合同的组织结构。项目监理机构的组织结构模式和规模，可根据建设工程监理合同约定的服务内容、服务期限以及工程特点、规模、技术复杂程度、环境等因素确定。在施工现场监理工作全部完成或建设工程监理合同终止时，项目监理机构可撤离施工现场。在项目监理机构撤离施工现场前，应由监理单位书面通知建设单位，并办理相关移交手续。

（一）项目监理机构的设置

1. 项目监理机构设立的基本要求

（1）项目监理机构的设立应遵循适应、精简、高效的原则，要有利于建设工程监理目标控制和合同管理，要有利于建设工程监理职责的划分和监理人员的分工协作，要有利于建设工程监理的科学决策和信息沟通。

（2）项目监理机构的人员应由一名总监理工程师、若干名专业监理工程师和监理员组成，且专业配套，数量应满足监理工作和建设监理合同对监理工作深度及建设监理目标控制的要求，必要时可设总监理工程师代表。

（3）一名注册监理工程师可担任一项建设工程监理合同的总监理工程师。当需要同时担任多项建设工程监理合同的总监理工程师时，应经建设单位书面同意。

（4）工程监理单位更换、调整项目监理机构人员，应做好交接工作，保持建设工程监理工作的持续性。当需调换总监理工程师时，应征得建设单位书面同意。

2．项目监理机构设置步骤

（1）确定项目监理机构目标。

（2）确定监理人员工作内容（见表1-1、表1-2）。

（3）项目监理机构组织结构设计。

（4）制定工作流程和信息流程。

表1-1 总监理工程师岗位职责标准

项目	职责内容	考核要求	
		标　准	时间
工作目标	质量控制	符合质量控制计划目标	工程各阶段末
	造价控制	符合造价控制计划目标	每月（季）末
	进度控制	符合合同工期及总进度控制计划目标	每月（季）末
基本职责	根据监理合同，建立和有效管理项目监理机构	（1）项目监理组织机构科学、合理。（2）项目监理机构有效运行	每月（季）末
	组织编制与组织实施监理规划；审批监理实施细则	（1）对建设工程监理工作系统筹划。（2）监理实施细则符合监理规划要求，具有可操作性	编写和审核完成后
	审查分包单位资格	符合合同要求	规定时限内
	监督和指导专业监理工程师对质量、造价、进度进行控制；审核、签发有关文件资料；处理有关事项	（1）监理工作处于正常工作状态。（2）工程处于受控状态	每月（季）末
	做好监理过程中有关各方的协调工作	工程处于受控状态	每月（季）末
	组织整理监理文件资料	及时、准确、完整	按合同约定

表1-2 专业监理工程师岗位职责标准

项目	职责要求	考核要求	
		标　准	时间
工作目标	质量控制	符合质量控制分解目标	工程各阶段末
	造价控制	符合造价控制分解目标	每周（月）末
	进度控制	符合合同工期及总进度控制分解目标	每周（月）末

项目	职责要求	考核要求	
		标　准	时间
基本职责	熟悉工程情况，负责编制本专业监理工作计划和监理实施细则	反映专业特点，具有可操作性	实施前1个月
	具体负责本专业的监理工作	（1）建设工程监理工作有序。 （2）工程处于受控状态	每周（月）末
	做好项目监理机构内各部门之间监理任务的衔接、配合工作	监理工作各负其责，相互配合	每周（月）末
	处理与本专业有关的问题；对质量、造价、进度有重大影响的监理问题应及时报告给总监理工程师	（1）工程处于受控状态。 （2）及时、真实	每周（月）末
	负责本专业相关的签证、通知、备忘录，及时向总监理工程师提交报告、报表等资料	及时、真实、准确	每周（月）末
	收集、汇总、整理本专业的监理文件资料	及时、准确、完整	每周（月）末

（二）项目监理机构各类人员基本职责

1. 总监理工程师职责

（1）确定项目监理机构人员及其岗位职责。

（2）组织编制监理规划，审批监理实施细则。

（3）根据工程进展及监理工作情况调配监理人员，检查监理人员工作。

（4）组织召开监理例会。

（5）组织审核分包单位资格。

（6）组织审查施工组织设计、（专项）施工方案。

（7）审查开复工报审表，签发工程开工令、暂停令和复工令。

（8）组织检查施工单位现场质量、安全生产管理体系的建立及运行情况。

（9）组织审核施工单位的付款申请，签发工程款支付证书，组织审核竣工结算。

（10）组织审查和处理工程变更。

（11）调解建设单位与施工单位的合同争议，处理工程索赔。

（12）组织验收分部工程，组织审查单位工程质量检验资料。

（13）审查施工单位的竣工申请，组织工程竣工预验收，组织编写工程质量评估报告，参与工程竣工验收。

（14）参与或配合工程质量安全事故的调查处理。

（15）组织编写监理月报、监理工作总结，组织质量监理文件资料。

2. 总监理工程师代表职责

按总监理工程师的授权，负责总监理工程师指定或交办的监理工作，行使总监理工程师部分职责和权利。但其中涉及工程质量、安全生产管理及工程索赔等重要职责不得委托给总监理工程师代表。具体而言，总监理工程师不得将下列工作委托给总监理工程师代表：

（1）组织编写监理规划，审批监理实施细则。

（2）根据工程进展及监理工作情况调配监理人员。

（3）组织审查施工组织设计、（专项）施工方案。

（4）签发工程开工令、暂停令和复工令。

（5）签发工程款支付证书，组织审核竣工结算。

（6）审查施工单位的竣工申请，组织工程竣工预验收，组织编写工程质量评估报告，参与工程竣工验收。

（7）参与或配合工程质量安全事故的调查处理。

3．专业监理工程师职责

（1）参与编制监理规划，负责编制监理实施细则。

（2）审查施工单位提交的涉及本专业的报审文件，并向总监理工程师报告。

（3）参与审核分包单位资格。

（4）指导、检查监理员工作，定期向总监理工程师报告本专业监理工作实施情况。

（5）检查进场的工程材料、构配件、设备的质量。

（6）验收检验批隐蔽工程、分项工程，参与验收分部工程。

（7）处置发现的质量问题和安全事故隐患。

（8）进行工程计量。

（9）参与工程变更的审查和处理。

（10）组织编写监理日志，参与编写监理月报。

（11）收集、汇总、参与整理监理文件资料。

（12）参与工程竣工预验收和竣工验收。

4．监理员职责

（1）检查施工单位投入工程的人力、主要设备的使用及运行状况。

（2）进行见证取样。

（3）复核工程计量有关数据。

（4）检查工序施工结果。

（5）发现施工作业中的问题，及时指出并向专业监理工程师报告。

三、监理规划与监理实施细则

（一）监理规划的编制依据及主要内容

1．监理规划的编制依据

监理规划的编制依据如表 1-3 所示。

表 1-3　监理规划的编制依据

编制依据	文件资料名称	
反映工程特征的资料	勘察设计阶段监理相关服务	（1）可行性研究报告或设计任务书。 （2）项目立项批文。 （3）规划红线范围。 （4）用地许可证。 （5）设计条件通知书。 （6）地势图
	施工阶段监理	（1）设计图纸和施工说明书。 （2）地形图。 （3）施工合同及其他建设工程合同
反映建设单位对项目监理要求的资料	监理合同：反映监理工作范围和内容、监理大纲、监理投标文件	
反映工程建设条件的资料	（1）当地气象资料和工程地质及水文资料。 （2）当地建筑材料供应状况的资料。 （3）当地勘察设计和土建安装力量的资料。 （4）当地交通、能源和市政公用设施的资料。 （5）检测、监测、设备租赁等其他工程参建方资料	
反映当地工程建设法规及政策方面的资料	（1）工程建设程序。 （2）招标投标和工程监理制度。 （3）工程造价管理制度等。 （4）有关法律法规及政策	
工程建设法律、法规及标准	法律法规，部门规章，建设工程监理规范，勘察、设计、施工、质量评定和工程验收等方面的规范、规程、标准等	

2. 监理规划的主要内容

监理规划的主要内容包括：工程概况，监理工作的范围、内容、目标，监理工作依据，监理组织形式、人员配备及进退场计划，监理人员岗位职责，监理工作制度，工程质量控制，工程造价控制，工程进度控制，安全生产管理的监理工作，合同与信息管理，组织协调，监理工作设施。

（1）现场监理工作制度包括：图纸会审及设计交底制度；施工组织设计审核制度；工程开工、复工审批制度；整改制度，包括签发监理通知单和工程暂停令等；平行检验、见证取样、巡视检查和旁站制度；工程材料、半成品质量检验制度；隐蔽工程验收、分项（部）工程质量验收制度；单位工程验收、单项工程验收制度；监理工作报告制度；安全生产监督检查制度；质量安全事故报告和处理制度；技术经济签证制度；工程变更处理制度；现场协调会及会议纪要签发制度；施工备忘录签发制度；工程款支付审核、签认制度。

（2）项目监理机构内部制度包括：项目监理机构工作会议制度，如监理交底会、监理例会、监理专题会、监理工作会议等；项目监理人员岗位职责制度；对外行文审批制度；监理工作日志制度；监理周报、月报制度；技术、经济资料及档案管理制度；监理人员教育培训制度；监理人员考勤、业绩考核及奖惩制度。

（3）相关服务工作制度。

1）项目立项阶段：包括可行性研究报告评审制度和工程量估算审核制度等。

2）设计阶段：包括设计大纲、设计要求编写及审核制度，设计合同管理制度，设计方案评审办法，工程概算审核制度，施工图纸审核制度，设计费用支付签认制度，以及设计协调会制度等。

3）施工招标阶段：包括招标管理制度、标底或招标控制价编制及审核制度、合同条件拟定及审核制度、组织招标实务有关规定。

（二）监理实施细则的编写依据及主要内容

1．监理实施细则的编写依据

（1）已批准的建设工程监理规划。

（2）与专业工程相关的标准、设计文件和技术资料。

（3）施工组织设计、（专项）施工方案。

除以上依据外，监理实施细则在编制过程中，还可以融入工程监理单位的规章制度和经认证发布的质量体系，以达到监理内容的全面、完整，有效提高建设工程监理自身的工作质量。

2．监理实施细则的编写要求

监理实施细则应符合监理规划的要求，并应结合工程专业特点，做到内容全面、针对性强、可操作性强。

（1）内容全面：包括"三控两管一协调"与安全生产管理的监理工作，监理实施细则作为指导监理工作的可操作性文件应涵盖这些内容。

（2）针对性强：监理实施细则应在相关依据的基础上，结合工程项目实际建设条件、环境、技术、设计、功能等进行编制，确保监理实施细则具有针对性。

（3）可操作性强：应有可行的操作方法、措施以及详细、明确的控制目标和全面的监理工作计划。

3．监理实施细则的主要内容

《建设工程监理规范》（GB/T 50319—2013）明确规定了监理实施细则应包含以下内容：专业工程特点、监理工作流程、监理工作控制要点以及监理工作方法及措施。

（1）专业工程特点：应对专业工程施工的重点和难点、施工范围和施工顺序、施工工艺、施工工序等内容进行有针对性的阐述，体现为工程施工的特殊性、技术的复杂性，与其他专业的交叉衔接以及各种环境约束条件。

除专业工程外，新材料、新工艺、新技术以及对工程质量、造价、进度应加以重点控制等特殊要求也要在监理实施细则中体现。

（2）监理工作流程：包括开工审核工作流程、施工质量控制流程、进度控制流程、造价控制流程、安全生产和文明施工监理流程、测量监理流程、施工组织设计审核工作流程、分包单位资格审核工作流程、建筑材料审核流程、技术审核流程、工程质量问题处理审核流程、旁站检查工作流程、隐蔽工程验收流程、工程变更处理流程、信息资料管理流程等。

（3）监理工作控制要点：将监理工作目标和检查点的控制指标、数据和频率等阐述清楚。

（4）监理工作的方法：监理工程师除采用旁站、巡视、见证取样、平行检测四种常规方法外，还可采用指令性文件、监理通知、支付控制手段等方法实施监理。

四、施工监理

（一）施工监理的主要内容

施工监理的主要内容如下（图1-1为施工监理内容图解）：

（1）协助建设单位与承建单位编写开工报告。

（2）确认承建单位选择的分包单位。

（3）审查承建单位提出的施工组织设计、施工技术方案和施工进度计划，提出改进意见。

（4）审查承建单位提出的材料和设备清单及其所列的规格与质量。

（5）督促、检查承建单位严格执行工程承包合同和工程技术标准。

（6）调解建设单位与承建单位之间的争议。

（7）检查工程使用的材料和设备的质量，检查安全防护措施。

（8）检查工程进度和施工质量，验收分部、分项工程，签署工程付款凭证。

（9）督促整理合同文件和技术档案资料。

（10）组织设计单位和承建单位进行工程竣工初步验收，提出竣工验收报告。

（11）审查工程结算。

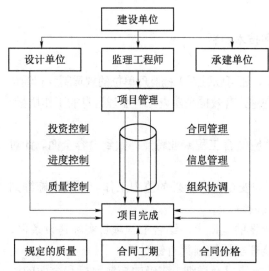

图 1-1 施工监理内容图解

（二）施工监理程序

监理工程师严格执行监理程序，以控制承建单位的施工程序，对保证工程进度、工程质量及控制工程造价都十分有益。工程质量、进度、造价这三大控制的监理程序分别如图 1-2、图 1-3、图 1-4 所示。

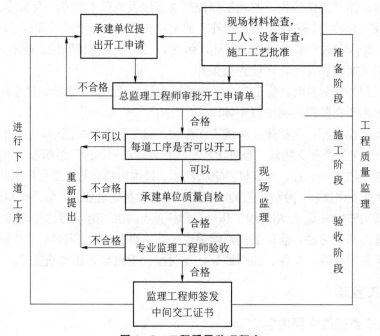

图 1-2 工程质量监理程序

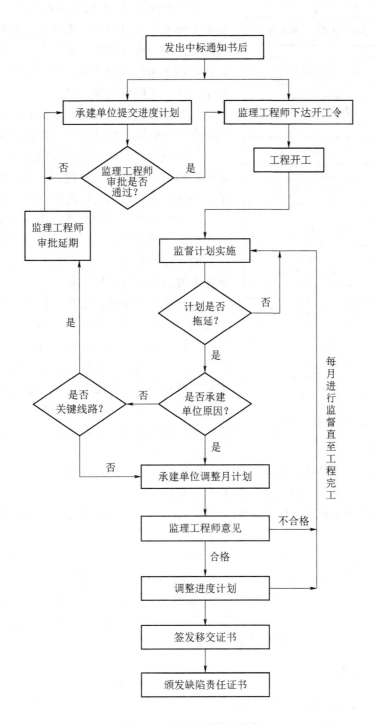

图 1-3　工程进度监理程序

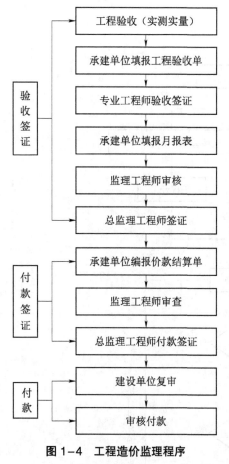

图 1-4　工程造价监理程序

验收签证 → 工程验收（实测实量）→ 承建单位填报工程验收单 → 专业工程师验收签证 → 承建单位填报月报表 → 监理工程师审核 → 总监理工程师签证

付款签证 → 承建单位编报价款结算单 → 监理工程师审查 → 总监理工程师付款签证

付款 → 建设单位复审 → 审核付款

（三）施工监理手段

（1）旁站监理：监理人员在承建单位施工期间，要用全部或大部分时间，在施工现场对承建单位施工活动的每一个细节进行跟踪监理，以便发现问题并及时指令承建单位予以纠正，以减少质量缺陷的发生，保证工程质量和进度。

（2）测量：在工程施工期间测量线路通断、判断元器件的好坏、测量电气设备的绝缘电阻等。

（3）试验：对项目或设备的评价，必须通过试验取得数据，检查电气性能，正确评价电气安装质量，不允许采用经验、目测或感觉评价质量。

（4）严格执行监理程序：未经监理工程师批准开工申请的项目不准开工，承建单位要充分做好开工前的各项准备工作；没有监理工程师的付款证书，承建单位就得不到工程付款。

（5）指令性文件：监理工程师应充分利用指令性文件，对任何事项发出书面指示，并督促承建单位严格遵守与执行监理工程师的书面指示。

（6）工地会议：监理工程师与承建单位讨论施工中的各种问题，必要时可邀请建设单位或有关人员参加。在会上，监理工程师的决定具有书面函件与书面指示的作用。监理工程师可通过工地会议的方式发出有关指令。

（7）专家会议：对复杂的技术问题，监理工程师可召开专家会议，进行研究论证。根据专家意见和合同条件，由监理工程师做出结论。

（8）计算机辅助管理：利用计算机，对计量支付、工程质量、工作进度及合同条件进行辅助管理。

（9）停止支付：监理工程师应充分利用合同赋予的支付方面的权利，承建单位的任何工程行为达不到监理工程师的要求，监理工程师都有权拒绝支付工程款。

（10）会见承建单位：当承建单位无视监理工程师的指示，违反合同条件进行工程活动时，总监理工程师（或其代表）可约见承建单位的主要负责人，指出承建单位在工程上存在问题的严重性和可能造成的后果，并提出解决问题的途径。

五、质量控制

（一）施工准备阶段的质量控制

1. 施工图质量控制

（1）施工图是工程施工的主要依据，监理工程师对施工图的审核是一个关键的环节。监理工程师不但要亲自对施工图进行认真审核，还要督促施工单位对施工图进行认真审阅，找出问题，提出合理建议。

（2）施工图审核重点如下：

1）专业图纸是否完全，各类图纸之间是否相互碰撞或缺失。

2）是否符合现行施工规范，图纸和施工图说明有无不符。

3）检查施工图是否有设计常见通病。

2．施工组织设计的质量控制

目前施工企业普遍采用的是单位工程施工组织设计，它是建设单位委托监理单位进行监理业务的主体。监理工程师对施工组织设计审核的主要内容如下：

（1）单位工程项目经理部班子是否健全、真实、可靠。

（2）施工总平面图是否布置合理，是否有利于质量控制和质量检测。

（3）主要组织技术措施是否得力，是否有针对性。在保证工程质量措施中，对电气设备安装工程的分部、分项的质量是否有预控方案和针对性措施。

3．对现场材料的检查

（1）检查材料的质量和规格及相关证件。

（2）检查材料的数量。

（3）监督现场材料的存放条件。

（二）施工过程中的质量控制

1．质量监理的依据

（1）合同文件及相关规范标准。

（2）监理工程师的指令。

2．审核有关技术文件

（1）审核进入施工现场各分包单位的技术资质和证明文件。

（2）审核承建单位的开工报告，经核实后，下达开工指令。

（3）审核承建单位提交的施工方案和施工组织设计，确保工程质量有可靠的技术措施。

（4）审核承建单位提交的有关材料的质量检验报告。

（5）审核变更设计、修改图和技术核定书。

（6）审核有关工程质量事故处理报告。

（7）审核有关新技术、新工艺、新材料的技术鉴定书。

（8）审核承建单位提交的关于工序交接检查，分部、分项工程质量检验报告。

（9）审核并签署现场有关质量技术签证、文件等。

3．质量检查内容

（1）开工前检查。主要检查是否符合开工条件，开工后能否保证工程质量，能否连续地正常施工。

（2）工序交接检查。对于重要的工序或对工程质量有重大影响的工序，在自检、互检的基础上，还要进行交接检查。

（3）隐蔽工程检查。凡是隐蔽工程须经监理人员检查合格后才能进入下一道工序。

（4）停工后复工前检查。若承建单位严重违反质量事宜，经甲方同意后可令其停工整改。在需要复工时，经检查合格后可下达复工指令。

（5）分部、分项工程完工后，应经监理人员检查认可后，签署验收记录。

（三）工程验收

1. 工程质量验收

（1）隐蔽工程验收。隐蔽工程指施工过程中上一工序结束后，被下一工序掩盖后无法进行复查的部位。对这些工程在进行下一道工序前，现场监理人员应按设计要求、施工规范进行检查验收。如验收合格，则可进行下一道工序施工；如验收不合格，则要求进行返工。验收合格的隐蔽工程，应及时签署验收记录。

（2）分项工程验收。对重要的分项工程，监理工程师应按照合同的质量要求，根据该分项工程施工的实际情况进行验收。

（3）分部工程验收。根据分项工程验收结论，参照分部工程质量标准，可得出该分部工程的质量等级。

（4）单位工程竣工验收。通过对分项、分部工程质量等级的判断，再结合对质量保证资料的核查和单位工程质量观感，便可系统地对整个单位工程做出全面的综合评定。

2. 工程资料验收

工程资料是工程项目竣工验收的重要依据之一，承建单位应按照合同要求提供全套竣工资料，经监理工程师确认无误后，才能同意竣工验收。

（1）工程项目竣工验收资料内容如下：

1）开工报告、竣工报告。

2）分项、分部和单位工程技术负责人名单。

3）图纸会审和设计交底记录、设计变更通知单、技术变更核实单。

4）工程质量事故调查和处理资料。

5）材料、设备的质量合格证明，试验、检测报告。

6）隐蔽工程验收记录。

7）竣工图。

8）质量检验评定资料。

9）工程竣工验收及资料。

（2）工程项目竣工验收资料的审核内容如下：

1）材料、设备的质量合格证明材料。

2）试验、检验资料。

3）隐蔽工程记录。

4）审查竣工图。

（3）工程项目竣工验收资料的签证。监理工程师审查完承建单位提交的竣工资料后，认为符合工程合同及相关规定，且准确、完整、真实，便可签同意竣工的验收意见。

六、进度控制

建筑电气安装工程与电梯安装工程的进度主要取决于主体结构与装饰工程施工进度，但也应在要求施工单位编制的施工组织设计与施工方案中，纳入电气安装工程与电梯安装工程的部分。进度计划中也应含电气设备的加工订货计划。

（一）施工进度监理的主要工作

（1）下达工程开工令。监理工程师在中标函发出之日后，在投标书规定的期限内发出开工通知书。

（2）审查承包商的施工进度计划。在中标通知书发出之日后，承包商应在规定的时间，向监理工程师提交工程进度计划。监理工程师应根据合同条件、工程情况及其他因素，审查承包商的施工进度计划。

（3）督促进度计划的实施。监理工程师监督进度计划的实施是一项经常性的工作，应以被确认的承包商的进度计划为依据。

如果承包商的实际进度不符合被监理工程师确认的进度计划，监理工程师有权要求承包商修改进度计划，表明为保证工期竣工而采取的措施。

（4）批准延期。如果由于下列原因导致工程拖期，承包商有权提出延长工期的申请；监理工程师应按合同条件，批准工程延期的时间。

1）额外增加或附加工作的数量或性质。

2）本合同条件中提到的任何误期原因。

3）异常恶劣的气候条件。

4）由业主造成的任何延误、干扰或阻碍。

5）除去承包商不履行合同或违约，或由他负责以外的其他可能发生的特殊情况。

（二）施工进度计划的编制和审定工作

1. 施工进度计划的编制

施工进度计划是在确定了施工方案的基础上，对工程的施工程序、各个项目的延续时间及项目之间的搭接关系，以及工程的开工时间、竣工时间及总工期等做出安排。在此基础上，可以编制劳动力计划，材料供应计划，成品、半成品计划，机具需用量计划等。因此，施工进度计划是组织施工设计中的一项非常重要的内容。

（1）编制依据：施工组织总设计进度计划、施工方案、施工预算和定额、资源供应情况、上级和建设单位对工期的要求等。

（2）施工项目的划分应根据计划的需要来决定。一般划分项目应按顺序列成表格，编排序号。凡是与工程施工直接有关的内容均应列入。划分项目应与施工方案一致。

（3）计算工程量和确定项目延续时间。计算工程量应针对划分的每一个项目并分段进行，可套用施工预算的工程量，也可根据图纸按施工方案自行计算。

（4）确定施工顺序：确定施工顺序是为了按照施工的技术规律和合理的组织关系，解决各项目之间在时间上的先后和搭接问题，以做到保证质量、安全施工、充分利用空间、争取时间、实现合理安排工期。

（5）流水作业的组织：施工进度计划的编制应当以流水作业原理为依据，以便使施工有鲜明的节奏性、均衡性和连续性。

（6）为了鉴别计划的可行性，应从时间、技术经济效果、劳动力均衡等方面进行评估。若有不合理之处，应进行调整。

2. 施工计划的审定

监理工程师应当细致而认真地审查承包商的施工进度计划，这是保证工程质量和工程进度的重要环节。

（1）检查进度的安排在时间上是否符合合同中规定的工期要求。

（2）检查进度安排的合理性，以防止承建单位利用进度计划的安排造成建设单位违约，并以此向建设单位索赔。

（3）审查承建单位的劳动力、材料、机具设备供应计划，以确定进度计划能否实现。

（4）检查进度计划在顺序安排上是否符合逻辑，是否符合施工程序要求。

（5）检查进度计划是否与其他实施性计划协调。

（6）检查进度计划是否满足材料与设备供应的均衡性要求。

（三）工程进度监控方式

监理工程师对工程进度实行监控的基本方法，就是定期取得工程实际进展情况。

（1）检查：在工程项目实施中，随时或定期检查项目的实际进展情况。

（2）对比：将实际进度与计划进度进行比较，找出差别。

（3）分析：分析实际进度情况及其对进度目标的影响程度，并分析产生偏差的原因。

（4）研究：针对分析结论，研究补救的有效途径和措施。

（5）调整：根据研究结果对原进度计划进行调整。

（6）落实：根据调整后的进度计划，监督组织落实，以便实现进度控制。

七、投资控制

（一）建设工程投资控制原理

投资控制是项目控制的主要内容之一。投资控制原理图如图 1-5 所示。这种控制是动态的，并贯穿项目建设的始终。

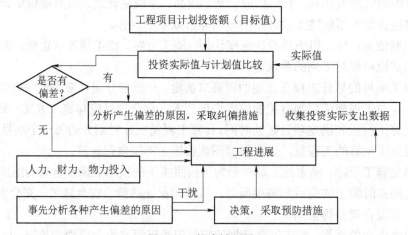

图 1-5 投资控制原理

这个流程应每两周或一个月循环进行，图 1-5 的内涵如下：

（1）项目投入，即把人力、物力、财力投入到项目中。

（2）在工程进展过程中，必定存在各种各样的干扰，如恶劣天气、设计出图不及时等。

（3）收集实际数据，即对项目进展情况进行评估。

（4）把投资目标的计划值与实际值进行比较。

（5）检查实际值与计划值有无偏差。如果没有偏差，则项目继续进展，继续投入人力、物力和财力等。如果有偏差，则需要分析产生偏差的原因，采取控制措施。

（二）投资控制的目标

工程项目建设过程是一个周期长、投入大的生产过程。投资控制目标的设置应随着工程项目建设实践的不断深入而分阶段设置。具体来讲，投资估算应是建设工程设计方案选择和进行初步设计的投资控制目标；设计概算应是进行技术设计和施工图设计的投资控制目标；施工图预算或建安工程承包合同价应是施工阶段投资控制目标。有机联系的各个阶段目标相互制约、相互补充，前者控制后者，后者补充前者，共同组建成建设工程投资控制目标体系。

（三）投资控制的要点

投资控制贯穿项目全过程，但是必须重点突出。对项目投资影响最大的阶段，是约占工程项目建设周期四分之一的技术设计结束前的工作阶段。在初步设计阶段，影响项目投资的可能性为75%～95%；在技术设计阶段，影响项目投资的可能性为35%～75%；在设计图施工阶段，影响项目投资的可能性为5%～35%。很显然，项目投资控制的重点在于施工以前的投资决策和设计阶段，而在项目做出决策后，控制项目投资的关键就在于设计。

（四）投资控制的措施

要有效地控制建设工程投资，应从组织、技术、经济、合同与信息管理等多方面采取措施。从组织上采取措施，包括明确项目组织结构、明确投资控制者及其任务以使投资控制有专人负责、明确管理职能分工；从技术上采取措施，包括重视设计多方案选择，严格审查监督初步设计、技术设计、施工图设计、施工组织设计，深入技术领域研究节约投资的可能性；从经济上采取措施，包括动态地比较投资的实际值和计划值、严格审核各项费用支出、采取节约投资的奖励措施等。

（五）监理工程师对工程项目投资的控制

在建设单位有投资限额的情况下，要使工程项目的费用控制在投资限额内；若无投资限额的规定，应将工程项目的费用控制在工程预算或合同规定的范围内。

监理工程师对工程项目的投资控制是从工程设计开始的，并贯穿工程项目实施的全过程。

八、资料管理

（1）资料分类。资料主要分为以下几类：施工组织设计、施工方案，设计变更与洽商，分包单位资格审查，工程材料报验，工程试验记录，投资控制材料，合同管理资料，监理通知、联系单，来往函件、会议纪要。

（2）必备资料。

1）电气绝缘电阻测试记录：主要包括电气设备和动力、照明线路，及其他必须用绝缘电阻表测量绝缘电阻的测试记录，应按回路测试，不得遗漏。

2）接地电阻测试记录：主要包括设备、系统的防雷接地、保护接地、工作接地、防静电接地。

3）电气照明全负荷运行记录：电气照明灯具应以电源进户线为系统，进行通电试运行，系统内的全部照明灯具必须同时开启，同时投入运行 24 h。通电运行开始后，要及时测量系统的电源电压、负荷电流，并做好记录。

4）动力（电动机）试运行记录：凡电动机与主机采用联轴器或传动带方式连接的，应在空载情况下，做第一次单机起动试运行，空载运行时间为 2 h。

5）电气设备安装和调整试验、试运转记录：主要包括变配电装置；含有自动控制系统的电动机及电加热设备，各种音响信号、监视系统；高层建筑自控、消防、公用天线电视系统；计算机系统等。

大型公共建筑，一、二类高层建筑及特殊重要工程，应有全负荷试验记录。

6）电梯安装还应包括：空载、半载、满载和超载试运转记录，调整实验报告，电梯安装工程竣工验收证书和保修单，以及特殊设备质量监督部门的核定书。

九、合同管理

（一）合同变更和修改

工程建设中难免出现许多不可预见的事项，经常会出现要求修改或变更合同条件的情况，一般包括改变工程服务范围、工作深度、工程进度、费用支付和委托方与被委托方各自承担的责任等。尤其是当改变服务范围和费用问题时，监理单位应坚持要求修改合同，口头协议或临时性交换函件等是不可取的。合同变更和修改通常采用以下方式：

（1）正式文件。合同一方所提出的合同变更通知，须经合同双方充分洽商谈判，共同签署，同意履行变更内容，以文件的形式发出，并通报有关单位。这种形式主要针对修改较大、内容复杂、影响面广、时间跨度长的变更，因此须共同商讨签署后，才能生效。

（2）信件协议。对一些内容简单、涉及面小、修改内容较少、临时决定、未经商定的事务性变更，一般采用信件协议的方式。若对方已经接纳信件协议，同意履行，则该信件协议具有法律效力。

（3）委托书。对一些影响较小、内容简单、修改少、时间要求紧的变更，采用委托书的形式，通知合同当事人。

（4）重新签订合同。对变动范围较大、涉及监理合同当事人的权利和义务，以及酬金的计取等重大问题，凭上述变更很难表达清晰，则须重新制定一个新的监理合同来取代原合同。

（二）监理单位和建设单位、设计单位、施工单位之间的关系

（1）建设单位与设计单位签订委托设计合同，建设单位负责要求设计单位按委托合同规定提交设计图纸和技术说明，并洽商设计变更。建设单位应及时将工程设计图纸、设计说明和设计变更通知提供给监理单位。

（2）建设单位与施工承建单位签订施工合同，双方按施工合同和有关技术规范、规程履行权利和义务。

（3）建设单位与监理单位签订监理合同，监理单位履行监理职责，维护建设单位和被监理单位的共同利益，公正开展监理合同规定的各项工作，控制工程投资、质量、进度，并定期向建设单位报告工程情况。建设单位应向监理单位提供必要的条件，并在其他有关

合同内写明工程项目委托监理的单位及授予的权限。

（4）监理单位和承建单位是监理和被监理的关系。承建单位按要求提供完整的技术、经济资料，包括施工组织设计、施工方案、施工进度计划以及各种检验报告、工程决算等有关资料，监理单位对监理项目的施工过程进行跟踪和监理指导。

（5）未经建设单位授权，监理单位人员无权自主变更施工合同。

（6）建设单位代表和总监理工程师负责协调双方的各项事宜。

（7）建设单位对工程实施的意见和要求，应由监理单位下达给承建单位实施。

（8）总承包单位将部分工程分包时，分包单位必须得到监理单位确认。

（9）监理单位负责调解建设单位和承包单位之间的争执。

（三）工程暂停及复工

1. 工程暂停

总监理工程师在签发工程暂停令时，应根据暂停工程的原因及影响范围和影响程序，确定工程项目停工范围，按照施工合同和委托监理合同的约定签发。当发生下列情况之一时，总监理工程师可签发工程暂停令：

（1）建设单位要求暂停施工，且工程需要暂停施工。

（2）为了保证工程质量而需要进行停工处理。

（3）施工出现安全隐患，总监理工程师认为有必要停工以消除隐患。

（4）发生必须暂停施工的紧急事件。

（5）承包单位未经许可擅自施工，或拒绝项目监理机构管理。

2. 工程复工

（1）由建设单位或其他非承包单位原因导致工程暂停施工的，项目监理机构应如实记录实际情况。总监理工程师应在施工暂停原因消失、具备施工条件时，及时签署工程复工报审表，指令承包单位继续施工。

（2）由承包单位原因导致工程暂停施工的，在具备复工条件时，项目监理机构应审查承包单位报送的复工申请及有关资料，同意后由总监理工程师签署工程复工报审表。

（四）工程变更

1. 工程变更的处理程序

（1）设计单位对原设计缺陷提出的工程变更，应编制设计变更文件。建设单位或承包单位提出工程变更，应提交给总监理工程师组织专业监理工程师审查。审查同意后，应由建设单位转交原设计单位编制设计变更文件。

（2）项目监理机构应了解实际情况并收集与工程变更有关的资料。

（3）总监理工程师须根据实际情况、设计变更文件和其他有关资料，按施工合同的有关条款，在指定专业监理工程师完成下列工作后，对工程变更的费用和工期进行评估：① 确定工程变更项目与原工程项目之间的类似程度和难易程度；② 确定工程变更项目的工程量；③ 确定工程变更的单价或总价。

（4）总监理工程师应就工程变更费用及工期的评估情况与承包商和建设单位进行协调。

（5）总监理工程师签发工程变更单。

（6）项目监理机构应根据工程变更单监督承包单位实施。

2. 工程变更的处理要求

（1）项目监理机构在工程变更的质量、费用和工期方面取得建设单位授权后，应按施工合同规定与承包单位进行协商，经协商达成一致后，总监理工程师应将协商结果向建设单位通报，并由建设单位与承包单位在变更文件上签字。

（2）在监理项目机构未能就工程变更的质量、费用和工期方面取得建设单位授权时，总监理工程师应协助建设单位和承包单位进行协商并达成一致。

（3）在建设单位和承包单位未能就工程变更的费用等方面达成协议时，项目监理机构提出一个暂定的价格，作为临时支付工程进度款的依据。该项工程款最终结算时，应以建设单位和承包单位达成的协议为依据。

（五）费用索赔

1. 费用索赔的依据

（1）国家有关的法律、法规和工程所在地的地方法规。

（2）本工程的施工合同文件。

（3）国家、部门和地方有关标准、规范和定额。

（4）施工合同履行过程中与索赔事件有关的凭证。

2. 费用索赔的条件

（1）索赔事件造成了承包单位经济损失。

（2）索赔事件是由非承包单位的责任引起的。

（3）承包单位已按照施工合同规定的期限和程序提出费用索赔申请，并附有索赔凭证材料。

3. 费用索赔的处理程序

（1）承包单位在施工合同规定的期限内向项目监理机构提交对建设单位的费用索赔意向书。

（2）总监理工程师指定专业监理工程师收集与索赔有关的材料。

（3）承包单位在承包合同规定的期限内向项目监理机构提交对建设单位的费用索赔申请表。

（4）总监理工程师初步审查费用索赔申请表，若符合费用索赔条件，予以受理。

（5）总监理工程师对费用索赔进行审查，并在初步确定一个额度后，与承包单位和建设单位协商。

（6）总监理工程师应在施工合同规定的期限内签署费用索赔申请表，或在施工合同规定的期限内发出要求承包单位提交有关索赔报告的进一步详细资料的通知。待收到承包商提交的详细资料后，按本程序（4）～（6）条的程序进行。

（六）工程延期及延误

1. 工程延期的处理程序

（1）当影响工期事件具有持续性时，项目监理机构可在收到承包商提交阶段性延期申请表并经审查后，先由总监理工程师签署工程临时延期审批表并通报建设单位。

（2）当承包单位提交最终的工程延期申请表后，项目监理机构应复查工程延期及临时延期情况，并由总监理工程师签署工程最终延期审批表。

（3）项目监理机构在做出临时延期批准或最终的工程延期批准之前，均应与建设单位和承包单位进行协商。

2．工程延期的时间确定依据

（1）施工合同中有关工程延期的约定。

（2）工期拖延和影响工期事件的事实和程度。

（3）影响工期事件对工期影响的量化程度。

3．工程延误

当承包单位未能按照施工合同要求的工期竣工交付造成工期延误时，项目监理机构应按施工合同规定从承包单位应得款项中扣除延期损害赔偿。

（七）合同争议

项目监理机构接到合同争议的调解要求后应进行下列工作：

（1）及时了解合同争议的全部情况，包括进行调查和取证。

（2）及时与合同争议的双方进行磋商。

（3）在项目监理机构提出调解方案后，由总监理工程师进行争议调解。

（4）当调解未能达成一致时，总监理工程师应在施工合同规定的期限内，提出处理该合同争议的意见。

（5）在争议调解过程中，除已达到了施工合同规定的暂停履行合同的条件之外，项目监理机构应要求施工合同双方继续履行施工合同。

（八）合同的解除

（1）建设单位违约导致施工合同最终解除：项目监理机构就承包单位按施工合同规定应得到的款项与建设单位和承包单位进行协商，并应按施工合同的规定从下列应得到的款项中确定承包单位应得到的全部款项，并书面通知建设单位和承包单位：

1）承包单位已完成的工程量表中所列的各项工作所应得的款项。

2）按批准的采购计划订购的工程材料、设备、构配件的款项。

3）承包单位撤离施工设备从原基地到其他目的地的合理费用。

4）承包单位所有人员的合理遣散费用。

5）合理的利润补偿。

6）施工合同规定的建设单位应支付的违约金。

（2）承包单位违约导致施工合同终止，项目监理机构应按下列程序清理承包单位的应得款项，或偿还建设单位的相关款项，并书面通知建设单位和承包单位：

1）当施工合同终止时，清理承包单位已按施工合同规定实际完成的工作应得款项和已经得到支付的款项。

2）施工现场余留的材料、设备及临时工程的价值。

3）对已完工程进行检查和验收、移交工程资料、该部分工程的清理、质量缺陷修复等所需的费用。

4）施工合同规定的承包单位应支付的违约金。

5）总监理工程师按照施工合同规定，在与建设单位和承包单位协商后，书面提交承包单位应得款项或偿还建设单位款项证明。

（3）由不可抗力或非建设单位、承包单位原因导致施工合同终止，项目监理机构应按照施工合同规定处理合同解除后的有关事宜。

第四节　建筑监理施工阶段常用表格及资料

为完善建设监理制度，加强施工阶段信息管理，可将管理信息表格化、标准化和规范化，这样有利于利用计算机及时、准确地进行信息分类、处理和管理，使得监理工程师、承建单位、建设单位都能及时掌握项目进展过程中有关投资控制、质量控制和进度控制的情况，便于针对存在的问题，及时采取措施，以确保项目总目标的实现。

一、《建设工程监理规范》（GB/T 50319—2013）涉及的表格及签章要求

（一）工程监理单位用表

（1）表 A.0.1 总监理工程师任命书（工程监理单位盖章，法定代表人签字）。

（2）表 A.0.2 工程开工令（总监理工程师签字、盖执业印章）。

（3）表 A.0.3 监理通知单。

（4）表 A.0.4 监理报告。

（5）表 A.0.5 工程暂停令（总监理工程师签字、盖执业印章）。

（6）表 A.0.6 旁站记录。

（7）表 A.0.7 工程复工令（总监理工程师签字、盖执业印章）。

（8）表 A.0.8 工程款支付证书（总监理工程师签字、盖执业印章）。

（二）施工单位报审、报验用表

（1）表 B.0.1 施工组织设计/（专项）施工方案报审表（总监理工程师签字、盖执业印章，业主签章）。

（2）表 B.0.2 工程开工报审表（总监理工程师签字、盖执业印章，施工单位盖公章，业主签章）。

（3）表 B.0.3 工程复工报审表（业主签章）。

（4）表 B.0.4 分包单位资格报审表。

（5）表 B.0.5 施工控制测量成果报验表。

（6）表 B.0.6 工程材料、构配件、设备报审表。

（7）表 B.0.7 _____报审、报验表。

（8）表 B.0.8 分部工程报验表。

（9）表 B.0.9 监理通知回复单。

（10）表 B.0.10 单位工程竣工验收报审表（总监理工程师签字、盖执业印章，施工单位盖公章）。

（11）表 B.0.11 工程款支付报审表（总监理工程师签字、盖执业印章，业主签章）。

（12）表 B.0.12 施工进度计划报审表。

（13）表 B.0.13 费用索赔报审表（总监理工程师签字、盖执业印章，业主签章）。

（14）表 B.0.14 工程临时/最终延期报审表（总监理工程师签字、盖执业印章，业主签章）。

（三）通用表

（1）表 C.0.1　工作联系单。

（2）表 C.0.2　工程变更单。

（3）表 C.0.3　索赔意向通知书。

二、监理资料管理

（一）监理文件资料

监理文件资料应包括以下主要内容：

（1）勘察设计文件、建设工程监理合同及其他合同文件。

（2）监理规划、监理实施细则。

（3）设计交底和图纸会审会议纪要。

（4）施工组织设计、（专项）施工方案、施工进度计划报审文件资料。

（5）分包单位资格报审文件资料。

（6）施工控制测量成果报验文件资料。

（7）总监理工程师任命书，工程开工令、暂停令、复工令，工程开工或复工报审文件资料。

（8）工程材料、构配件、设备报验文件资料。

（9）见证取样和平行检验文件资料。

（10）工程质量检验报验资料及工程有关验收资料。

（11）工程变更、费用索赔及工程延期文件资料。

（12）工程计量、工程款支付文件资料。

（13）监理通知单、工作联系单与监理报告。

（14）第一次工地会议、监理例会、专题会议等会议纪要。

（15）监理月报、监理日志、旁站记录。

（16）工程质量或生产安全事故处理文件资料。

（17）工程质量评估报告及竣工验收监理文件资料。

（18）监理工作总结。

（二）监理日志

监理日志应包括以下内容：

（1）天气及施工环境情况。

（2）当日施工进展情况。

（3）当日监理工作情况，包括旁站、巡视、见证取样、平行检验等情况。

（4）当日存在的问题及处理情况。

（5）其他有关事项。

（三）监理月报

监理月报应包含以下内容。

（1）本月工程实施情况，应包含：

1）工程进展情况，实际进度与计划进度的比较，施工单位人、机、料进场及使用情况，本期在施工部位的工程照片。

2）工程质量情况，分部分项验收情况，工程材料、设备、构配件进场实验情况，主要施工实验情况，本月工程量分析。

3）施工单位安全生产工作评述。

4）已完工程量与已支付工程款的统计说明。

（2）本月监理工作情况应包含以下内容：

1）工程进度控制方面的工作情况。

2）工程质量控制方面的工作情况。

3）安全生产管理方面的工作情况。

4）工程计量与工程款支付方面的工作情况。

5）合同其他事项的管理工作情况。

6）监理工作统计及工作照片。

（3）本月施工中存在问题及处理情况应包含以下内容：

1）工程进度控制方面的主要问题分析及处理情况。

2）工程质量控制方面的主要问题分析及处理情况。

3）施工单位安全生产管理方面的主要问题分析及处理情况。

4）工程计量与工程款支付方面的主要问题分析及处理情况。

5）合同其他事项管理方面的主要问题分析及处理情况。

（4）下月监理重点应包含以下内容：

1）在工程管理方面的监理工作重点。

2）在项目监理机构内部管理方面的工作重点。

（四）监理工作总结

监理工作总结应包括以下内容：

（1）工程概况。

（2）项目监理机构。

（3）建设工程监理合同履行情况。

（4）监理工作成效。

（5）监理工作中发现的问题及处理情况。

（6）说明和建议。

（五）监理文件资料管理

（1）项目监理机构应建立完善监理文件资料管理制度，宜设专人管理监理文件资料，做到"明确责任、专人负责"。

（2）项目监理机构应及时、准确、完整地收集、整理、编制、传递监理文件资料。监理人员应及时分类整理自己负责的文件资料，并移交由总监理工程师指定的专人进行管理，监理文件资料应准确、完整。

（3）项目监理机构收集归档的监理文件资料应为原件，若为复印件，应加盖报送单位印章，并由经手人签字，注明日期和原件存放处。

（4）监理文件资料涉及的有关表格应采用统一表式，签字盖章手续完备。

（5）项目监理机构宜采用信息技术进行监理文件资料管理。

（六）监理文件资料归档

（1）项目监理机构应及时整理、分类汇总监理文件资料，并应按规定组卷，形成监理档案。监理文件资料的组卷及归档应符合相关规定。

（2）工程监理单位应根据工程特点和有关规定，保存监理档案，并应向有关单位、部门移交需要存档的监理文件资料。

第二章 >>>

变压器、箱式变电所安装

第一节　变压器、箱式变电所安装

一、变压器安装

（一）作业条件

（1）施工图及技术资料齐全无误。

（2）土建工程基本施工完毕，标高、尺寸、结构及预埋件焊件强度均符合设计要求。

（3）变压器轨道安装完毕，并符合设计要求（此项工作应由土建作业，由安装单位配合）。

（4）墙面、屋顶喷浆完毕，屋顶无漏水，门窗及玻璃安装完好。

（5）室内地面工程结束，场地清理干净，道路畅通。

（6）安装干式变压器室内应无灰尘，相对湿度宜保持在 70%以下。

（二）工艺流程

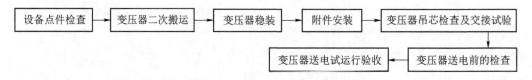

（三）设备点件检查

（1）设备点件检查应由安装单位、供货单位、会同建设单位代表共同进行，并做好记录。

（2）按照设备清单、施工图纸及设备技术文件核对变压器本体及附件、备件的规格型号是否符合设计图纸要求，是否齐全，有无丢失及损坏。

（3）变压器本体外观检查无损伤及变形，油漆完好无损伤。

（4）油箱封闭是否良好，有无漏油、渗油现象，油标处油面是否正常，发现问题应立即处理。

（5）绝缘瓷件及环氧树脂铸件有无损伤、缺陷及裂纹。

（四）变压器二次搬运

（1）变压器二次搬运应由起重工作业，由电工配合。最好采用汽车吊吊装，也可采用吊链吊装。若距离较长，可用汽车运输，运输时必须用钢丝绳固定牢固，并应行车平稳，尽量减少震动；若距离较短且道路状态良好，可用卷扬机、滚杠运输。变压器质量及吊装点高度可参照表2-1和表2-2。

表2-1　环氧树脂浇铸干式变压器质量

序号	容量/（kV·A）	质量/t	序号	容量/（kV·A）	质量/t
1	100～200	0.71～0.92	4	1250～1600	3.39～4.22
2	250～500	1.16～1.90			
3	630～1000	2.08～2.73	5	2000～2500	5.14～6.30

表2-2　油浸式电力变压器质量和吊点高

序号	容量/（kV·A）	质量/t	吊点高/m
1	100～180	0.6～1.0	3.0～3.2
2	200～420	1.0～1.8	3.2～3.5
3	500～630	2.0～2.8	3.8～4.0
4	750～800	3.0～3.8	5.0
5	1000～1250	3.5～4.6	5.2
6	1600～1800	5.2～6.1	5.2～5.8

（2）在吊装变压器时，索具必须检查合格，钢丝绳必须挂在油箱的吊钩上，上盘的吊环仅作吊芯用，不得用此吊环吊装整台变压器（见图2-1）。

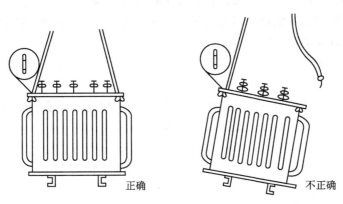

正确　　　　　不正确

图2-1　变压器吊装

（3）在搬运变压器时，应注意保护瓷瓶，最好用木箱或纸箱将高低压瓷瓶罩住，使其不受损伤。

（4）变压器在搬运过程中，不应有冲击或严重震动情况，在利用机械牵引时，牵引的着力点应在变压器重心以下，以防倾斜，运输斜角不得超过15°，防止内部结构变形。

（5）在用千斤顶顶升大型变压器时，应将千斤顶放置在油箱专门部位。

（6）在大型变压器搬运或装卸前，应核对高低压侧方向，以免安装时调换方向发生困难。

（五）变压器稳装

（1）变压器就位可用汽车吊直接甩进变压器室内，或用道木搭设临时轨道，用三步搭、吊链吊至临时轨道上，然后用吊链拉入室内合适位置。

（2）在变压器就位时，其方位和距墙尺寸应与图纸相符，允许误差为±25 mm。若图纸无标注，纵向按轨道定位，横向距离不得小于 800 mm，距门不得小于 1000 mm，并适当照顾屋内吊环的垂线位于变压器中心，以便吊芯。在干式变压器安装图纸无注明时，安装、维修最小环境距离应符合图 2-2 中的要求。

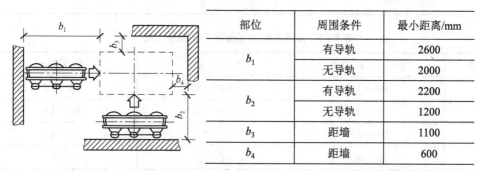

部位	周围条件	最小距离/mm
b_1	有导轨	2600
	无导轨	2000
b_2	有导轨	2200
	无导轨	1200
b_3	距墙	1100
b_4	距墙	600

图 2-2　干式变压器安装图纸无注明时，安装、维修最小环境距离

（3）变压器基础的轨道应水平，轨距与轮距应配合，装有气体继电器的变压器，应使其顶盖沿气体继电器气流方向有 1%～1.5% 的升高坡度（制造厂规定不需安装坡度者除外）。

（4）在变压器宽面推进时，低压侧应向外；在变压器窄面推进时，油枕侧一般应向外。在装有开关的情况下，操作方向应留有 1200 mm 以上的宽度。

（5）油浸变压器的安装，应考虑能在带电的情况下，便于检查油枕和套管中的油位、上层油温、瓦斯继电器等。

（6）装有滚轮的变压器，滚轮应能转动灵活，在变压器就位后，应将滚轮用能拆卸的制动装置加以固定。

（7）变压器的安装应采取抗地震措施（稳装在混凝土地坪上的变压器安装见图 2-3，有混凝土轨梁宽面推进的变压器安装见图 2-4）。

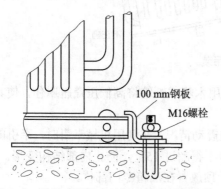

图 2-3　稳装在混凝土地坪上的变压器安装

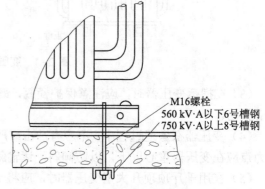

图 2-4　有混凝土轨梁宽面推进的变压器安装

（六）附件安装

1. 气体继电器的安装

（1）气体继电器安装前应经检验鉴定。

（2）气体继电器应水平安装，观察窗应装在便于检查的一侧，箭头方向应指向油枕，与连通管的连接应密封良好。截油阀应位于油枕和气体继电器之间。

（3）打开放气嘴，放出空气，直到有油溢出时将放气嘴关上，以免有空气使继电保护器误动作。

（4）当操作电源为直流时，必须将电源正极接到水银侧的接点上，以免接点断开时产生飞弧。

（5）事故喷油管的安装方位，应注意到事故排油时不致危及其他电气设备；喷油管口应换为割划有"十"字线的玻璃，以便发生故障时气流能顺利冲破玻璃。

2. 防潮呼吸器的安装

（1）在安装防潮呼吸器前，应检查硅胶是否失效，若已失效，应以 115～120 ℃ 温度烘烤 8 h，使其复原或更新。若浅蓝色硅胶变为浅红色，即已失效；白色硅胶，不加鉴定一律烘烤。

（2）在安装防潮呼吸器时，必须将呼吸器盖子上橡皮垫去掉，使其通畅，并在下方隔离器具中装适量变压器油，起滤尘作用。

3. 温度计的安装

（1）套管温度计应直接安装在变压器上盖的预留孔内，并在孔内加适量变压器油。刻度方向应便于检查。

（2）电接点温度计在安装前应进行校验，油浸变压器一次元件应安装在变压器顶盖上的温度计套筒内，并加适量变压器油，二次仪表挂在变压器一侧的预留板上。干式变压器一次元件应按厂家说明书所示的位置安装，二次仪表安装在便于观测的变压器护网栏上。软管不得有压扁或死弯，弯曲半径不得小于 50 mm，富余部分应盘圈并固定在温度计附近。

（3）干式变压器的电阻温度计，一次元件应预埋在变压器内，二次仪表应安装在值班室或操作台上，导线应符合仪表要求，并加以适当的附加电阻校验调试后方可使用。

4. 电压切换装置的安装

（1）变压器电压切换装置各分接点与线圈的连线应紧固正确，且接触紧密良好。转动点应正确停留在各个位置上，并与指示位置一致。

（2）电压切换装置的拉杆、分接头的凸轮、小轴销子等应完整无损，转动盘应动作灵活，密封良好。

（3）电压切换装置的传动机构（包括有载调压装置）的固定应牢靠，传动机构的摩擦部分应有足够的润滑油。

（4）有载调压切换装置的调换开关的触头及铜辫子软线应完整无损，触头间应有足够的压力（一般为 8～10 kg）。

（5）当有载调压切换装置转动到极限位置时，应装有机械联锁与带有限位开关的电气联锁。

（6）有载调压切换装置的控制箱一般应安装在值班室或操作台上，连线应正确无误，并应调整好，手动、自动工作正常，档位指示正确。

（7）电压切换装置吊出检查调整时，暴露在空气中的时间应符合表 2-3 中的规定。

表 2-3　调压切换装置露空时间

环境温度/℃	>0			<0
空气相对湿度	65% 以下	65%～75%	75%～85%	不控制
持续时间不大于/h	24	16	10	8

5. 变压器联线

（1）变压器的一、二次联线，地线，以及控制管线均应符合相应规定。

（2）变压器一、二次引线的施工，不应使变压器的套管直接承受应力（见图 2-5）。

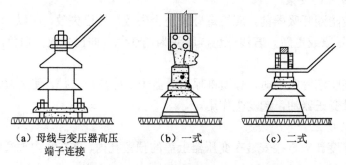

（a）母线与变压器高压　　（b）一式　　（c）二式
端子连接

图 2-5　母线与变压器高压端子连接

（3）变压器工作零线与中性点接地线，应分别敷设，工作零线宜用绝缘导线。

（4）在变压器中性点的接地回路中，靠近变压器处，宜做一个可拆卸的连接点。

（5）油浸变压器附件的控制导线，应采用具有耐油性能的绝缘导线，靠近箱壁的导线，应用金属软管保护，并排列整齐，接线盒应密封良好。

（七）变压器吊芯检查及交接试验

1. 变压器吊芯检查

（1）变压器安装前应做吊芯检查。制造厂有特殊规定者；1000 kV·A 以下，运输过程中无异常情况者；短途运输，事先参与了厂家的检查并符合规定，运输过程中确认无损伤者，可不做吊芯。

（2）吊芯检查应在气温不低于 0 ℃、芯子温度不低于周围空气温度、空气相对湿度不大于 75% 的条件下进行（器身暴露在空气中的时间不得超过 16 h）。

（3）所有螺栓应紧固，并应有防松措施；铁芯无变形，表面漆层良好，铁芯应接地良好。

（4）线圈的绝缘层应完整，表面无变色、脆裂、击穿等缺陷，高低压线圈无移动变位情况。

（5）线圈间、线圈与铁芯、铁芯与轭铁间的绝缘层应完整、无松动。

（6）引出线绝缘良好，包扎紧固无破裂情况，引出线固定应牢固可靠，其固定支架应紧固，引出线与套管连接牢靠，接触良好紧密，引出线接线正确。

（7）所有能触及的穿心螺栓应连接坚固。用摇表测量穿心螺栓与铁芯及轭铁，以及铁芯与轭铁之间的绝缘电阻，并做 1000 V 的耐压试验。

（8）油路应畅通，油箱底部清洁无油垢杂物，油箱内壁无锈蚀。

（9）芯子检查完毕后，应用合格的变压器油冲洗，并从箱底油堵将油放净。吊芯过程中，芯子与箱壁不应碰撞。

（10）吊芯检查后如无异常，应立即将芯子复位并注油至正常油位，吊芯、复位、注油必须在 16 h 内完成。

（11）吊芯检查完成后，要对油系统密封进行全面检查，不得有漏油、渗油现象。

2. 变压器的交接试验

（1）变压器的交接试验应在当地供电部门许可的试验室进行，试验标准应符合规范要求、当地供电部门规定及产品技术资料的要求。

（2）变压器交接试验的内容如下：

1）测量绕组连同套管的直流电阻。

2）检查所有分接头的变压比。

3）检查变压器的三相结线组别和单相变压器引出线的极性。

4）测量绕组连同套管的绝缘电阻、吸收比或极化指数。

5）测量绕组连同套管的介质损耗角正切值（$\tan\delta$）。

6）测量绕组连同套管的直流泄漏电流。

7）绕组连同套管的交流耐压试验。

8）绕组连同套管的局部放电试验。

9）测量与铁芯绝缘的各紧固件及铁芯接地线引出套管对外壳的绝缘电阻。

10）绝缘油试验。

11）有载调压切换装置的检查和试验。

12）额定电压下的冲击合闸试验。

13）检查相位。

14）测量噪声。

（八）变压器送电前的检查

（1）变压器试运行前应做全面检查，确认符合试运行条件时方可投入运行。

（2）变压器试运行前，必须由质量监督部门检查合格。

（3）变压器试运行前的检查内容如下：

1）各种交接试验单据齐全，数据符合要求。

2）变压器应清理、擦拭干净，顶盖上无遗留杂物，本体及附件无缺损，且不渗油。

3）变压器一、二次引线相位正确，绝缘良好。

4）接地线良好。

5）通风设施安装完毕，工作正常，事故排油设施完好，消防设施齐备。

6）油浸变压器油系统油门应打开，油门指示正确，油位正常。

7）油浸变压器的电压切换装置及干式变压器的分接头位置放置正常电压挡位。

8）保护装置整定值符合规定要求，操作及联动试验正常。

9）干式变压器护栏安装完毕，各种标志牌挂好，门装锁。

（九）变压器送电试运行验收

1. 送电试运行

（1）当变压器第一次投入时，可全压冲击合闸，冲击合闸时一般可由高压侧投入。

（2）变压器第一次受电后，持续时间不应少于 10 min，无异常情况。

（3）变压器应进行 3～5 次全压冲击合闸，并无异常情况，励磁涌流不应引起保护装置误动作。

（4）油浸变压器带电后，检查油系统不应有渗油现象。

（5）变压器试运行要注意冲击电流，空载电流，一、二次电压，温度，并做好详细记录。

（6）变压器并列运行前，应核对好相位。

（7）变压器空载运行 24 h，无异常情况，方可投入负荷运行。

2. 验收

（1）变压器自开始带电起，24 h 后无异常情况，应办理验收手续。

（2）验收时，应移交以下资料和文件：

1）变更设计证明。

2）产品说明书、试验报告单、合格证及安装图纸等技术文件。

3）安装检查及调整记录。

二、箱式变电所安装

（一）工艺流程

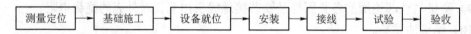

测量定位 → 基础施工 → 设备就位 → 安装 → 接线 → 试验 → 验收

（二）测量定位

按设计施工图纸所标定的位置及坐标方位、尺寸进行测量放线，确定箱式变电所安装的底盘线和中心轴线，确定地脚螺栓的位置。

（三）基础槽钢安装

（1）预制加工基础型钢的型号、规格应符合设计要求。按设计尺寸进行下料和调直，做好防锈处理，根据地脚螺栓位置及孔距尺寸，进行制孔，制孔必须采用机械制孔。

（2）基础型钢架安装。按放线确定的位置、标高、中心轴线尺寸控制准确的位置，放好型钢架，用水平尺或水准仪找平、找正，与地脚螺栓连接牢固。

（3）基础型钢与地线连接，将引进箱内的地线与型钢结构基础两端焊牢。

（四）箱式变电所就位与安装

（1）就位。要确保作业场地清洁、通道畅通，将箱式变电所运至安装的位置，吊装时应严格选择吊点，应充分利用吊环，将吊索穿入吊环内，然后做试吊检查受力情况，吊索力的分布应均匀一致，确保箱体平稳、安全、准确就位。

（2）按设计布局的顺序组合排列箱体，找正两端的箱体，然后挂通长线，找准调正，使其箱体正向平顺。

（3）组合的箱体找正、找平后，应将箱与箱用镀锌螺栓连接牢固。

（4）接地。箱式变电所接地应以每箱独立与基础型钢连接，严禁进行串联。接地干线与箱式变电所的 N 母线及 PE 母线直接连接。变电箱体、支架或外壳的接地应用带有防松装置的螺栓连接，连接应紧固可靠，紧固件齐全。

（5）箱式变电所的基础应高于室外地坪，周围排水通畅不积水。

（6）箱式变电所所用的地脚螺栓应螺帽齐全，拧紧牢固，自由安放的应垫平放正。

（7）箱壳内的高低压室均应安装照明灯具。

（8）箱体应有防雨、防晒、防锈、防尘、防潮、防结露的技术措施。

（9）在箱式变电所安装高压或低压电度表时，必须接线相位准确，应安装在便于查看的位置。

（五）接线

（1）高压接线应尽量简单，但要求既有终端变电所接线，又有适应环网供电的接线。

（2）接线的接触面应连接紧密，连接螺栓或压线螺栓紧固必须牢固，与母线连接时紧固螺栓应采用力矩扳手紧固，其紧固力矩值应达到相关规定要求。

（3）相序排列应准确、整齐、平整、美观，并涂有相序色标。

（4）设备接线端、母线搭接或卡子、夹板处，明设地线的接线螺栓处等两侧 10～15 m 处均不得涂刷涂料。

（六）试验及验收

（1）箱式变电所应进行电气交接试验，变压器应按本章所涉及变压器的相关规定进行试验。

（2）高压开关、熔断器等与变压器组合在同一个密闭油箱内的箱式变电所，其高压电气交接试验必须按随带的技术文件执行。

（3）低压成套配电柜和馈电线路的每路配电开关及保护装置的相间和相对地间的绝缘电阻值不小于 0.5 MΩ，电气装置的交流工频耐压试验电压应为 1000 V，试验持续时间应为 1 min。当绝缘电阻值大于 10 MΩ 时，宜采用 2500 V 兆欧表摇测。

第二节　工程施工监理

一、设备材料质量控制

（一）设备及材料要求

（1）变压器应装有铭牌。铭牌上应注明制造厂名，额定容量，一、二次额定电压，电流，阻抗电压及接线组别等技术数据。

（2）变压器的容量、规格及型号必须符合设计要求。附件、备件齐全，并有出厂合格证及技术文件。

（3）干式变压器的局部放电试验放电量及噪声测试器应符合设计及标准要求。

（4）带有防护罩的干式变压器，防护罩与变压器的距离应符合标准的规定，不小于表 2-4 所示的尺寸。

表2-4 干式变压器防护类型、容量、规格及质量

防护类型	规格外形尺寸	干式变压器容量/（kV·A）									
		200	250	315	400	500	630	800	1000	1250	1600
网型	长/mm	1450	1650				1970				2300
	宽/mm	1120	1180				1300				1430
	高/mm	1550	1800				2020				2400
	参考质量/kg	1080	1275	1390	1740	1795	2090	2640	3075	3580	4890
箱型	长/mm	1400	1470	1600		1820	2200	2280	2280	2120	2181
	宽/mm	960	820	1100		1100	1240	1341	1240	1400	1420
	高/mm	1460	1550	1740		1980	1950	2110	2424	2300	2860
	参考质量/kg	1080	1275	1600		2850	3400	3170	4140	4842	5794
箱型（有机械通风）	长/mm							2460	2550	2600	2710
	宽/mm							1930	1970	1992	1980
	高/mm							2565	2570	2820	2870
	参考质量/kg							3680	4270	4940	5905

（5）型钢。各种规格型钢应符合设计要求，并无明显锈蚀。

（6）螺栓。除地脚螺栓及防震装置螺栓外，均应采用镀锌螺栓，并配相应的平垫圈和弹簧垫。

（7）其他材料。蛇皮管、耐油塑料管、电焊条、防锈漆、调和漆及变压器油，均应符合设计要求，并有产品合格证。

（二）主要设备、材料、成品和半成品进场验收

（1）主要设备、材料、成品和半成品进场检验结论应有记录，确认符合设计规定，才能在施工中应用。

（2）因有异议送有资质试验室进行抽样检测，试验室应出具检测报告，确认符合设计和相关技术标准规定，才能在施工中应用。

（3）依法定程序批准进入市场的新电气设备、器具和材料进场验收，除符合设计规定外，还应提供安装、使用、维修和试验要求等技术文件。

（4）进口电气设备、器具和材料进场验收，除符合设计规定外，还应提供商检证明和中文的质量合格证明文件、规格、型号、性能检测报告以及中文的安装、使用、维修和试验要求等技术文件。

（5）经批准的免检产品或认定的名牌产品，当进场验收时，可不做抽样检测。

（6）变压器、箱式变电所、高压电器及电瓷制品应符合下列规定：

1）查验合格证和随带技术文件，变压器有出厂试验记录。

2）外观检查：有铭牌，附件齐全，绝缘件无缺损、裂纹，充油部分不渗漏，充气高压设备气压指示正常，涂层完整。

二、安装程序控制

（1）变压器、箱式变电所的基础验收合格，且对埋入基础的电线导管、电缆导管和变压器进出线预留孔及相关预埋件进行检查，才能安装变压器、箱式变电所。

（2）杆上变压器的支架紧固检查后，才能吊装变压器且就位固定。

（3）变压器及接地装置交接试验合格，才能通电。

三、工程施工监理要点

（1）变压器的低压侧中性点、箱式变电所的 N 母线和 PE 母线直接与接地装置的接地干线连接；变压器箱体、干式变压器的支架或外壳应接地（PE）。

（2）油浸变压器运到现场后，若三个月内不能安装，应检查油箱密封情况，做油的绝缘测试，并注以合格油。

（3）除厂家有规定外，1000 kV·A 以上变压器应做器身检查。

（4）变压器的交接试验应符合相关规定。

第三节 工程质量标准及验收

一、工程质量标准

（一）主控项目

（1）变压器安装应位置正确、附件齐全，油浸变压器油位正常，无渗油现象。

（2）变压器中性点的接地连接方式及接地电阻值应符合设计要求。

（3）变压器箱体、干式变压器的支架、基础型钢及外壳应分别单独与保护导体可靠连接，紧固件及防松零件齐全。

（4）变压器及高压电气设备应完成交接试验且合格。

（5）箱式变电所及其落地式配电箱的基础应高于室外地坪，周围排水通畅。用地脚螺栓固定的螺帽应齐全，拧紧牢固，自由安放的应垫平放正。对于金属箱式变电所及落地式配电箱，箱体应与保护导体可靠连接，且有标识。

（6）箱式变电所的交接试验应符合下列规定：

1）由高压成套开关柜、低压成套开关柜和变压器三个独立单元组合成的箱式变电所高压电气设备部分，应符合相应规范的规定完成交接试验且合格。

2）对于高压开关、熔断器等与变压器组合在同一个密闭油箱内的箱式变电所，交接试验应按产品提供的技术文件要求执行。

3）低压成套配电柜和馈电线路的每路配电开关及保护装置的相间和相对地间的绝缘

电阻值不应小于 0.5 MΩ；当国家对现行产品标准未做规定时，电气装置的交流工频耐压试验电压应为 1000 V，试验持续时间应为 1 min；当绝缘电阻值大于 10 MΩ 时，应采用 2500 V 兆欧表摇测。

4）配电间隔和静止补偿装置栅栏门应采用裸编织铜线与保护导体可靠连接，其截面积不应小于 4 mm^2。

（二）一般项目

（1）有载调压开关的传动部分润滑应良好，动作应灵活，点动给定位置与开关实际位置应一致，自动调节应符合产品的技术文件要求。

（2）绝缘件应无裂纹、缺损和瓷件瓷釉损坏等缺陷，外表应清洁，测温仪表指示应准确。

（3）装有滚轮的变压器就位后，应将滚轮用能拆卸的制动部件固定。

（4）变压器应按产品技术文件要求进行器身检查，当满足下列条件之一时，可不检查器身：

1）制造厂规定不检查器身。

2）就地生产仅作短途运输的变压器，且在运输过程中有效监督，无紧急制动、剧烈振动、冲撞或严重颠簸等异常情况。

（5）箱式变电所内外涂层应完整、无损伤，对于有通风口的，其风口防护网应完好。

（6）箱式变电所的高压和低压配电柜内部接线应完整，低压输出回路标记应清晰，回路名称应准确。

（7）对于油浸变压器顶盖，沿气体继电器的气流方向应有 1.0%～1.5%的升高坡度。除与母线槽采用软连接外，变压器的套管中心线应与母线槽中心线在同一轴线上。

（8）对有防护等级要求的变压器，在其高压或低压及其他用途的绝缘盖板上开孔时，应符合变压器的防护等级要求。

二、工程交接验收

（一）试验及验收

（1）箱式变电所应进行电气交接试验，变压器应按本章所涉及变压器的相关规定进行试验。

（2）高压开关、熔断器等与变压器组合在同一个密闭油箱内的箱式变电所，其高压电气交接试验必须按随带的技术文件执行。

（3）低压成套配电柜和馈电线路的每路配电开关及保护装置的相间和相对地间的绝缘电阻值不应小于 0.5 MΩ，电气装置的交流工频耐压试验电压应为 1000 V，试验持续时间应为 1 min，当绝缘电阻值大于 10 MΩ 时，宜采用 2500 V 兆欧表摇测。

（二）工序交接确认

变压器、箱式变电所安装应按以下程序进行：

（1）变压器、箱式变电所的基础验收合格，且对埋入基础的电线导管、电缆导管和变压器进出线预留孔及相关预埋件进行检查，才能安装变压器、箱式变电所。

（2）杆上变压器的支架紧固检查后，才能吊装变压器且就位固定。

（3）变压器及接地装置交接试验合格，才能通电。

（三）形成的资料文件

（1）产品合格证。

（2）产品出厂技术文件。

1）产品出厂试验报告单。

2）产品安装使用说明书。

（3）设备材料进货检查记录。

（4）器身检查记录。

（5）交接试验报告单。

（6）安装自互检记录。

（7）设计变更洽商记录。

（8）试运行记录。

（9）钢材材质证明。

（10）预检记录。

（11）分项工程质量评定记录。

第四节　质量通病及防治

一、质量通病

（1）铁件焊渣清理不净，除锈不净，刷漆不均匀，有漏刷现象。

（2）防地震装置安装不牢。

（3）管线排列不整齐、不美观。

（4）变压器一、二次瓷套管损坏。

（5）变压器中性点、零线及中性点接地线，不分开敷设。

（6）变压器一、二次引线，螺栓不紧，压按不牢。母带与变压器连接间隙不符合规范要求。

（7）变压器附件安装后，有渗油现象。

（8）气体继电器安装方向或坡度不符合规定。

二、原因分析

（1）施工人员工作不认真，不熟悉施工工艺标准，未按要求进行自检互检。

（2）各部件密封处理不当，未严格按规范要求进行整体密封试验。

（3）气体继电器安装时，未考虑其方向或坡度。

（4）变压器一、二次引线，压接螺栓未拧紧。

三、质量通病的防治措施

（1）加强工作责任心，做好工序搭接的自检互检。

（2）加强对防地震的认识，按照工艺标准进行施工。

（3）增强质量意识，管线按规范要求进行卡设，做到横平竖直。

（4）瓷套管在变压器从搬运到安装完毕这段时间应加强保护。

（5）认真学习安装标准，参照电气施工图册。

（6）增强质量意识，加强自互检，母带与变压器连接时应锉平。

（7）附件安装时，应垫好密封圈，螺栓应拧紧。

（8）气体继电器安装前应进行检查，观察窗应装在便于检查的一侧，沿气体继电器的气流方向有 1%～1.5%的升高坡度。

（9）变压器油注油完毕，按制造厂要求做整体密封试验，对渗漏处进行处理。

四、成品保护

（1）变压器、箱式变电所门应加锁，未经安装单位许可，闲杂人员不得入内。

（2）对就位的变压器高低压瓷套管及环氧树脂铸铁，应有防砸及防碰撞措施。

（3）变压器器身要保持清洁，油漆面没有碰撞损伤。干式变压器就位后，要采取保护措施，防止铁件掉入线圈内。

（4）在变压器、箱式变电所上方作业时，操作人员不得蹬踩变压器，并带工具袋，以防工具材料掉下砸坏、砸伤变压器、箱式变电所。

（5）变压器发现漏油、渗油时应及时处理，防止油面太低，潮气侵入，降低线圈绝缘程度。

（6）对安装完的电气管线及其支架应注意保护，不得碰撞损伤。

（7）在变压器、箱式变电所上方操作电气焊时，应对变压器、箱式变电所进行全方位保护，防止焊渣掉下，损伤设备。

第三章 >>>

成套配电柜、控制柜（屏、台）和动力、照明配电箱（盘）安装

第一节　成套配电柜、控制柜（屏、台）和动力、照明配电箱（盘）安装

一、作业条件

（1）土建工程施工标高、尺寸、结构及埋件均符合设计要求。

（2）墙面、屋顶喷浆完毕，无漏水，门窗玻璃安装完毕，门上锁。

（3）室内地面工程完工，场地干净，道路畅通。

（4）施工图纸、技术资料齐全，技术、安全、消防措施落实。

（5）设备、材料齐全，并运至现场库。

二、工艺流程

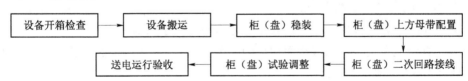

三、盘、柜的安装

（一）基础型钢的安装

（1）基础型钢安装的允许偏差应符合表 3-1 中的规定。

表 3-1　基础型钢安装的允许偏差

项　　目	每米允许偏差/mm	全长允许偏差/mm
不直度	<1	<5
水平度	<1	<5
位置误差及不平度		<5

注：环形布置按设计要求。

（2）基础型钢安装后，其顶部宜高出抹平地面 10 mm，手推车式成套柜按产品技术要求进行，基础型钢应有明显的可靠接地。

（二）盘（柜）安装的允许偏差

盘（柜）单独或成列安装时，其垂直度、水平偏差及盘（柜）面偏差和盘（柜）间接缝的允许偏差应符合表 3-2 中的规定。

表 3-2　盘（柜）安装的允许偏差

项　　目		允许偏差/mm
垂直度		<1.5
水平偏差	相邻两盘顶部	<2
	成列盘顶部	<5
盘面偏差	相邻盘两边	<1
	成列盘面	<5
盘间接缝		<2

（三）成套柜的安装

（1）机械、电气闭锁应动作准确、可靠。

（2）动触点与静触点的中心线应一致，触点接触紧密。

（3）二次回路辅助开关的切换触点动作准确，接触可靠。

（4）柜内照明齐全。

（四）配电盘（箱）的安装

（1）配电盘（箱）的盘面应光滑，并有明显标志，盘架应固定牢靠。

（2）明装在墙上的配电盘，盘底距地面高度不小于 1.2 m；电度表应在盘上方，据地 1.8 m；暗装配电盘底口距地 1.4 m。

（3）配电盘（箱）接地应可靠，其接地电阻不应大于 4Ω。

（4）主配线应采用与引入线截面积相同的绝缘线；二次配线应整齐美观，应使用截面积不小于 1.5 mm² 的铜芯绝缘线。

（5）在盘面上垂直安装的开关，上方为电源，下方为负荷，相序应一致，各分路要标明线路名称；横装的开关，左方接电源，右方接负荷。

（6）配电盘（箱）上安装的母线，应分项按规定涂色漆或套热缩管。

（7）安装在室外的配电箱，应设有防雨罩。

（8）盘（柜）内两导体与裸露的不带电导体间，电气间隙与爬电距离应符合表 3-3 中的要求。

表 3-3　允许最小电气间隙及爬电距离

额定电压/V	电气间隙/mm		爬电距离/mm	
	额定工作电流		额定工作电流	
	≤63 A	>63 A	≤63 A	>63 A
$U \leqslant 60$	3	5	3	5
$60 < U \leqslant 300$	5	6	6	8
$300 < U \leqslant 500$	8	10	10	12

（五）二次回路接线

（1）二次回路配线用的绝缘导线或控制电缆，其工作电压不应低于 500 V。

（2）按机械强度要求，所采用的电缆芯线或绝缘导线的最小截面积，连接强电端子的铜线不应小于 1.5 mm²，铝线不应小于 2.5 mm²；连接弱电端子、远动装置使用的铜芯电缆截面积不应小于 0.5 mm²。

（3）二次回路接地应设专用螺栓。

（4）用于静态保护、控制等逻辑回路的控制电缆，应采用屏蔽电缆，其屏蔽层应按照设计要求的接地方式予以接地。

（5）强、弱电回路不应使用同一根电缆，且应分别成束分开排列。

四、照明配电箱的安装

（一）配电箱的固定

（1）在混凝土墙或砖墙上固定明装配电箱时，采用暗配管及暗分线盒和明配管两种方式。若有分线盒，将盒清理干净，分清支路与相序，按支路绑扎成束。待箱找准位置后，把导线端头引至箱内，逐个剥头压接在器具上，同时把保护地线压在明显地方，并将箱体调平直后固定。

（2）在轻钢龙骨上固定配电箱时，应采取加固措施。

（二）配电箱的安装

（1）照明配电箱安装时底口距地面一般为 1.5 m，在同一建筑物内，同类箱的高度应一致，允许偏差为 10 mm。

（2）配电箱带有器具的铁制盘面和装有器具的门都应该有明显可靠的软裸铜 PE 线接地。

（3）TN-C 中的零线应在箱体进户线处做好重复接地。

（4）配电箱的电源指示灯，其电源应接至总开关外侧，应单独装熔断器。

（5）配电箱与采暖管道距离不应小于 300 mm，与给排水管道距离不应小于 200 mm，与煤气管、表距离不应小于 300 mm。

（6）配电箱若安装在墙角处，其位置应保证箱门向外开启 180°，以便操作和维修。

（7）配电箱上器具、仪表应安装牢固、平正、整洁，间距均匀，铜端子无松动，启闭灵活，零部件齐全。其排列间距应符合表 3-4 中的要求。

表 3-4 电具、仪表排列间距要求

间　距		最小尺寸
仪表侧面之间或侧面与盘边		>60 mm
仪表顶面或出线孔与盘边		>50 mm
闸具侧面之间或侧面与盘边		>30 mm
上下出线孔之间		>40 mm（隔有卡片框） >20 mm（未隔卡片框）
仪表、胶盖闸顶面或底面与出线孔	导线截面积	≤10 mm²	80 mm
		16～25 mm²	100 mm

第二节　工程施工监理

一、设备材料质量控制

（一）基础型钢的选择

基础型钢的选择应符合以下要求：

（1）基础型钢必须经除锈、校直后进行盘柜底座的制作和安装。

（2）基础型钢材料应采用电动切割工具，不允许采用气割与焊接。切口应平整、光滑、无毛刺，完成后应上好防锈漆。

（二）低压电器的选择

低压电器的选择应符合以下要求：

（1）符合工作电压、电流、频率、准确等级和使用环境的要求。

（2）配电电器应尽量满足在短路条件下的动稳定和热稳定。

（3）断开短路电流用的电器，应尽量满足在短路条件下的通断能力。

（三）绝缘导体和电缆型号的选择

绝缘导体和电缆的型号，应按工作电压和使用环境等要求选择。

（四）开关柜的选择

开关柜系由柜体和可移开部件两大部分组成。柜体外壳和各功能单元的隔板均采用优质薄钢板或复铝锌板（按用户要求）弯制自攻螺钉连接而成。

（1）开关柜外壳。开关柜外壳用五折边立柱，自攻螺钉连接而成，分隔成可移开部件室、母线室、电缆室、继电器仪表室。每一单元均独立接地。

在开关柜柜体选用时，应考虑到发生内部故障的可能性，钢板厚度不小于 1.5 mm，配电柜柜体选用不少于 2.0 mm 厚度的冷轧钢板制成，钢板箱门、钢板盘面厚度不小于 2.0 mm，背板厚度不小于 3.0 mm，导轨必须结实，配电柜的结构应完整坚固。同时在非落地式配电箱背面的左下角和右上角焊出两个承耳，承耳采用 40 mm×4 mm 的扁钢，扁钢长度为 10 cm。

开关柜柜体内部元器件接法与装配布置合理，进出线预留孔洞数量、大小、形状及箱（柜）的安装方式等必须符合国际标准、图集、设计图纸对具体参数的要求，预留的进出线开孔或敲落孔应有相应的密封附件，在进出线装配完毕后能保证达到三级密封要求。配电箱（柜）的焊接、螺栓连接均应牢固，焊缝应均匀、光洁，无焊皮、焊穿、气孔等不良现象，螺栓连接应有平、弹簧垫圈。配电箱（柜）内的零部件、开孔边缘应平整、光滑，无毛刺及裂口等。

（2）可移开部件骨架系采用钢板（或复铝锌板）弯制螺栓连接而成。根据用途可分为断路器、电压互感器、接地、真空接触器、避雷器、隔离六种可移开部件。各类可移开部件的高度、深度统一，同类型同规格的可移开部件亦能互换，不同类型的可移开部件因识别装置的作用而使其不能互换。可移开部件在柜内有隔离、试验、工作三个位置（隔离和试验在同一位置），每一个位置均有定位装置，以保证可移开部件处于其中一个位置时不能移动。当推或拉可移开部件时，必须操动联锁机构，使断路器在可移开部件移动前先行分闸。

（3）可移开部件室及活门。可移开部件室在开关柜的前方。一次隔离触头座在可移开部件室的后封板上，接地开关的操作连杆从小室的右边穿越。

活门系由金属板制成，安装在可移开部件室的反封板上。当可移开部件向工作位置推进时，活门自动打开；当可移开部件退至隔离或试验位置时，活门将自动关闭。上、下活门可以单独开启或关闭。

（4）母线室。母线室设在柜体的后上方，三相主母线呈垂直型布置。在柜间的金属隔板上，SMC 绝缘材料压制的母线支持座起着固定母线和限制本柜事故蔓延到邻柜的作用。

（5）一、二次电缆室。开关柜的一次电缆室设在柜后，电缆室内备有电缆盒固定板，电缆室最多可安装 3 组电缆头，当需要增加电缆头数量时，可与制造厂协商，适当加大电缆室的深度。二次电缆室设置于开关柜仪表箱内，小母线支座可设置 18 路小母线，通过它把 18 路小母线固定连接起来，柜内其他单元到小母线引线汇集其上。小母线采用 $\phi 6$ 或 $\phi 8$ 铜杆。外部引线从可移开部件室左下方的 130 mm×55 mm 方孔引入。

（6）可移开部件定位装置。可移开部件的锁定装置是由可移开部件室两侧的定位板和可移开部件上的定位杆（与机械联锁配合）组成。

（7）接地及接地开关。开关柜设有接地母线，接地母线为 8 mm×40 mm 铜母线，安装在开关柜后下方。可移开部件与柜体的电气连接通过铜质动静触头压接，并引接到接地母线上，形成柜内接地系统。接地母线有接线孔，供柜间连通及与相邻接地线相接用。

接地开关安装在开关柜电缆室里中隔板上，操作连杆穿越手车室隔板于柜的右侧，采用活动式操作手柄进行分合闸操作。若防止反送电，可以用电磁锁进行电气闭锁。

（8）防止误操作联锁装置。开关柜具有可靠的防止误操作联锁装置。

1）可防止误分、合断路器。

2）可防止带负荷推、拉可移开部件。

3）可防止带电合接地开关。

4）可防止接地开关处在接地位置送电。

5）可防止误入带电间隔。

（9）可移开部件延伸轨道运输车。开关柜在出厂时，每成套开关柜附有延伸轨道运输车。

（10）仪表门和继电器室。仪表门和继电器室在开关柜的上部，供安装仪表、继电器及其他二次设置。仪表门的有效安装面积为 650 mm×690 mm 或 650 mm×850 mm，继电器室的有效安装面积为 600 mm×740 mm 或 600 mm×900 mm。

（11）二次端子室。开关柜内部接线的端子室设在柜的继电器室底部，室内可装 JHl0 型端子 80 个左右。

（12）压力释放装置。在开关柜可移开部件室和母线室及电缆室的上方均设有压力释放装置，当供断路器室或母线室、电缆室发生故障时，释放压力和排泄气体，以确保开关柜的操作人员安全及邻柜的安全。

（13）绝缘。标准开关柜主回路以空气绝缘，其空气净距离大于 125 mm（800 mm 柜宽的除外）。

（14）进出线方式。开关柜一般适用于电缆进出线，也可根据需要采用架空进出线。

（15）防凝露加热装置。防凝露加热装置安装在二次柜门内侧。

二、安装程序控制

（一）基础安装

基础安装应以柜（盘）所在层面的最终地面标高为标准，设备要求柜（盘）本体外观检查应无损伤及变形，油漆完整无损。柜（盘）内部检查：电器装置及元件、绝缘瓷件齐全，无损伤、裂纹等缺陷。安装前应核对配电箱编号是否与安装位置相符，按设计图纸检查其箱号、箱内回路号。箱门接地应采用软铜编织线，专用接线端子。箱内接线应整齐，满足设计要求及《建筑电气工程施工质量验收规范》（GB 50303—2015）的规定。配电箱安装场所土建应具备内粉刷完成、门窗已装好的基本条件。预埋管道及预埋件均应清理好，场地具备运输条件，保持道路平整畅通。根据设计要求，现场确定配电箱位置以及现场实际设备安装情况，按照箱的外形尺寸进行弹线定位。

基础安装具体要求如下：

（1）电气固定开关柜基础与地面标高差为+10～+20 mm。

（2）电气手车式开关盘柜基础与地面标高差应与地面标高一致。

（3）若盘柜生产厂家有特殊要求，按厂家技术要求执行。

（4）预埋件与基础间垫铁应塞实，焊接必须牢固。

（5）配电装置正常不带电的金属部分，必须与接地装置具有可靠的电气连接。成列的配电屏应在两端与接地线或零线连接。

（6）热工盘柜应该全部接入电气主接地网。

（7）基础槽钢安装允许偏差：不直度不大于 1 mm/m，全长不直度不大于 3 mm；水平度不大于 1 mm/m，全长水平度误差不大于 3 mm；基础中心线误差不大于 5 mm。

（8）盘底座的固定应牢固，顶面应水平，倾斜度不大于 0.1%，其最大水平面高差应不大于 3 mm。

（二）基础型钢安装

（1）按图纸要求预制加工基础型钢架，并做好防腐处理，按施工图纸所标位置，将预制好的基础型钢架放在预留铁件上，找平、找正后将基础型钢架、预埋铁件、垫片用电焊焊牢。最终基础型钢顶部宜高出抹平地面 10 mm。

（2）基础型钢接地。基础型钢安装完毕后，应将接地线与基础型钢的两端焊牢，焊接面为扁钢宽度的 2 倍，然后与柜接地排可靠连接，并做好防腐处理。

（三）配电柜（盘）安装

（1）柜（盘）安装。应按施工图的布置，将配电柜按照顺序逐一就位在基础型钢上。单独柜（盘）进行柜面和侧面垂直度的调整，可采用加垫铁的方法，但不可超过三片，并焊接牢固。成列柜（盘）各台就位后，应对柜的水平度及盘面偏差进行调整，应调整到符合施工规范的规定。

（2）柜（盘）吊装应用专用的尼龙吊带，不得使用钢丝绳，柜（盘）就位后一般先从一侧第一个柜开始依次找正。柜（盘）位置偏差用垫铁校正，垫铁应该放在受力柜体的骨架下方。对螺孔时宜采用手拉葫芦或千斤顶，不得用榔头或其他工具直接敲击柜体。当柜（盘）成排安装时，其垂直度偏差不大于 1.5 mm/m，水平度相邻柜、台、箱的金属框架及基础型钢应与保护导体可靠连接。对于装有电器的可开启门，门和金属框架的接地端子间应选用截面积不小于 4 mm² 的黄绿色绝缘铜芯软导线连接，并应有标识。

（3）挂墙式的配电箱可采用膨胀螺栓固定在墙上，但空心砖或砌块墙上要预埋燕尾螺栓或采用对拉螺栓进行固定。

（4）安装配电箱应预埋套箱，安装后面板应与墙面平齐。

（5）柜（盘）调整结束后，应用螺栓将柜体与基础型钢进行紧固。

（6）柜（盘）接地。每台柜（盘）单独与基础型钢连接，可采用铜线将柜内 PE 排与接地螺栓可靠连接，并必须加弹簧垫圈进行防松处理。每扇柜门应分别用铜编织线与 PE 排可靠连接。

（7）柜（盘）顶与母线进行连接，注意应采用母线配套扳手按照要求进行紧固，接触面应涂中性凡士林。柜间母排连接时应注意母排是否距离其他器件或壳体太近，并注意相位正确。

（8）控制回路检查。应检查线路是否因运输等因素而松脱，并逐一进行紧固，电器元件是否损坏。原则上，柜（盘）控制线路在出厂时就进行了校验，不应对柜内线路私自进行调整，发现问题应与供应商联系。

（9）控制线校线后，将每根芯线搣成圆圈，用镀锌螺丝、眼圈、弹簧垫连接在每个端子板上。端子板每侧一般一个端子压一根线，最多不能超过两根，并且两根线间加眼圈。多股线应涮锡，不准有断股。

（四）柜（盘）试验调整

（1）高压试验应由当地供电部门许可的试验单位进行，试验标准符合国家规范、当地供电部门的规定及产品技术资料要求。

（2）试验内容包括高压柜框架、母线、避雷器、高压瓷瓶、电压互感器、电流互感器、各类开关等。

（3）调整内容包括过流继电器调整，时间继电器、信号继电器调整，以及机械联锁调整。

（4）二次控制小线调整及模拟试验，将所有的接线端子螺丝再紧一次。

（5）绝缘测试的方法是用 500 V 绝缘电阻测试仪器在端子板处测试每条回路的电阻，电阻必须大于 0.5 MΩ。

（6）二次小线回路若有晶体管、集成电路、电子元件，应使用万用表测试回路是否接通。

（7）接通临时的控制电源和操作电源，并将柜（盘）内的控制、操作电源回路熔断器上端相线拆掉，接上临时电源。

（8）模拟试验。按图纸要求，分别模拟试验控制、联锁、操作、继电保护和信号动作，正确无误，灵敏可靠。

（9）拆除临时电源后，将被拆除的电源线复位。

（五）送电运行的条件

（1）安装作业应全部完毕，质量检查部门检查全部合格；试验项目全部合格，并有试验报告单。

（2）试验用的验电器、绝缘靴、绝缘手套、临时接地编织铜线、绝缘胶垫、粉末灭火器等应备齐。

（3）检查母线、设备上有无遗留下的杂物。

（4）做好试运行的组织工作，明确试运行指挥人、操作人和监护人。

（5）清扫设备及变配电室、控制室的灰尘，用吸尘器清扫电器、仪表元件。

（6）继电保护动作灵敏可靠，控制、联锁、信号等动作准确无误。

（六）送电

（1）由供电部门检查合格后，将电源送进建筑物内，经过验电、校相无误。

（2）由安装单位合进线柜开关，检查 PT 柜上电压表三相是否电压正常。

（3）合变压器柜开关，检查变压器是否有电。

（4）合低压柜进线开关，查看电压表三相是否电压正常。

（5）按以上顺序依次送电。

（6）在低压联络柜内，在开关的上下侧（开关未合状态）进行同相校核。调至电压表或万用表电压挡 500 V，用表的两个测针，分别接触两路的同相，此时电压表无读数，表示两路电同一相。用同样方法，检查其他两相。

（七）配电装置的布置

（1）配电装置室内，不应通过与配电装置无关的管道。

（2）在安装落地式电力配电箱时，宜使其底部高出地面。当将其安装在屋外时，应高出地面 0.2 m 以上。

（3）当高压及低压配电装置装设在同一房间时，应符合《20 kV 及以下变电所设计规范》（GB 50053—2013）的有关规定。

（4）配电装置室内通道的宽度，一般不小于下列数值：

1）当配电屏为单列布置时，屏前通道为 1.5 m。

2）当配电屏为双列布置时，屏前通道为 2 m。

3）屏后通道为 1 m，若有困难，可减小为 0.8 m。

（5）配电装置室内裸导电部分与各部分的净距，应符合下列要求：

1）屏后通道内，当裸导电部分的高度低于 2.3 m 时，应加遮护，遮护后通道高度不应低于 1.9 m。

2）跨越屏前通道的裸导电部分，其高度不应低于 2.5 m。

3）当配电装置的长度大于 6 m 时，其屏后应设两个通向本室或其他房间的出口。若如两个出口间的距离超过 15 m，还应增加出口。当由同一配电装置室供给一级负荷电时，母线分段处应有防火隔板或隔墙，供给一级负荷电的电缆不应通过同一电缆沟。

4）当裸导电部分用遮栏遮护时，遮栏与裸导电部分的净距应符合下列要求：当用网眼不大于 20 mm×20 mm 的遮栏遮护时，不应小于 100 mm；当用板状遮栏遮护时，不应小于 50 mm。

5）安装在生产车间或公共场所内的配电装置，宜采用保护式配电装置。

当配电装置为开启式，且其未遮护裸导电部分的高度低于 2.3 m 时，则应设置围栏。围栏至裸导电部分的净距不应小于 0.8 m，围栏高度不应低于 1.2 m。

提示：围栏系指栅栏、网状遮栏或板状遮栏。

（八）低压带电工作的要求

低压带电工作应设专人监护，使用有绝缘柄的工具，工作时站在干燥的绝缘物上，戴绝缘手套和安全帽，穿长袖衣，严禁使用锉刀、金属尺和带有金属物的毛刷、毛掸等工具。

在低压带电导线未采取绝缘措施前，施工人员不得穿越。在带电的低压配电装置上工作时，要保证人体和大地之间、人体与周围接地金属之间、人体与其他导体之间有良好的绝缘或相应的安全距离。应采取防止相间短路和单相接地的隔离措施。上杆前先分清相、中性线，选好工作位置。在断开导线时，应先断开相线，后断开中性零线。在搭接导线时，顺序应相反。因低压相间距离很小，要注意防止人体同时接触两根线头。

第三节　工程质量标准及验收

一、工程质量标准

（一）主控项目

（1）柜、台、箱的金属框架及基础型钢应与保护导体可靠连接；对于装有电器的可开启门，门和金属框架的接地端子间应选用截面积不小于 4 mm² 的黄绿色绝缘铜芯软导线连接，并应有标识。

（2）柜、台、箱、盘等配电装置应有可靠的防电击保护；装置内保护接地导体（PE）排应有裸露的连接外部保护接地导体的端子，并应可靠连接。当设计未做要求时，连接导体最小截面积应符合现行国家标准《低压配电设计规范》（GB 50054—2011）的规定。

（3）手车、抽屉式成套配电柜推拉应灵活，无卡阻碰撞现象。动触头与静触头的中心线应一致，且触头接触应紧密。投入时，接地触头应先于主触头接触；退出时，接地触头应后于主触头脱开。

（4）高压成套配电柜应进行交接试验，并应合格。

1）继电保护元器件、逻辑元件、变送器和控制用计算机等单体校验应合格，整组试验动作应正确，整定参数应符合设计要求。

2）新型高压电气设备和继电保护装置投入使用前，应按产品技术文件要求进行交接试验。

（5）对于低压成套配电柜、箱及控制柜（台、箱）间线路的线间和线对地间绝缘电阻值，馈电线路不应小于 0.5 MΩ，二次回路不应小于 1 MΩ，二次回路的耐压试验电压应为 1000 V。当回路绝缘电阻值大于 10 MΩ 时，应采用 2500 V 兆欧表代替，试验持续时间应为 1 min 或符合产品技术文件要求。

（6）在进行直流柜试验时，应将屏内电子器件从线路上退出，主回路线间和线对地间绝缘电阻值不应小于 0.5 MΩ。直流屏所附蓄电池组的充、放电应符合产品技术文件要求；整流器的控制调整和输出特性试验应符合产品技术文件要求。

（7）在低压成套配电柜和配电箱（盘）内末端用电回路中，当所设过电流保护电器兼作故障防护时，应在回路末端测量接地故障回路阻抗。

（8）配电箱（盘）内的剩余电流动作保护器（RCD）应在施加额定剩余动作电流的情况下测试动作时间，且测试值应符合设计要求。

（9）柜、箱、盘内电涌保护器（SPD）安装应符合下列规定：

1）SPD 的型号、规格及安装布置应符合设计要求。

2）SPD 的接线形式应符合设计要求，接地导线的位置不宜靠近出线位置。

3）SPD 的连接导线应平直、足够短，且长度不宜大于 0.5 m。

（10）IT 系统绝缘监测器（IMD）的报警功能应符合设计要求。

（11）照明配电箱（盘）安装应符合下列规定：

1）箱（盘）内配线应整齐、无绞接现象，导线连接应紧密、不伤线芯、不断股，垫圈下螺丝两侧压的导线截面积应相同，同一电器器件端子上的导线连接不应多于 2 根，防松垫圈等零件应齐全。

2）箱（盘）内开关动作应灵活、可靠。

3）箱（盘）内宜分别设置中性导体（N）和保护接地导体（PE）；汇流排上同一端子不应连接不同回路的 N 或 PE。

（12）送至建筑智能化工程变送器的电量信号精度等级应符合设计要求，状态信号应正确；接收建筑智能化工程的指令，应使建筑电气工程的断路器动作符合指令要求，且手动、自动切换功能均应正常。

（二）一般项目

（1）基础型钢安装的允许偏差应符合表3-5中的要求。

表3-5　基础型钢安装的允许偏差

项　目	每米允许偏差/mm	全长允许偏差/mm
不直度	1.0	5.0
水平度	1.0	5.0
不平行度	—	5.0

（2）柜、台、箱、盘的布置及安全间距应符合设计要求。

（3）柜、台、箱相互间或与基础型钢间应用镀锌螺栓连接，且防松零件应齐全；当设计有防火要求时，柜、台、箱的进出口应做防火封堵，并应封堵严密。

（4）室外安装的落地式配电（控制）柜、箱的基础应高于地坪，周围排水应通畅，其底座周围应采取封闭措施。

（5）柜、台、箱、盘应安装牢固，且不应设置在水管的正下方。柜、台、箱、盘安装垂直度允许偏差不应大于1.5‰，相互间接缝不应大于2 mm，成列盘面偏差不应大于5 mm。

（6）柜、台、箱、盘内检查试验应符合下列规定：

1）控制开关及保护装置的规格、型号应符合设计要求。

2）闭锁装置动作应准确、可靠。

3）主开关的辅助开关切换动作应与主开关动作一致。

4）柜、台、箱、盘上的标识器件应标明被控设备编号及名称或操作位置，接线端子应有编号，且清晰、工整、不易脱色；回路中的电子元件不应参加交流工频耐压试验，50 V以下回路可不做交流工频耐压试验。

（7）低压电器组合应符合下列规定：

1）发热元件应安装在散热良好的位置。

2）熔断器的熔体规格、断路器的整定值应符合设计要求。

3）切换压板应接触良好，相邻压板间应有安全距离，切换时不应触及相邻的压板。

4）信号回路的信号灯、按钮、光字牌、电铃、电笛、事故电钟等动作和信号显示应准确。

5）当金属外壳需做电击防护时，应与保护导体可靠连接。

6）端子排应安装牢固，端子应有序号，强电、弱电端子应隔离布置，端子规格应与导线截面积大小适配。

（8）柜、台、箱、盘间配线应符合下列规定：

1）二次回路接线应符合设计要求，除电子元件回路或类似回路外，回路的绝缘导线额定电压不应低于450/750 V；对于铜芯绝缘导线或电缆的导体截面积，电流回路不应小于 2.5 mm²，其他回路不应小于 1.5 mm²。

2）二次回路连线应成束绑扎，不同电压等级、交流、直流线路及计算机控制线路应分别绑扎，且应有标识，固定后不应妨碍车开关或抽出式部件的拉出或推入。

3）线缆的弯曲半径不应小于线缆允许弯曲半径。

4）导线连接不应损伤线芯。

（9）柜、台、箱、盘面板上的电器连接导线应符合下列规定：

1）连接导线应采用多芯铜芯绝缘软导线，敷设长度应留有适当裕量。

2）线束应有外套塑料管等加强绝缘保护层。

3）与电器连接时，端部应绞紧、不松散、不断股，其端部可采用不开口的终端端子或搪锡。

4）可转动部位的两端应采用卡子固定。

（10）照明配电箱（盘）安装应符合下列规定：

1）箱体开孔应与导管管径适配，暗装配电箱箱盖应紧贴墙面，箱（盘）涂层应完整。

2）箱（盘）内回路编号应齐全，标识应正确。

3）箱（盘）应采用不燃材料制作。

4）箱（盘）应安装牢固、位置正确、部件齐全，安装高度应符合设计要求，垂直度允许偏差不应大于 1.5%。

二、工程交接验收

（一）验收检查

（1）配电屏及屏上的电气元件的名称、标志、编号等是否清楚、正确，盘上所有的操作把手、按钮和按键等的位置与现场实际情况是否相符，固定是否牢靠，操作是否灵活。

（2）配电屏上表示"合""分"等信号灯和其他信号指示是否正确。

（3）隔离开关、断路器、熔断器和互感器等的触点是否牢靠，有无过热、变色现象。

（4）二次回路导线的绝缘是否破损、老化。

（5）当配电屏上标有操作模拟板时，模拟板与现场电气设备的运行状态是否对应。

（6）仪表或表盘玻璃是否松动，仪表指示是否正确。

（7）配电室内的照明灯具是否完好，照度是否明亮均匀，观察仪表时有无眩光。

（8）巡视检查中发现的问题应及时处理并记录。

（9）低压成套配电柜交接试验：当用绝缘电阻测试仪测试、试验时，观察检查或查阅交接试验记录。

（二）资料和文件

（1）产品出厂合格证。

（2）安装技术数据记录。

（3）隐蔽工程验收记录。

（4）接地电阻测试记录。

第四节　质量通病及防治

一、通病现象

（1）配电箱定位、标高不准确或凹入墙面；箱体电焊开孔、开长孔，移位、变形；电线管直接入箱体；箱体锈蚀、变形，箱盖内杂物未清除；配件不齐；柜内裸露导体间的间距偏小，柜内配线凌乱。

（2）配电回路无编号，布线不整齐，导线没有余量；多股线未搪锡或压接，有的甚至被剪断；箱内 PE（PEN）线、零线采用绞接连接；同一接线端子压多根导线。

（3）配电箱安装好后，不查线、不检查就送电；配电箱内导线间、导线对地间的绝缘电阻未测量；配电柜（箱）活动门未接地、开启不灵活，影响正常使用。

二、预防措施

（1）配电箱应用专用工具开孔，管入箱体应采用锁母或成品接头，开孔处应密封。

（2）箱内应设"地排""零排"，同一端子导线不超过两根，中间加垫片。

（3）配电箱不低于 1.4 m，配电箱应标明回路编号，附系统图，箱内布线应平直；安装完成后，应做相间、相对地的绝缘电阻测量，并仔细检查配电回路，检查无误后方可送电。

第四章 >>>

低压电动机、电加热器及电动执行机构检查接线

第一节 电动机安装

一、作业条件

（1）施工图及技术资料齐全无误。

（2）土建工程基本施工完毕，门窗玻璃安好。

（3）在室外安装的电动机，应有防雨措施。

（4）电动机已安装完毕，且初验合格。

（5）电动执行机构的载体设备（电动调节阀、电动蝶阀、风阀、机械传动机构等）安装完成，且初验合格。

（6）安装场地清理干净，道路畅通。

二、工艺流程

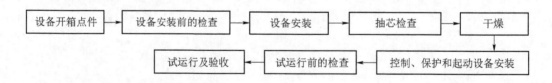

三、设备安装前的准备

（一）设备开箱点件

（1）设备开箱点件应由安装单位、供货单位会同建设单位代表共同进行，并做好记录。

（2）按照设备清单、技术文件，对设备及其附件、备件的规格、型号、数量进行详细核对。

（3）电动机、电加热器、电动执行机构本体、控制和起动设备外观检查应无损伤及变形，油漆完好。

（4）电动机、电加热器、电动执行机构本体、控制和起动设备应符合设计要求。

（二）安装前的检查

由电气专业会同其他相关专业共同进行安装前的检查工作，主要进行以下检查：

（1）电动机、电加热器、电动执行机构本体、控制和起动设备应完好，不应有损伤现象。盘动转子应轻快，不应有卡阻及异常声响。

（2）定子和转子分箱装运的电动机，其铁芯转子和轴颈应完整、无锈蚀现象。

（3）电动机的附件、备件应齐全无损伤。

（4）电动机的性能应符合电动机周围工作环境的要求。

（5）电加热器的电阻丝无短路和断路情况。

（三）电动机抽芯检查

（1）除电动机随带技术文件说明不允许在施工现场抽芯检查外，有下列情况之一的电动机应抽芯检查：

1）出厂日期已超过制造厂保证期限；无保证期限的，已超过出厂时间一年。

2）外观检查、电气试验、手动盘转和试运转有异常情况。

（2）电动机抽芯检查应符合下列要求：

1）电动机内部应清洁、无杂物。

2）电动机的铁芯、轴颈、集电环和换向器应清洁，无伤痕和锈蚀现象，通风口无堵塞。绕组绝缘层应完好，绑线无松动现象。

3）定子槽楔应无断裂、凸出和松动现象，每根槽楔的空响长度不得超过其 1/3，端部槽楔必须牢固。

4）转子的平衡块及平衡螺丝应紧固锁牢，风扇方向应正确，叶片无裂纹。

5）磁极及铁轭固定良好，励磁绕组紧贴磁极，不应松动。

6）鼠笼式电动机转子铜导电条和端环应无裂纹，焊接应良好，浇铸的转子表面应光滑、平整，导电条和端环不应有气孔、缩孔、夹渣、裂纹、细条、断条和浇注不满等现象。

7）电动机绕组应连接正确，焊接良好。

8）直流电动机的磁极中心线与几何中心线应一致。

9）电动机的滚动轴承工作面应光滑、清洁，无麻点、裂纹或锈蚀，滚动体与内外圈接触良好，无松动；加入轴承内的润滑脂应填满内部空隙的 2/3，同一轴承内不得填入不同品种的润滑脂。

（四）电动机干燥

（1）电动机由于运输、保管或安装后受潮，绝缘电阻或吸收比达不到规范要求，应进行干燥处理。

（2）电动机干燥工作，应由有经验的电工进行，在干燥前应根据电动机受潮情况制定烘干方法及有关技术措施。

（3）烘干温度要缓慢上升，中小型电动机的温升速度为 7～15 ℃/h，铁芯和线圈的最高温度应控制在 70～80 ℃。

（4）当电动机绝缘电阻值达到规范要求，在同一温度下经 5 h 稳定不变时，方可认为干燥完毕。

（5）烘干工作可根据现场情况、电动机受潮程度选择以下方法进行：

1）采用循环热风干燥室进行烘干。

2）灯泡干燥法。灯泡可采用红外线灯泡或一般灯泡，使灯光直接照射在绕组上，温度高低的调节可用改变灯泡瓦数来实现。

3）电流干燥法。采用低压电压，用变阻器调节电流，其电流大小宜控制在电动机额定电流的 60% 以内，并应设置测温计，随时监视干燥温度。

四、设备安装

（一）控制、保护和起动设备安装

（1）电动机的控制和保护设备安装前应检查是否与电动机容量相符。

（2）控制和保护设备的安装位置应按设计要求确定，一般应在电动机附近就近安装。

（3）电动机、控制设备和所拖动的设备应对应编号。

（4）引至电动机接线盒的明敷导线长度应小于 0.3 m，并应加强绝缘保护，易受机械损伤的地方应套保护管。

（5）直流电动机、同步电动机与调节电阻回路及励磁回路的连接，应采用铜导线。导线不应有接头，调节电阻器应接触良好、调节均匀。

（6）电动机应装设过流和短路保护装置，并应根据设备需要装设相序断相和低电压保护装置。

（7）电动执行机构的控制箱（盒）与其接线盒一般为分开就近安装，需落实其保护接零是否完善、执行器的机械传动部分是否灵活。

（二）电动机的安装

（1）电动机的安装应由电工、钳工操作，大型电动机的安装需要有起重工配合进行。地脚螺栓应与混凝土基础牢固地结合成一体，浇灌前预留孔应清洗干净，螺栓本身不应歪斜，机械强度应满足要求。

（2）稳装电动机垫铁一般不超过三块，垫铁与基础面接触应严密，电动机底座安装完毕后进行二次灌浆。

（3）采用皮带传动的电动机轴及传动装置轴的中心线应平行，电动机及传动装置的皮带轮自身垂直度全高不超过 0.5 mm，两轮的相应槽应在同一直线上。

（4）当采用齿轮传动时，圆齿轮中心线应平行，接触部分不应小于齿宽的 2/3，伞形齿轮中心线应按规定角度交叉，咬合程度应一致。

（5）当采用靠背轮传动时，轴向与径向允许误差，弹性连接的不应小于 0.05 mm，刚性连接的不大于 0.02 mm。互相连接的靠背轮螺栓孔应一致，螺帽应有防松装置。

（三）电刷的刷架、刷握及电刷的安装

（1）同一组刷握应均匀排列在与轴线平行的同一直线上。

（2）刷握的排列，应使相邻不同极性的一对刷架彼此错开，以使换向器均匀地磨损。各组电刷应调整在换向器的电气中性线上。

（3）带有倾斜角的电刷，其锐角尖应与转动方向相反。

（4）电刷架及其横杆应固定紧固，绝缘衬管和绝缘垫应无损伤、污垢，并应测量其绝缘电阻。

（5）电刷的铜编带应连接牢固、接触良好，不得与转动部分或弹簧片相碰撞，且有绝缘垫的电刷，绝缘垫应完好。

（6）电刷在刷握内应能上下自由移动，电刷与刷握的间隙应符合厂方规定，一般为 $0.1\sim0.2$ mm。

（7）定子和转子分箱装运的电动机，在安装转子时，不可将吊绳绑在滑环、换向器或轴颈部分。

（8）用 1000 V 摇表测定电动机绝缘电阻值不应小于 0.5 MΩ。100 kW 以上的电动机，应测量各相直流电阻值，相互差不应大于最小值的 2%；无中性点引出的电动机，测量线间直流电阻值，相互差值不应大于最小值的 1%。

（四）控制、起动和保护设备安装

（1）电动机的控制和保护设备安装前应检查是否与电动机容量相符，安装按设计要求进行，一般应装在电动机附近。

（2）引至电动机接线盒的明敷导线长度应小于 0.3 m，并应加强绝缘保护，易受机械损伤的地方应套保护管。

（3）直流电动机、同步电动机与调节电阻回路及励磁回路的连接，应采用铜导线。导线不应有接头。调节电阻器应接触良好，调节均匀。

（4）电动机应装设过流和短路保护装置，并应根据设备需要装设相序断相和低电压保护装置。

（5）电动机保护元件的选择。

1）采用热元件时按电动机额定电流的 1.1～1.25 倍来选。

2）采用熔丝（片）时按电动机额定电流的 1.5～2.5 倍来选。

（五）试运行前的检查

（1）土建工程全部结束，现场清扫整理完毕。

（2）电动机、电加热器、电动执行机构本体安装检查结束。

（3）冷却、调速、滑润等附属系统安装完毕，验收合格，分部试运行情况良好。

（4）电动机保护、控制、测量、信号、励磁等回路的调试完毕，动作正常。

（5）电动机应做以下试验。

1）测量绝缘电阻。低压电动机使用 1 kV 兆欧表进行测量，绝缘电阻值不低于 1 MΩ。

2）1000 kW 以上、中性关连线已引至出线端子板的定子绕组应分相做直流耐压级泄漏试验。

3）100 kW 以上的电动机应测量各相直流电阻值，其相互阻值差不应大于最小值的 2%。

4）无中性点引出的电动机，测量线间直流电阻值，其相互阻值差不应大于最小值的 1%。

（6）电刷与换向器或滑环的接触应良好。

（7）盘动电动机转子应转动灵活，无碰卡现象。

（8）电动机引出线应相位正确、固定牢固、连接紧密。

（9）电动机外壳油漆完整，保护接地良好。

（10）电动执行机构通电前，必须检查与执行机构技术文件所要求的电源电压是否相符，电动执行器与控制器输出的标准信号是否匹配。

（六）试运行

（1）电动机宜在空载情况下做第一次起动，空载运行时间宜为 2 h，并记录电动机的空载电流。

（2）在电动机试运行时，若通电后发现电动机不能起动或起动时转速很低、声音不正常等现象，应立即断电检查原因。

（3）当起动多台电动机时，应按容量从大到小逐台起动，严禁同时起动。

（4）电动机试运行中应进行下列检查：

1）电动机的旋转方向符合要求，无异声。

2）换向器、集电环及电刷的工作情况正常。

3）检查电动机各部分温度，不应超过产品技术条件的规定。

4）滑动轴承温度不应超过 80 ℃，滚动轴承温度不应超过 95 ℃。

（5）交流电动机的带负荷起动次数，应符合产品技术条件的规定；当产品技术条件无规定时，可符合下列规定：

1）在冷态时，可起动 2 次。每次间隔时间不得小于 5 min。

2）在热态时，可起动 1 次。当在处理事故以及电动机起动时间不超过 2～3 s 时，可再起动 1 次。

第二节　工程施工监理

一、设备材料质量控制

（一）对进场设备、原材料的控制

（1）按设计图纸的规定和要求，对进场用的主要设备、材料、成品、半成品等的检验结论应有记录，其规格、型号应与设计选型相符合，并有产品说明书或合格证明。

（2）设备应装有铭牌。

（3）附件、备件齐全，并有出厂合格证及技术文件。控制、保护和起动附属设备应与低压电动机、电加热器及电动执行机构配套，并有铭牌，有注明制造厂名、出厂日期、规格及型号的出厂合格证等有关技术资料。

（4）型钢。各种规格型钢应符合设计要求，无明显锈蚀，并有材质证明。

（5）螺栓。除电动机稳装用螺栓外，均应采用镀锌螺栓，并配相应的镀锌螺母、平垫圈和弹簧垫。

（6）其他材料。绝缘带、电焊条、防锈漆、调和漆、润滑脂等，均应符合设计要求，并有产品合格证。

（二）电动机、电加热器、电动执行机构和低压开关设备等应符合的规定

（1）检验合格证和随带技术文件，对实行生产许可证和安全认证制度的产品，应有许可证编号和安全认证标志；铭牌上应注明制造厂名，出厂日期，设备的型号、容量、频率、电压，以及接线方法、电动机转速、温升、工作方法、绝缘等级等有关技术数据。

（2）外观检查：附件齐全，电气接线端子完好，设备器件无缺损，涂层完整。

二、安装程序控制

（一）严格按照施工程序监控

（1）土建基础已施工完毕，地脚螺栓、沟道等的位置、尺寸符合设计要求。

（2）安装场地清扫干净，道路畅通。

（3）低压电动机、电加热器及电动执行机构应与机械设备完成连接，绝缘电阻测试合格，经手动操作符合工艺要求，才能接线。

（二）低压电气动力设备试验和试运行的程序

（1）设备的可接近裸露导体接地（PE）或接零（PEN）连接完好，经检查合格，才能进行试验。

（2）动力成套配电（控制）柜、屏、台、箱、盘的交流工频耐压试验、保护装置的动作试验合格，才能通电。

（3）控制回路模拟动作试验合格，盘车或手动操作、电气部分与机械部分的转动或动作协调一致，经检查确认，才能空载运行。

三、工程质量监理要点

（1）安装程序、构件加工方法、操作工艺，均应监督执行安装单位的企业标准或国家现行规程规范。

（2）建筑工程施工质量控制应按《建筑工程施工质量验收统一标准》（GB 50300—2013）的规定，认真做好检验批的验收工作。

（3）当对大型电动机抽样检查和试运行时，做到旁站监理。

第三节 工程质量标准及验收

一、质量标准

（一）主控项目

（1）电动机、电加热器及电动执行机构的外露可导电部分必须与保护导体可靠连接。

（2）低压电动机、电加热器及电动执行机构的绝缘电阻值不应小于 0.5 MΩ。

（3）高压及 100 kW 以上电动机的交接试验应符合国家标准《电气装置安装工程 电气设备交接试验标准》（GB 50150—2016）的规定。

（二）一般项目

（1）电气设备安装应牢固，螺栓及防松零件齐全、不松动。防水防潮电气设备的接线入口及接线盒盖等应做密封处理。

（2）除电动机随机技术文件不允许在施工现场抽芯检查外，有下列情况之一的电动机应抽芯检查：

1）出厂时间已超过制造厂保证期限。

2）外观检查、电气试验、手动盘转和试运转有异常情况。

（3）电动机抽芯检查应符合下列规定：

1）电动机内部应清洁、无杂物。

2）线圈绝缘层应完好、无伤痕，端部绑线不应松动，槽模应固定、无断裂、无凸出和松动，引线应焊接饱满，内部应清洁，通风孔道无堵塞。

3）轴承应无锈斑，注油（脂）的型号、规格和数量应正确，转子平衡块应紧固，平衡螺丝锁紧，风扇叶片应无裂纹。

4）电动机的机座和端盖的止口部位应无砂眼和裂纹。

5）连接用紧固件的防松零件应齐全完整。

6）其他指标应符合产品技术文件的要求。

（4）电动机电源线与出线端子接触应良好、清洁，高压电动机电源线紧固时不应损伤电动机引出线套管。

（5）在设备接线盒内裸露的不同相间和相对地间电气间隙应符合产品技术文件要求，或采取绝缘防护措施。

二、交接验收

（一）电动机运行前的检查

（1）冷却、调速、润滑、水、密封油等附属系统安装完毕，验收合格，水质、油质质量符合要求。

（2）发电机出口母线应设有防止漏水、油、金属及其他掉落物的措施。

（3）电动机的保护、控制、测量、信号、励磁等回路调试完毕后，其动作正常。

（4）测定电动机定子绕组、转子绕组及励磁回路的绝缘电阻，应符合要求；油绝缘的轴承座的绝缘板、轴承座及台板的接触面应干燥，绝缘电阻不得小于 0.5 MΩ。

（5）电动机引出线相序正确，外壳接地良好。

（二）电动机运行中的检查

（1）电动机的旋转方向符合要求，无异声。

（2）换向器、集电环及电刷的工作正常。

（3）电动机各部温度不应超过产品技术条件规定。

（4）滑动轴承温度不应超过 80 ℃，滚动轴承温度不应超过 95 ℃。

（5）电动机振动的双振幅值不应大于表 4-1 中的要求。

表 4-1　电动机的允许双振幅值

同步转速/（r/min）	3000	1500	1000	<750
双振幅值/mm	0.05	0.085	0.1	0.12

（三）电动机的起动

（1）电动机应在空载情况下进行第一次起动，空载运行时间应为 2 h，且记录电动机空载运行电流。

（2）交流电动机的带负载起动次数应符合产品技术条件规定，若无规定，则满足以下要求：

1）在冷态时，可起动 2 次，每次间隔时间不得小于 5 min。

2）在热态时，可起动 1 次；当在处理事故以及电动机起动时间不超过 2～3 s 时，可再起动一次。

第四节　质量通病及防治

一、质量通病

（1）电动机接线盒内裸露导线，线间对地距离不够。

（2）小容量电动机接电源线时不摇测绝缘电阻。

（3）接线不正确，电动机外壳接地（零）线不牢，接线错误。

（4）电动机起动跳闸。

（5）技术资料不齐全。

二、防治措施

（1）线间排列整齐，当因特殊情况对地距离不够时，应加强绝缘保护。做好技术交底，提高摇测绝缘的必要性认识，加强安装人员的责任心。严格按电源电压和电动机标注电动机接线方式接线。

（2）接地线应接在接地专用的接线柱（端子）上，接地线截面必须符合规范要求，并压牢。

（3）调试前要检查热继电器的电流是否与电动机相符，电源开关选择是否合理。

（4）做好专业之间的交接工作，加强对技术文件、资料的收集、整理、归档、登记和收发记录等工作。

第五章 >>>

柴油发电机组安装

第一节　柴油发电机组安装

一、作业条件

（1）施工图及技术资料齐全。

（2）土建工程基本施工完毕，门窗玻璃安好。

（3）基础验收合格。

二、工艺流程

三、柴油发电机组安装要点

（一）机组主体的安装

（1）按照机组平面布置图所标注的机组与墙或者柱中心之间、机组与机组之间的关系尺寸，划定机组安装地点的纵、横基准线。机组中心与墙或者柱中心之间的允许偏差为20 mm，机组与机组之间的允许偏差为10 mm。

（2）在搬运时应注意将起吊的绳索系结在适当的位置，轻吊轻放。当机组运到目的地后，应尽量将其放在库房内，如果没有库房需要在露天存放，则将油箱垫高，防止雨水浸湿，箱上应加盖防雨帐篷，以防日晒雨淋损坏设备。由于机组的体积大、重量很重，安装前应先安排好搬运路线，在机房应预留搬运口。如果门窗不够大，可利用门窗位置预留出较大的搬运口，待机组搬入后，再补砌墙和安装门窗。

（3）如果安装现场允许吊车作业，就用吊车将机组整体吊起，把随机配的减震器装在机组下面；在柴油发电机组施工完成的基础上，放置好机组。一般情况下，减震器无须固定，只需在减震器下垫一层薄薄的橡胶板。如果需要固定减震器，画好减震器的地脚孔的位置，吊起机组，埋好螺栓后，放下机组，最后拧紧螺栓。

用千斤顶（千斤顶规格根据机组重量选定）将机组一端抬高，注意机组两边的升高一致，直至底座下的间隙能安装抬高一端的减震器。释放千斤顶，再抬机组另一端，装好剩余的减震器，撤出滚杠，释放千斤顶。

（4）吊装时应用足够强度的钢丝绳索套在机组的起吊位置，不能套在轴上，也要防止碰伤油管和表盘，按要求将机组吊起，对准基础中心线和减震器，并将机组垫平。利用垫铁将机器调至水平。安装精度是纵向和横向水平偏差为 0.1 mm/m。垫铁和机座之间不能有间隔，使其受力均匀。

（二）排烟管的安装

（1）排烟管的暴露部分不应与木材或其他易燃性物质接触。排烟管的承拓必须允许热膨胀的发生，排烟管能防止雨水等进入。

（2）排烟管的铺设有两种方式。

1）水平架空：优点是转弯少，阻力小；缺点是室内散热差，机房温度高。

2）地沟内铺设：优点是室内散热好；缺点是转弯多，阻力大。

（3）机组排烟管的温度高，为防止烫伤操作员和减少辐射热对机房温度的提升，应进行保温处理。保温耐热材料可采用玻璃丝或硅酸铝包扎，可起隔热、降噪作用。

（三）排气系统的安装

（1）柴油发电机组的排气系统工作界定是指柴油发电机组在机房内基础上安装完毕后，由发动机排气口连接至机房的排气管道。

（2）柴油发电机组的排气系统包括和发动机标准配置的消声器、波纹管、法兰、弯头、衬垫和机房连接至机房外的排气管道。排气系统应尽可能减少弯头数量及缩短排气管的总长度，否则就会导致机组的排气管压增大，而使机组产生过多的功率损失，影响机组的正常运行并降低机组正常的使用寿命。柴油发电机组技术资料中所规定的排气管径一般是基于排烟管总长为 6 m 及最多一个弯头和一个消声器的安装。当排气系统在实际安装中已超出了所规定的长度及弯头的数量时，则应适当加大排气管径，增大的幅度取决于排气管总长和弯头数量。从机组增压器排气总管接出的第一段管道必须包含一柔性波纹管段，该波纹管已随机配套给客户。排气管第二段应被弹性支承，以避免排气管道安装不合理，或机组运行时排气系统因热效应而产生的相对位移引起的附加侧应力和压应力加到机组上。排气管道的所有支承机构和悬吊装置均应有一定的弹性。当机房内有一台以上机组时切记每台机组的排气系统均应独立设计和安装，绝不允许让不同的机组共用一个排气管道，以避免机组运行时因不同机组的排气压力不同而引起异常窜动，及增大排气背压和防止废烟废气通过共用管道回流，影响机组正常的功率输出，甚至引起机组的损坏。

（四）电气系统的安装

1. 电缆的敷设方式

电缆的敷设方式有直接埋地、利用电缆沟敷设和沿墙敷设等几种。

2. 电缆敷设路径的选择

在选择电缆的敷设路径时，应考虑以下原则：电力路径最短，拐弯最少；使电缆尽量少受机械、化学和地中电流等因素的作用而损坏；散热条件要好；尽量避免与其他管道交叉；应避开规划中要挖土的地方。

3. 电缆敷设的一般要求

敷设电缆一定要遵守有关技术规程所规划和设计的要求。

（1）在敷设条件许可的条件下，电缆长度可考虑 1.5%～2%的余量，以作为检修时的备用，直埋电缆应作波浪形埋设。

（2）对于电缆引入或引出建筑物或构筑物、电缆穿过楼板及主要墙壁处、从电缆沟道引出至电杆，或沿墙壁敷设的电缆在地面上 2 m 高度及埋入地下 0.25 m 深的一段，电缆应穿钢管保护，钢管内径应超出电缆外径的 2 倍。

（3）当电缆与不同管道一起埋设时，不允许在敷设煤气管、天然气管及液体燃料管路的沟道中敷设电缆；少数电缆允许敷设在水管或通风道的明沟或隧道中，或者与这些沟交叉；在热力管道的明沟或隧道中，一般不要敷设电缆；在特殊情况下，若不致电缆过热，可允许少数电缆敷设在热力管道的沟道中，但应分隔在不同侧，或将电缆安装在热力管道的下面。

（4）直埋电缆埋地深度不得小于 0.7 m，其壕沟离建筑物基础不得小于 0.6 m。

（5）电缆沟的结构应考虑到防火和防水的问题。

（6）电缆的金属外皮、金属电缆头及保护钢管和金属支架等，均应可靠地接地。

为方便及安全起见，建议在进行机组至配电盘及并车柜的电缆连接时，应将电缆预敷设于电缆槽，并做防渗透、防漏电处理，电气连接必须接触可靠，防止因震动而引起的松动、扭断及绝缘的损伤。

（五）设备抗震措施

（1）机组底盘与机组基础不得有刚性连接，减震器可采用弹簧型或橡胶型。

（2）排烟管、油管等所有连接件均应采用柔性连接。

（3）机组结构基础支撑面可适当加宽，以限制横向和竖向的地震位移。

四、发电机组试验

（一）控制柜安装调试

（1）电力监控系统设备集中安装在控制柜中，控制柜内设备安装、协议转换、程序下载、模拟调试等在工厂中完成后发往现场。

（2）控制柜安装就位后，用屏蔽双绞线以总线形式连接电力监控智能仪表和控制柜（SCADA 柜、电力监控箱）中通信管理机，用屏蔽双绞线连接带智能通信接口的设备和控制柜中通信管理机，所有连接都通过控制柜端子排转接，屏蔽双绞线屏蔽层接地。

（3）由接线人自查接线、专人复查接线，正确无误后通电调试。

（4）先对单个设备调试，然后进行子网调试，再接入整个系统调试。

（5）计算机等设备的摆放易于使用。

（6）线缆在线槽中布设，强、弱电线缆分槽布设，尽量避免同槽布设。当在同槽布设时，强、弱电线缆靠线槽两侧分开绑扎，中间用金属板隔开，尽量减少交叉，如遇交叉，则强电在下，弱电在上。

（7）计算机等在监控室装修完成且电源线、接地线、各视频电缆、控制电缆敷设完毕后运入监控室。

（8）监控室内的电缆理直后从地槽或墙槽引入机架、控制台底部，再引到各设备处。

（9）监控室各设备接线应干净、整齐，有条理。设备安装前要画线定位，核对地面水平，保持静电地板的完好性。

（二）电缆桥架安装、调试方案

（1）桥架间连接板两端要有铜芯接地线，并与接地端的镀锌扁钢相连，最小截面不小于 4 mm²，或全长安装大于 4 mm×25 mm 镀锌接地扁铁。

（2）桥架安装时应做到安装牢固，横平竖直。沿桥架水平走向的支架间距为 1.5～3 m，垂直安装的支架间距不大于 2 m，吊支架左右偏差应不大于 10 mm，高低偏差不大于 5 mm。

（3）桥架与支架间螺栓、桥架连接板螺栓固定无遗漏，螺母位于桥架外侧。当桥架与钢支架固定时，要有互相间绝缘的防电化腐蚀措施。

（4）当支架用膨胀螺栓固定时，选用螺栓适配，连接紧固，防松零件齐全。

（5）桥架转弯处的弯曲半径不小于桥架内电缆最小弯曲半径。

（6）桥架应在具有腐蚀性液体管道上方，且应在热力管道下方。当易燃易爆气体比空气重时，桥架应在管道上方；当易燃易爆气体比空气轻时，桥架应在管道下方。

（7）水平敷设的电缆，首尾、转弯及 5～10 m 处桥架内设电缆卡子固定，敷设于垂直桥架内的电缆卡子固定点间距应为 1 m。

（8）每节电缆桥架的连接处的金属部分应保持良好的电气通路，每隔 20 m 左右与接地干线及接地引出板连接一次。

（9）应详细填写隐蔽工程记录并归档。

（三）油管的安装

油管应为黑铁无缝钢管而不能采用镀锌管，油管走向应尽可能避免燃油过度受发动机散热的影响。喷油泵前的燃油最高允许温度为 60～70 ℃，视机型不同而定。建议在发动机和输油管之间采用软连接，并确保发动机与油箱之间的输油管不会发生泄漏。

（四）安装工作调试

（1）机组的启封。机组出厂时，为了防止外部金属件锈蚀，有的部位进行了油封处理。因此，新机组安装完毕，并通过检验，在符合安装要求以后，必须启封才能起动。

（2）清洗擦除机组外部防锈油。将 60 ℃的热水加入冷却系统，使其分别从水泵、机体和全损耗系统用油冷却器放水开关流出，冲洗冷却系统，并软化曲轴连杆机构的防锈油。用清洗柴油清洗油底壳，并加入清洁的柴油。

（3）机组的检查。检查机组表面是否彻底清除干净，地脚螺帽有无松动现象，发现问题，及时紧固；检查汽缸压缩力、转动曲轴，检听各缸机件运转有无异常响声，曲轴转动是否自如，同时将全损耗系统用油泵入各摩擦表面，人力撬动曲轴，感觉很费力和有反推力（弹力），表示压缩正常。

（4）检查燃油供给系统的情况。检查燃油箱上的通气孔是否畅通，如有污物应清除干净。检查加入的柴油是否符合要求的牌号，油量是否足够，然后再打开油路开关；旋松柴油滤清器或喷油泵的放气螺钉，用手泵泵油，排除油路中的空气；检查各油管接头有无漏水现象，如有问题应及时处理。

第二节　工程施工监理

一、设备材料质量控制

（1）吊装前与厂家、施工方、建设方一道进行开箱验货。

（2）查看包装箱体有无损伤，核实箱号及数量。

（3）开箱后根据机组清单及装箱单清点全部机组及附件。

（4）查看机组及附件的主要尺寸是否与图纸相符。

（5）检查机组及附件有无损坏、锈蚀等明显的外观质量问题。

（6）外观检查应有铭牌，机身无缺件，涂层完整。

（7）发电机定子、转子等表面及轴颈的保护层应完整，无锈蚀现象；水内冷发电机定子、转子进出水管的管口密封应完好。

二、安装程序控制

（1）基础验收合格后，才能安装机组。

（2）地脚螺栓固定的机组需要经过初平、螺栓孔灌浆、精平、紧固地脚螺栓、二次灌浆等程序；安放式的机组将底部垫平、垫实。

（3）油、气、水冷、烟气排放等系统和隔震防噪声措施安装完成；发电机静态试验和随机配电柜、控制柜接线合格，才能进行空载运行。

（4）发电机空载试运行合格后才能进行负荷试运行。

（5）在规定的时间内，连续运行无故障，才能投入备用状态。

三、柴油发电机安装监理要点

（一）机组吊装监理检查要点

（1）检查起吊装备、索具的规格、外观质量与吊装要求是否相符。

（2）检查起吊位置、角度是否符合规范、设计和吊装方案要求。

（3）检查钢丝绳结扎位置，是否已挂结牢固。

（4）机器离地后使用风绳防止钢丝绳扭结和机器摇摆。

（5）风速大于 8 m/s 以上，不得吊装。

（二）主机安装监理要点

（1）根据图纸"放线"，监理检查纵、横中心线及减震器定位线。

（2）按吊装方案内的技术要求将机组吊放就位，监理检查就位中心线及机组与减震器结合是否符合要求。

（3）机组找平。按照设计，参阅厂家设备说明书，找出机组水平校准点；用垫铁、楔铁或者调整水平调节螺栓，将机组调至水平。垫铁与机座底面不得有间隔，将水平仪置于水平校准点进行测量检查。

（4）安装精度要求。纵、横向水平度，偏差小于或等于 0.1 mm/m。

（三）排气、燃油、冷却系统安装监理要点

1. 机组排气系统安装监理要点

（1）机组排气系统由法兰连接的管道、支撑件（带吊码弹弓）、防震膨胀节及消声器组成；排气管的管径应符合设计要求，机组与排气管道间的膨胀节（软连接段）不得受力；所有排气管道的壁厚应不小于 3 mm。

（2）管道法兰连接处应加石棉垫圈，管道应尽量减少弯头，弯头的曲率半径应大于1.5 倍管径。

（3）较长的排气管道安装时应有一定的坡度（5‰），以防止水流倒流进入发动机和消声器。

（4）排气管应是独立的，不得与其他发电机组共用。

（5）消声器安装位置应符合设计要求，方向应按气流方向安装，不允许倒向安装。

（6）排气管道外应做保温处理，保温材料及工艺要求应符合设计和规范要求。

（7）按设计要求检查管道安装位置，检查管道连接应牢固可靠。

2. 机组燃油系统安装监理要点

（1）油箱最高油位不能比机组底座高出 2.5 m，出油口应高于柴油机高压射油泵。

（2）回油管油路到油箱的高度必须保持在 2.5 m 以下。

（3）输油管材料应为黑铁钢管，不可使用镀锌管，管径应符合厂家设备说明要求。

（4）油管与机组的连接应采用软管连接，并采用优质卡箍连接。

（5）油箱上部应装有压力平衡透气阀及阻火器，下部应装有排污塞。

（6）观察检查燃油系统管路安装不得有渗漏现象（包括运行、停机状态下）。

（7）油管安装路由应避开排气管、热源和震源。

（四）机组冷却系统安装监理要点

（1）风扇驱动轮、皮带张紧轮和曲轴带轮应精确校直。

（2）进风口净流通面积应大于 1.5～1.8 倍散热器迎风面积；排风口净流通面积应大于散热器迎风面积的 1.25～1.5 倍。

（3）当风道加高流阻消声器时，需根据消声器产品要求，加大风道尺寸。

（4）散热器排出的空气应直接通过风道口排出户外。

（5）空气自风道排出时的阻力及入口风道的阻力不应超过风扇的静压力。

（五）电气控制设备安装及机组接线、接地监理要点

（1）一体式机组控制屏直接安装在机组及发电机上方，与发电机连接处应安装减震器。

（2）分体式机组控制屏安装中应避开机组热源和震源，控制屏与机组的距离以不超过10 m 为宜。

（3）隔室安装控制屏应设置观察窗，且其操作室地坪应比机房地坪高出 0.7～0.8 m，以便操作时观察。

（4）按设备厂家提供的原理图或接线图，按设计要求的电力电缆，用铜接头连接线缆，铜接头与汇流排、汇流排与汇流排紧固后，其接头处、局部间隙不得大于 0.05 mm，导线间的距离应大于 10 mm。

（5）机组各类电源线、信号线按布线要求接线牢固、可靠，整齐美观，无差错；不得将交流线、直流线及信号线包扎在一起。

（6）应按规范和厂家说明书的要求，做好机组接地。

（六）柴油发电机房应做等电位联结的导电金属

（1）柴油发电机组的底座。

（2）日用油箱支架。

（3）金属管，如水管、采暖管、通风管等。

（4）钢结构建筑的钢柱。

（5）钢门（窗）框、百叶窗、有色金属框架等。

（6）在墙上固定消声材料的金属固定框架。

（7）配电系统 PE（PEN）线。

（七）应与 PE（PEN）可靠连接的金属部件

（1）发电机的外壳。

（2）电气控制箱（屏、台）体。

（3）电缆桥架、敷线钢管、固定电器支架等。

（八）柴油机启封及机组试机前检查

（1）机组安装完毕后，应按规定做好柴油机的启封，方可起动。

（2）将柴油加热到 45～56 ℃，擦洗除去外部防锈油。

（3）用清洁柴油清洗油底壳，并换入新机油。冷却系统、燃油系统、燃油喷射调速系统、水泵、起动传动系统均应按厂家说明书要求进行清洁检查，并加足清洁冷却水，充足起动蓄电池。

（4）控制配电屏及各种仪表应完好、齐全，接线正确牢固，相线排序一致。

（5）各零部件螺栓及管路接头牢固。

（6）油箱底壳应清洁，油路、缸体与缸盖水套孔眼应畅通。水箱内应用纯水清洗，冬季应加入防冻剂。

（7）当由电动机起动油机时，起动蓄电池电压应正常，接线正确。

（8）机组接地良好，管路畅通，阀门关闭严密。

（9）测量、调整各气缸进出气门间隙，使其符合厂家说明书的规定。

（10）燃油、机油应符合设备厂家说明书的规定。

第三节　工程质量标准及验收

一、主控项目

（1）发电机的试验应符合规范的规定。

（2）对于发电机组至配电柜馈电线路的相间、相对地间的绝缘电阻值，低压馈电线路不应小于 0.5 MΩ，高压馈电线路不应小于 1 MΩ/kV；绝缘电缆馈电线路直流耐压试验应符合国家标准《电气装置安装工程　电气设备交接试验标准》（GB 50150—2016）的规定。

（3）柴油发电机馈电线路连接后，两端的相序应与原供电系统的相序一致。

（4）当柴油发电机并列运行时，应保证其电压、频率和相位一致。

（5）发电机的中性点接地连接方式及接地电阻值应符合设计要求，接地螺栓防松零件齐全，且有标识。

（6）发电机本体和机械部分的外露可导电部分应分别与保护导体可靠连接，并应有标识。

（7）燃油系统的设备及管道的防静电接地应符合设计要求。

二、一般项目

（1）发电机组随机的配电柜、控制柜接线应正确，紧固件紧回状态良好，无遗漏脱落。开关、保护装置的型号、规格正确，验证出厂试验的锁定标记应无位移，有位移的应重新试验标定。

（2）受电侧配电柜的开关设备、自动或手动切换装置和保护装置等的试验应合格，并应按设计的自备电源使用分配预案进行负荷试验，机组应连续运行无故障。

三、发电机交接试验

发电机交接试验如表 5-1 所示。

表 5-1　发电机交接试验内容及结果

序号	试验类型		试验内容	试验结果
1	静态试验	定子电路	测量定子绕组的绝缘电阻和吸收比	绝缘电阻值大于 0.5 MΩ；沥青浸胶及烘卷云母绝缘吸收比大于 1.3，环氧粉云母绝缘吸收比大于 1.6
2			在常温下，绕组表面温度与空气温度差在 ±3 ℃范围内，测量各相直流电阻	各相直流电阻值相互间差值不大于最小值的 2%，与出厂值在同温度下比差值不大于的 2%
3			交流工频耐压试验 1 min	试验电压为 $1.5U_n+750$ V，其中 U_n 为发电机额定电压。无闪络、击穿现象
4		转子电路	用 1000 V 绝缘电阻表测量转子绝缘电阻	绝缘电阻值大于 0.5 MΩ
5			在常温下，绕组表面温度与空气温度差在 ±3 ℃范围内，测量绕组直流电阻	数值与出厂值在同温度下比差值不大于 2%
6			交流工频耐压试验 1 min	用 2500 V 绝缘电阻表测量绝缘电阻替代
7		励磁电路	励磁电路退出后，测量励磁电路的线路设备的绝缘电阻	绝缘电阻值大于 0.5 MΩ
8			励磁电路退出后，进行交流工频耐压试验 1 min	试验电压 1000 V，无闪络、击穿现象
9		其他	有绝缘轴承的用 1000 V 绝缘电阻表测量轴承绝缘电阻	绝缘电阻值大于 0.5 MΩ

序号	试验类型		试验内容	试验结果
10	静态试验	其他	测量检温计（埋入式）绝缘电阻，校验检温计精度	用 250 V 绝缘电阻表检测不短路，精度符合出厂规定
11			测量灭磁电阻、自同步电阻器的直流电阻	与铭牌相比较，其差值为±10%
12	运转试验		发电机空载特性试验	按照说明书比对，符合要求
13			测量相序	相序与出线标识相符
14			测量空载和负荷后轴电压	按设备说明书对比，符合要求

第四节　质量通病及防治

一、质量通病

（1）安装后发电机水平偏差大。

（2）试运行后发现接触电阻大，机组运行不正常。

（3）接地不可靠。

二、防治措施

（1）基础施工时，做好平整度，安装中发现偏差加弹簧垫片。

（2）柴油发电机组属震动工作器，及时对电器元件进行紧固。

（3）若柴油发电机单独设置，接地宜直接与主干线连接。

第六章 >>>

不间断电源安装

第一节　不间断电源安装

一、作业条件

（1）机房不渗、不漏，门窗安装完毕，门能上锁，室内装饰工程施工完毕。

（2）机房内市电电源施工完毕，PE 线到位。

（3）机房空调系统施工完毕。

（4）安装不间断电源设备的基础施工完毕。

二、工艺流程

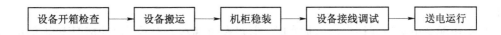

设备开箱检查 → 设备搬运 → 机柜稳装 → 设备接线调试 → 送电运行

三、铅酸蓄电池

（一）安装

1. 基本要求

（1）蓄电池必须安置在专用室内，室内的门窗、墙、木架、通风设备等必须涂有耐酸油保护，地面应铺耐酸砖，并保持一定温度，室内应有上、下水道。

（2）蓄电池室内应保持严密，门窗上的玻璃涂有带色油漆，以免太阳光直射在电池上。

（3）蓄电池室内的照明应采用防爆型灯具和开关。

（4）蓄电池室内的风道口应设有过滤网，并应有独立的通风道。

（5）蓄电池室内取暖设备，在室内不允许有法兰连接和气门，距离蓄电池不得小于 750 mm。

（6）蓄电池的木架和玻璃瓶安放及排列应保持水平，并要考虑到便于日常维护。

2. 蓄电池组的安装

（1）蓄电池放置的平台、基架及间距应符合设计要求。

（2）蓄电池安装应平稳、间距均匀，同一排、列的蓄电池槽应高低一致、排列整齐。

（3）连接条及抽头的接线应正确，接头连接部分应涂以电力复合脂，螺栓应紧固。

（4）若有抗震要求，其抗震设施应符合有关规定，且牢固可靠。

（5）温度计、密度计、液面线应放在易于检查的一侧。

3. 蓄电池引出电缆的敷设

（1）宜采用塑料外护套电缆，当采用裸铠装电缆时，其室内部分应剥掉铠装。

（2）电缆的引出线应用塑料色带标明正、负极的极性。

（3）电缆穿出蓄电池室的孔洞及保护管的管口处，应用耐酸材料密封。

4. 其他要求

（1）在清除蓄电池槽表面污垢时，对用合成树脂制作的槽，应用脂肪烃、酒精擦拭，不得用芳香烃、煤油、汽油等有机溶剂擦洗。

（2）蓄电池室内裸硬母线的安装，除应符合国家标准《电气装置安装工程 母线装置施工及验收规范》（GB 50149—2010）中的有关规定外，还应采取防腐措施。

（3）每个蓄电池应在其台座或槽的外表面用耐酸材料标明编号。

（二）电解液配制与注液

1. 电解液的配制

在配制或灌入电解液时，必须采用耐酸、耐高温的干净器具；应将浓硫酸缓慢地倒入蒸馏水中，严禁将蒸馏水倒入浓硫酸中，并应使用相应的劳保用品及工具。

2. 配制电解液的注意事项

（1）配制电解液前先将所用的容器洗刷干净，并用蒸馏水冲洗一次再用。

（2）不允许先将纯硫酸倒入容器内，然后再加入蒸馏水，这样会由于发热飞溅造成烫伤。

（3）在配制电解液或往电池内加水时，若没有蒸馏水，在不得已的情况下也可用干净雨水或雪水来代用，但不允许用河水或井水。

（4）不可让硫酸或电解液溅在身上，以免烧伤皮肤或烧坏衣服。

（5）检验密度时，必须记录溶液温度和密度值，然后进行换算。

3. 注液

（1）注入蓄电池电解液时，其温度不宜高于 30 ℃。当室温高于 30 ℃时，不得高于室温。注入液面的高度应接近上液面线，全组蓄电池应一次注入。

（2）注入电解液 2 h 后，应进行一次电压测量；如果测量不出电压，应经 8～10 h 再测量一次，若仍测不出电压或电压很低，说明电池是坏的，应调换电池和电解液。

（3）注入电解液 2 h 后，应测量液面高度，液面高度必须高于极板 100～150 mm。

（三）充放电

1. 蓄电池的初充电及首次充电

（1）初充电前应对蓄电池组及其连接条的连接情况进行检查。

（2）初充电期间，应保证电源可靠，不得随意中断。

（3）充电过程中，电解液温度不应高于 45 ℃。

2. 蓄电池初充电的要求

（1）当采用恒流充电法充电时，其最大电流不得超过制造厂规定的允许最大电流值。

（2）当采用恒压充电法充电时，其充电的起始电流不得超过允许最大电流值，单体电池的端电压不得超过 2.4 V。

（3）装有催化栓的蓄电池，当充电电流大于允许最大电流值充电时，应将催化栓取下，换上防酸栓。在充电过程中，催化栓的温升应无异常现象。

3. 蓄电池初充电结束后的要求

（1）充电容量应达到产品技术条件的规定。

（2）如果采用的是恒流充电法，电池的电压、电解液的密度应连续 3 h 以上稳定不变，电解液会产生大量气泡；如果采用的是恒压充电法，充电电流应连续 10 h 以上不变，电解液的密度应连续 3 h 以上不变，并符合产品技术条件规定的数值。

4. 蓄电池组首次放电时的要求

（1）蓄电池的最终电压及密度应符合产品技术条件的规定。

（2）不符合标准的蓄电池的电压不得低于整组蓄电池中单体蓄电池的平均电压的 2%。

（3）电压不符合标准的蓄电池，其数量不应超过该组蓄电池总数量的 5%。

（4）温度为 25 ℃时的放电容量应达到额定容量的 85%以上。

（四）其他要求

（1）电解液注入蓄电池后，应静置 3～5 h 让液温冷却到 30 ℃以下，当室温高于 30 ℃时，待液温冷却到室温时方可充电。但自电解液注入第一个蓄电池内开始至充电之间的放置时间，应符合产品说明书的规定，当产品说明书无规定时，不宜超过 8 h。蓄电池的防酸栓、催化栓及液孔塞应在注液完毕后应立即回装。

（2）在蓄电池充电时，严禁明火。

（3）初充电结束后，电解液的密度及液面高度须调整规定值，并应再进行 0.5 h 的充电，使电解液混合均匀。

（4）首次放电完毕后，应按产品技术要求进行充电，间隔时间不宜超过 10 h。

（5）蓄电池组在 5 次充、放电循环内，当温度为 25 ℃时，放电容量不应低于 10 h 内放电容量的 95%。

（6）充、放电结束后，对透明槽的电池应检查内部情况，极板不得有严重弯曲、变形或活性物质严重剥落。

（7）在整个充、放电期间，应按规定时间记录每个蓄电池的电压、电流及电解液的密度、温度。充、放电结束后，应绘制整组充、放电特性曲线。

（五）使用方法

（1）新电池在注入电解液后必须进行初充电才能使用。

（2）蓄电池放电时的电压不得低于其终止电压。

（3）放完电的电池应及时进行正常充电，不能长时间搁置，否则会影响使用寿命。

（4）经常检查蓄电池内电解液的液面高度和密度，液面必须高于防护板 10～20 mm，若电解液密度超出规定范围，必须用蒸馏水或硫酸加以调整。

（5）经过正常充电的蓄电池，在贮存期内应每隔 1～2 个月进行小电流充电 5～6 h，以补偿电池贮存期内自放电容量的损失。

四、镉镍碱性蓄电池

（一）安装

1. 蓄电池组的安装

（1）蓄电池放置的平台、基架及间距应符合设计要求。

（2）蓄电池安装应平稳，同列电池应高低一致，排列整齐。

（3）连接条及抽头的接线应正确，接头连接部分应涂以电力复合脂，螺母应紧固。

（4）若有抗震要求，其抗震设施应符合有关规定，且牢固可靠。

（5）蓄电池直流系统成套装置应符合现行国家技术标准的规定。

2. 其他要求

（1）在清除壳表面污垢时，对用合成树脂制作的外壳，应用脂肪烃、酒精擦拭，不得用芳香烃、煤油、汽油等有机溶剂清洗。

（2）蓄电池引线电缆的敷设应符合国家标准《电气装置安装工程　电缆线路施工及验收标准》（GB 50168—2018）中的有关规定。电缆引出线应采用塑料色带标明正、负极的极性。

（3）蓄电池室内裸硬母线的安装，除应符合国家标准《电气装置安装工程　母线装置施工及验收规范》（GB 50149—2010）中的有关规定外，还应采取防腐措施。

（4）每个蓄电池应在其台座或外壳表面用耐碱材料标明编号。

（二）电解液配制与注液

1. 电解液的配制

配制和存放电解液应用耐碱器具，并将碱慢慢倾入水中，不得将水倒入碱中。配制的电解液应加盖存放并沉淀 6 h 以上，取其澄清液或过滤液使用。

配制电解液应采用符合现行国家标准的三级即化学纯的氢氧化钾（KOH），且用蒸馏水或去离子水。

2. 配制电解液的注意事项

（1）在配制第一、二种电解液时，先用少量电解液与所需要的氢氧化锂全部溶解后，再加入电解液中搅拌均匀。

（2）在配制第三、四种电解液时，氢氧化钾中含碳酸盐不得高于 4%，且严禁混入氢氧化钠。

（3）配制和保存碱溶液所用的器具应是耐碱腐蚀的容器。

（4）电解液配好后，静置 4 h 澄清后再使用，配制时应戴防护用具。

（5）若碱液沾染皮肤，应立即用 3% 硼酸水或清水冲洗。

（6）氢氧化钾或氢氧化钠，无论是固体还是水溶液都能吸收二氧化碳而发生质变，因此蓄电池注液孔必须严密关闭，不允许含有二氧化碳的空气侵入蓄电池。

3. 注液

注入蓄电池的电解液温度不宜高于 30 ℃；当室温高于 30 ℃时，应设法降低室温。其液面高度应在两液面线之间，注入电解液后宜静置 1~4 h 方可初充电。

（三）充放电

1. 蓄电池初充电的要求

（1）初充电期间，其充电电源应可靠。

（2）初充电期间，室内不得有明火。

（3）装有催化栓的蓄电池应将催化栓旋下，待初充电全过程结束后再重新装上。

（4）带有电解液并配有专用防漏运输螺塞的蓄电池，初充电前应取下运输螺塞换上有孔气塞，并检查液面不应低于下液面线。

（5）充电期间电解液的温度宜为 20 ℃±10 ℃；当电解液的温度低于 5 ℃或高于 35 ℃时，不宜进行充电。

2. 蓄电池初充电结束后的检查

（1）在 5 次充放电循环内，放电容量为 20 ℃±5 ℃时应不低于额定容量。若放电时电解液初始温度低于 15 ℃，放电容量应按制造厂提供的修正系数进行修正。

（2）用于有冲击负荷的高倍率蓄电池倍率放电，在电解液温度为 20 ℃±5 ℃条件下，以 $0.5C_5$（C_5 为蓄电池额定容量值）电流值先放电 1 h，再以 $6C_5$ 电流值放电 0.5 s，其单体蓄电池的平均电压为：超高倍率蓄电池不低于 1.1 V；高倍率蓄电池不低于 1.05 V。

（3）当按 $0.2C_5$ 电流值放电终结时，单体蓄电池的电压应符合产品技术条件的规定，电压不足 1 V 的蓄电池数不应超过蓄电池总数的 5%，且最低不得低于 0.9 V。

3. 其他要求

（1）当蓄电池初充电达到规定时间时，单体蓄电池的电压应符合产品技术条件的规定。

（2）在充电结束后，应用蒸馏水或去离子水调整液面至上液面线。

（3）在整个充放电期间，应按规定时间记录每个蓄电池的电压、电流及电解液和环境温度，并绘制整组充、放电特性曲线。

（四）使用方法

（1）蓄电池充电时间和充电电流应根据蓄电池外壳上的标注按规定要求进行充电，一般采用 5 h 率或 10 h 率恒流放电，充电速度可以快一点，可采用 4 h 或 2 h。

（2）认准蓄电池及充电器的正、负极性，将电池正确放进充电器内（正对正、负对负）。

（3）蓄电池不宜长期存放在铁盒内，以防电池短路。对备用蓄电池要轮换使用，不能长期搁置不用。

（4）不能将放电后电压较低的蓄电池与新充电的蓄电池混合使用，也不应将不同型号、不同容量以及国产的与进口的蓄电池混合使用。

（5）多个蓄电池使用后，大多数蓄电池实测电压值各不相同。充电时可将电压低的蓄电池先充 1～2 h，电压高的蓄电池晚充 1～2 h，这样可使电压一致，又可防止电压高的蓄电池过充电。

（6）长期搁置不用的蓄电池，电压为 1 V 以下，甚至降到 0.5 V 左右，充电时充电电流可先大后小，反复进行 3～5 次再充电、再放电，就可恢复正常容量。

（7）较大容量的新蓄电池，电压较高，应注意先使用后充电，以免电池损坏。

（8）长期使用的电解液会吸收二氧化碳，生成碳酸钾，影响电池性能。一般充放电循环次数在 100～200 次之后，应更换电解液。

第二节　不间断电源设备选择与布置

一、设备选择

（1）根据用电设备所需要的功率大小来选择蓄电池的类型，一般在工作电流为 1～50 A 时，可选择铅酸蓄电池和镉镍蓄电池。

（2）根据用电设备工作电流大小、工作时间长短，估算所需的蓄电池容量，应使选用的蓄电池额定容量大于用电设备所需的容量。

（3）在使用的温度条件下，所选用的蓄电池应能正常放电。

（4）使用寿命、贮存期限应满足要求。

（5）外形尺寸、重量应满足安装要求。

（6）应尽可能选用标准化产品，必要时可用其他型号的蓄电池代用。

二、设备布置

（一）机柜引入引出管线、机柜基础槽钢、接地干线修整

（1）根据有关图纸及设备安装说明检查机柜引入引出管线、机柜基础槽钢、接地干线是否符合要求，重点检查基础槽钢与机柜固定螺栓孔的位置是否正确，基础槽钢水平度及不平度是否符合要求。

（2）根据发现的问题及时进行修整。

（二）主回路线缆及控制电缆敷设

（1）线缆及控制电缆敷设应符合国家有关现行技术标准。

（2）进行穿线时应做好对管口保护工作，以防割伤线缆。

（3）线缆敷设完毕后应进行绝缘测试，线间及线对地的绝缘电阻值应大于 0.5 MΩ。

（三）机柜就位及固定

（1）根据设备情况将机柜搬运至现场并吊装在预先设置好的基础槽钢之上。

（2）固定机柜。

（3）调整机柜的垂直度偏差及各机柜的间距偏差，水平度、垂直度偏差不应大于 1.5%。

（四）柜内设备安装接线

（1）制作各电缆接头，接头制作应符合有关规范要求。

（2）按照安装说明、施工图纸连接各线缆。

（3）各线缆连接应可靠牢固。

（五）电池组就位及接线

（1）电池组整齐码放于电池室内或专用支架上。

（2）电池组接线应注意正负极的统一。

（3）电池组与机柜的接线应牢固可靠。

（六）系统通电前测试检查

（1）对照施工图纸、设备安装说明检查各系统回路接线。

（2）制作标示相关线缆回路标识标签。

（七）系统整体调试及验收

（1）不间断电源的整流、逆变、静态开关各个功能单元都要单独试验合格，才能进行系统整体试验调试。

（2）根据设备安装使用说明书的操作提示送电调试。

（3）送电前应注意检查设备散热风扇处的保护薄膜是否取掉，以免造成机柜通风散热困难。

（4）应在系统内各设备运转正常的情况下调整设备，使系统各项指标满足设计要求。

（5）不间断电源首次使用时应根据设备使用说明书的规定进行充电，在满足使用要求前不得带负载运行。

（八）设备抗震措施

（1）蓄电池间连线应采用柔性导体连接，端电池宜采用电缆作为引出线。

（2）当蓄电池安装重心较高时，应采取防止倾倒措施。

第三节　工程施工监理

一、设备材料质量控制

（1）查验合格证和随带技术文件，实行生产许可证和安全认证制度的产品应有许可证编号和安全认证标志。不间断电源柜有出厂试验记录。

（2）外观检查。有铭牌，柜内元器件无损坏丢失、接线无脱落脱焊，蓄电池柜内电池壳体无碎裂、漏液，充油充气设备无泄漏，涂层完整，无明显碰撞凹陷。

（3）设备开箱宜在室内进行。

（4）设备开箱后应做下列检查：

1）制造厂的设备、器材技术文件及合格证应齐全。

2）设备、器材的型号、规格、数量应符合工程设计要求，附件、备件应齐全。

3）设备、器材应外观完好，无损伤。

（5）材料设备要求。

1）不间断电源。注意核对设备标称容量、型号等参数是否符合要求，并应有产品合格证和出厂试验记录。

2）各类导线电缆应根据设计要求选用，并有产品合格证。

3）电池组应注意保存期限。

4）其他辅材应符合要求。

（6）设备到达现场后的清点、检查。

1）设备开箱检查应会同供货单位、建设单位共同进行，并做好记录。

2）根据装箱单或供货清单进行清点验收。

3）注意检查制造厂的有关技术文件是否齐全。

4）检查包装及密封是否良好，附件是否齐全，主机、机柜等设备外观是否正常，有无受潮、擦碰及变形等。

（7）蓄电池到达现场后的保管：

1）酸性蓄电池和碱性蓄电池不得存放在同一室内。

2）蓄电池不得倒置，开箱存放时，不重叠。

3）蓄电池应存放在清洁、干燥、通风良好、无阳光直射的室内；存放过程中，严禁短路、受潮，且应定期清除灰尘，保证清洁。

4）酸性蓄电池的保管温度宜为 5～40 ℃，碱性蓄电池的保管温度不宜高于 35 ℃。存放应在放电状态下，拧上密闭气塞，并要将电池表面清理干净，在极柱上涂抹防腐脂。

（8）安装前的外观检查。

1）蓄电池槽应无裂纹、损伤，槽盖应密封良好。

2）蓄电池的正、负端柱必须极性正确，且应无变形；防酸柱、催化栓等部件应齐全无损伤，滤气帽的通气性能应良好。

3）对透明的蓄电池槽，应检查极板无严重受潮和变形，槽内部件应齐全无损伤。

4）连接条、螺栓及螺母应齐全。

5）温度计、密度计应完整无损。

二、工程施工监理要点

（1）不间断电源的整流装置、逆变装置和静态开关装置的规格、型号必须符合设计要求。内部接线连接正确，紧固件齐全，可靠不松动，焊接连接无脱落现象。压接时应配有平垫和弹簧垫圈，压接应牢固可靠。

（2）不间断电源的输入、输出各级保护系统和输出的电压稳定性、波形畸变系数、频率、相位、静态开关的动作等各项技术性能指标试验调整必须符合产品技术文件要求，且符合设计要求。

（3）不间断电源装置间连线的线间、线对地间绝缘电阻值应大于 0.5 MΩ。

（4）不间断电源输出端的中性线（N 极）必须与由接地装置直接引来的接地干线相连接，做重复接地。

（5）安放不间断电源的机架组装应横平竖直，水平度、垂直度偏差不应大于 1.5%，且紧固件齐全。

（6）引入或引出不间断电源装置的主回路电线、电缆和控制电线、电缆应分别穿保护管敷设，在电缆支架上平行敷设应保持 150 mm 的距离；电线、电缆的屏蔽护套接地连接可靠，与接地干线接地连接，紧固件齐全。

（7）不间断电源装置的可接近裸露导体应接地（PE）或接零（PEN）可靠，且有标识。

（8）不间断电源正常运行时产生的 A 声级噪声不应大于 45 dB，输出额定电流为 5 A 及以下的小型不间断电源噪声不应大于 30 dB。

第四节　工程质量标准及验收

一、工程质量标准

（一）主控项目

（1）UPS 及 EPS 的整流、逆变、静态开关以及储能电池或蓄电池组的规格、型号应符合设计要求。内部接线应正确、可靠不松动，紧固件应齐全。

（2）UPS 及 EPS 的极性应正确，输入、输出各级保护系统的动作和输出的电压稳定性、波形畸变系数及频率、相位、静态开关的动作等各项技术性能指标试验调整应符合产品技术文件要求，当以现场的最终试验替代出厂试验时，应根据产品技术文件进行试验调整，且应符合设计文件要求。

（3）EPS 应按设计或产品技术文件的要求进行下列检查：

1）核对初装容量，并应符合设计要求。

2）核对输入回路断路器的过载和短路电流整定值，并应符合设计要求。

3）核对各输出回路的负荷量，且不应超过 EPS 的额定最大输出功率。

4）核对蓄电池备用时间及应急电源装置的允许过载能力，并应符合设计要求。

5）当对电池性能、极性及电源转换时间有异议时，应由制造商负责现场测试，并应符合设计要求。

6）控制回路的动作试验，并应配合消防联动试验合格。

（4）UPS 及 EPS 的绝缘电阻值应符合下列规定：

1）UPS 的输入端、输出端对地间绝缘电阻值不应小于 2 MΩ。

2）UPS 及 EPS 的连线及出线的线间、线对地间绝缘电阻值不应小于 0.5 MΩ。

（5）UPS 输出端的系统接地连接方式应符合设计要求。

（二）一般项目

（1）安放 UPS 的机架或金属底座的组装应横平竖直，紧固件齐全，水平度、垂直度允许偏差不应大于 1.5‰。

（2）引入或引出 UPS 及 EPS 的主回路绝缘导线、电缆和控制绝缘导线、电缆应分别穿钢导管保护，当在电缆支架上或在梯架、托盘和线槽内平行敷设时，其分隔间距应符合设计要求；绝缘导线、电缆的屏蔽护套接地应连接可靠，紧固件齐全，与接地干线应就近连接。

（3）UPS 及 EPS 的外露可导电部分应与保护导体可靠连接，并应有标识。

（4）UPS 正常运行时产生的 A 声级噪声应符合产品技术文件要求。

二、工程交接验收

（一）验收检查

（1）蓄电池室及其通风、采暖、照明等装置应符合设计要求。

（2）布线应排列整齐，极性标志清晰、正确。

（3）电池编号应正确，外壳清洁，液面正常。

（4）极板应无严重弯曲、变形及活性物质剥落。

（5）初充电、放电容量及倍率校验的结果应符合要求。

（6）蓄电池组的绝缘应良好，绝缘电阻应不小于 0.5 MΩ。

（二）形成资料和文件

设备材料进货检验记录；设备材料产品合格证、出厂试验记录；系统安装工程预检、隐蔽验收、自检、专检记录和工序交接确认记录；设计变更或洽商记录；系统安装调试记录；不间断电源安装质量验收记录；分项工程质量验收记录。

第五节　质量通病与防治

（1）质量通病：支架焊接后，焊渣清理不净。防治措施：对施工人员提出质量要求，焊后认真检查。

（2）质量通病：金属支架漏刷防锈漆和耐酸漆。防治措施：加强对施工人员工作责任心的教育，增强质量意识。

（3）质量通病：蓄电池孔洞、过管不做耐酸材料密封。防治措施：责任分工明确，避免互相推诿。

（4）质量通病：材料使用不按要求施工，与蓄电池连接用材料不用耐酸材料。防治措施：施工前对材料应进行认真检查，材质、数量要准确齐全；加强检查，认真记录，严格按技术要求进行蓄电池充放电工作。

第七章 >>>

低压电气动力设备试验和试运行

第一节　低压电气设备安装

一、作业条件

（1）屋顶、楼板应施工完毕，不得渗漏。

（2）对电器安装有妨碍的模板、脚手架等应拆除，场地应清扫干净。

（3）室内地面基层应施工完毕，并应在墙上标出抹面标高。

（4）环境湿度应达到设计要求或产品技术文件的规定。

（5）电气室、控制室、操作室的门、窗、墙壁、装饰棚应施工完毕，地面应抹光。

（6）设备基础和构架应达到允许设备安装的强度；焊接构件的质量应符合要求，基础槽钢应固定可靠。

（7）预埋件及预留孔的位置和尺寸应符合设计要求，预埋件应牢固。

二、一般规定

（1）低压电器安装前应对器具进行检查，且应符合以下要求：

1）电气设备的铭牌、型号、规格应与被控制线路或设计要求相符。

2）设备的外壳、漆层、手柄应无损伤或变形。

3）内部仪表、灭弧罩、瓷件及附件、胶木电器应无裂纹或伤痕。

4）螺丝及紧固件应拧紧。

5）具有主触头的低压电器，触头的接触应紧密。采用 0.05 mm×10 mm 的塞尺检查，接触两侧的压力应均匀一致。

6）低压电器的附件应齐全、完好。

（2）除设计要求外，在承力建筑钢结构构件上，不得采用熔焊连接固定电气线路、设备和器具的支架、螺栓等部件，且严禁热加工开孔。

（3）额定电压交流 1 kV 及以下、直流 1.5 kV 及以下的应为低压电气设备、器具和材料；额定电压高于交流 1 kV、直流 1.5 kV 的应为高压电气设备、器具和材料。

（4）电气设备上计量仪表和与电气保护有关的仪表应检定合格，当投入试运行时，应在有效期内。

（5）动力和照明工程的漏电保护装置应做模拟动作试验。

（6）接地（PE）或接零（PEN）支线必须单独与接地（PE）或接零（PEN）干线相连接，不得串联连接。

（7）低压的电气设备和布线系统的交接试验应符合相关规定。

（8）送至建筑智能化系统变送器的电量信号精度等级应符合设计要求，状态信号应正确；接收建筑智能化系统的指令应使建筑电气工程的自动开关动作符合指令要求，且手动、自动切换功能正常。

三、低压断路器

（1）低压断路器安装前应进行下列检查：

1）一次回路对地的绝缘电阻应符合产品技术文件的要求。

2）抽屉式断路器的工作、试验、隔离三个位置的定位应明显，并应符合产品技术文件的要求。

3）抽屉式断路器抽、拉数次应无卡阻，机械联锁应可靠。

（2）低压断路器的安装应符合下列规定：

1）低压断路器的飞弧距离应符合产品技术文件的要求。

2）低压断路器主回路接线端配套绝缘隔板应安装牢固。

3）当低压断路器与熔断器配合使用时，熔断器应安装在电源侧。

（3）低压断路器的接线应符合下列规定：

1）接线应符合产品技术文件的要求。

2）裸露在箱体外部且易触及的导线端子应加绝缘保护。

（4）低压断路器安装后应进行下列检查：

1）在触头闭合、断开过程中，可动部分不应有卡阻现象。

2）电动操作机构接线应正确；在合闸过程中，断路器不应跳跃；断路器合闸后，限制合闸电动机或电磁铁通电时间的联锁装置应及时动作；合闸电动机或电磁铁通电时间不应超过产品的规定值。

3）断路器辅助接点动作应正确可靠，接触应良好。

（5）直流快速断路器的安装、调整和试验还应符合下列规定。

1）安装时应防止断路器倾倒、碰撞和激烈振动，基础槽钢与底座间应按设计要求采取防震措施。

2）断路器与相邻设备或建筑物的距离不应小于 500 mm。当不能满足要求时，应加装高度不小于断路器总高度的隔弧板。

3）在灭弧室上方应留有不小于 1000 mm 的空间；当不能满足要求时，在 3000 A 以下断路器的灭弧室上方 200 mm 处应加装隔弧板；在 3000 A 及以上断路器的灭弧室上方 500 mm 处应加装隔弧板。

4）灭弧室内绝缘衬垫应完好，电弧通道应畅通。

5）触头的压力、开距、分断时间及主触头调整后灭弧室支持螺杆与触头间的绝缘电阻应符合产品技术文件的要求。

6）直流快速断路器的接线应符合下列规定：当与母线连接时，出线端子不应承受附加应力；当触头及线圈标有正、负极性时，其接线应与主回路极性一致；配线时应使控制线与主回路分开。

7）直流快速断路器的调整和试验应符合下列规定：轴承转动应灵活，并应涂以润滑剂；衔铁的吸、合动作应均匀；灭弧触头与主触头的动作顺序应正确；安装后应按产品技术文件要求进行交流工频耐压试验，不得有闪络、击穿现象；脱扣装置应按设计要求进行整定值校验，当在短路或模拟短路情况下合闸时，脱扣装置应动作正确。

四、开关、隔离器、隔离开关及熔断器组合电器

（1）开关、隔离器、隔离开关的安装应符合产品技术文件的要求。当无要求时，应符合下列规定：

1）开关、隔离器、隔离开关应垂直安装，并应使静触头位于上方。

2）电源进线应接在开关、隔离器、隔离开关上方的静触头接线端，出线应接在触刀侧的接线端。

3）可动触头与固定触头的接触应良好，触头或触刀应涂电力复合脂。

4）双投刀闸开关在分闸位置时，触刀应可靠固定，不得自行合闸。

5）在安装杠杆操作机构时，应调节杠杆长度，使操作到位且灵活；辅助接点指示应正确。

6）动触头与两侧压板距离应调整均匀，合闸后接触面应压紧，触刀与静触头中心线应在同一平面，且触刀不应摆动。

7）多极开关的各极动作应同步。

（2）直流母线隔离开关安装应符合下列规定：

1）垂直或水平安装的母线隔离开关，其触刀均应位于垂直面上；若在建筑构件上安装时，触刀底部与基础之间的距离应符合设计或产品技术文件的要求，当无要求时，不应小于 50 mm。

2）刀体与母线直接连接时，母线固定端应牢固。

（3）转换开关和倒顺开关安装后，其手柄位置指示应与其对应接触片的位置一致，定位机构应可靠，所有的触头在任何接通位置上应接触良好。

（4）熔断器组合电器接线完毕后，检查熔断器应无损伤，灭弧栅应完好，且固定可靠；电弧通道应畅通，灭弧触头各相分闸应一致。

五、剩余电流保护器、电涌保护器

（1）剩余电流保护器的安装应符合下列规定：

1）若剩余电流保护器标有电源侧和负荷侧标识，应按产品标识接线，不得反接。

2）剩余电流保护器在不同的系统接地形式中应正确接线，应严格区分中性线（N 线）和保护线（PE 线）。

3）带有短路保护功能的剩余电流保护器在安装时，应确保有足够的灭弧距离，灭弧

距离应符合产品技术文件的要求。

4）剩余电流保护器安装后，除应检查接线无误外，还应通过试验按钮和专用测试仪器检查其动作特性，并应满足设计要求。

（2）电涌保护器安装前应进行下列各项检查：

1）标识。外壳标明厂名或商标、产品型号、安全认证标记、最大持续运行电压 U_c、电压保护水平 U_p、分级试验类别和放电电流参数，并应符合设计要求。

2）外观。无裂纹、划伤、变形。

3）运行指示器。通电时处于指示"正常"位置。

（3）电涌保护器的安装应符合下列规定：

1）电涌保护器应安装牢固，其安装位置及布线应正确，连接导线规格应符合设计要求。

2）电涌保护器的保护模式应与配电系统的接地形式相匹配，并应符合制造厂相关技术文件的要求。

3）电涌保护器接入主电路的引线应尽量短而直，不应形成环路和死弯。上引线和下引线长度之和不宜超过 0.5 m。

4）电涌保护器电源侧引线与被保护侧引线不应合并绑扎或互绞。

5）接线端子应压紧，接线柱、接线螺栓接触面和垫片接触应良好。

6）电涌保护器应有过电流保护装置，安装位置应符合相关标准或制造厂技术文件的要求。

7）当同一条线路上有多个电涌保护器时，它们之间的安装距离应符合相关标准或产品技术文件的要求。

六、低压接触器、电动机起动器及变频器

（1）低压接触器及电动机起动器安装前的检查应符合下列规定：

1）衔铁表面应无锈斑、油垢，接触面应平整、清洁，可动部分应灵活无卡阻。

2）触头的接触应紧密，固定主触头的触头杆应固定可靠。

3）当带有常闭触头的接触器及电动机起动器闭合时，应先断开常闭触头，后接通主触头；在断开时，应先断开主触头，后接通常闭触头，且三相主触头的动作应一致。

4）电动机起动器保护装置的保护特性应与电动机的特性相匹配，并应按设计要求进行定值校验。

（2）低压接触器和电动机起动器安装完毕后应进行下列检查：

1）接线应符合产品技术文件的要求。

2）在主触头不带电的情况下，接触器线圈做通、断电试验，其操作频率不应大于产品技术文件的要求，主触头应动作正常，衔铁吸合后应无异常响声。

（3）真空接触器安装前应进行下列检查：

1）可动衔铁及拉杆动作应灵活可靠、无卡阻。

2）辅助触头应随绝缘摇臂的动作可靠动作，且触头接触应良好。

3）按产品技术文件要求检查真空开关管的真空度。

（4）真空接触器的接线应符合产品技术文件的要求，接地应可靠。

（5）可逆起动器或接触器以及电气联锁装置和机械连锁装置的动作均应正确、可靠。

（6）星三角起动器的检查、调整应符合下列规定：

1）起动器的接线应正确，电动机定子绕组正常工作应为三角形接线。

2）手动操作的星三角起动器应在电动机转速接近运行转速时进行切换，自动转换的起动器应按电动机负荷要求正确调整延时装置。

（7）自耦减压起动器的安装、调整应符合下列规定：

1）起动器应垂直安装。

2）减压抽头在 65%～80%的额定电压下应按负荷要求进行调整，起动时间不得超过自耦减压起动器允许的起动时间。

3）触点开距、超行程、终重力应符合表 7-1 的要求。

表 7-1　自耦减压起动器的触点参数

容量/kW	开距/mm	超行程/mm	终重力/N
20	≥17	3.5±0.5	7±0.7
40	≥17	3.5±0.5	14.5±1.4
75	≥20	4±0.5	32±3.2

（8）变阻式起动器的变阻器安装后应检查其电阻切换程序、灭弧装置及起动值，并应符合设计要求或产品技术文件的要求。

（9）软起动器安装应符合下列规定：

1）软起动器四周应按产品要求留有足够通风间隙。

2）软起动器应按产品说明书及标识正确接线，风冷型软起动器二次端子"N"应接中性线。

3）软起动器的专用接地端子应可靠接地。

4）软起动器中晶闸管等电子器件不应用兆欧表做绝缘电阻测试，应用数字万用表高阻挡检查晶闸管绝缘情况。

5）软起动器起动过程中不得改变参数的设置。

（10）变频器安装应符合下列规定：

1）变频器应垂直安装；变频器与周围物体之间的距离应符合产品技术文件的要求，若无要求，其两侧间距不应小于 100 mm，上、下间距不应小于 150 mm；变频器出风口上方应加装保护网罩，变频器散热排风通道应畅通。

2）当有两台或两台以上变频器时，应横向排列安装；当必须竖向排列安装时，应在两台变频器之间加装隔板。

3）变频器应按产品技术文件及标识正确接线。

4）与变频器有关的信号线，当设计无要求时，应采用屏蔽线。屏蔽层应接至控制电路的公共端（COM）上。

5）变频器的专用接地端子应可靠接地。

七、控制开关

（1）凸轮控制器及主令控制器的安装应符合下列规定：

1）工作电压应与供电电源电压相符。

2）应安装在便于观察和操作的位置上，操作手柄或手轮的安装高度宜为 800～1200 mm。

3）操作应灵活，档位应明显、准确。带有零位自锁装置的操作手柄应能正常工作。

4）操作手柄或手轮的动作方向应与机械装置的动作方向一致；当操作手柄或手轮在各个不同的位置时，其触头的分、合顺序均应符合控制器的分、合图表的要求，通电后应按相应的凸轮控制器件的位置检查被控电动机等设备，并应运行正常。

5）触头压力应均匀，触头超行程不应小于产品技术文件的要求。凸轮控制器主触头的灭弧装置应完好。

6）转动部分及齿轮减速机构应润滑良好。

7）金属外壳应可靠接地。

（2）按钮的安装应符合下列规定：

1）按钮之间的净距不应小于 30 mm，按钮箱之间的距离应为 50～100 mm。

2）按钮操作应灵活、可靠、无卡阻。

3）集中在一起安装的按钮应有编号或不同的识别标志，"紧急"按钮应有明显标志，并应设保护罩。

（3）行程开关的安装、调整应符合下列规定：

1）安装位置应能使开关正确动作，且不妨碍机械部件的运动。

2）碰块或撞杆应安装在开关滚轮或推杆的动作轴线上，对电子式行程开关应按产品技术文件要求调整可动设备的间距。

3）碰块或撞杆对开关的作用力及开关的动作行程均不应大于允许值。

4）限位用的行程开关应与机械装置配合调整，应在确认动作可靠后接入电路使用。

八、低压熔断器

（1）熔断器的型号、规格应符合设计要求。

（2）三相四线系统安装熔断器时，必须安装在相线上，中性线（N 线）、保护中性线（PEN 线）严禁安装熔断器。

（3）熔断器安装位置及相互间距离应符合设计要求，并应便于拆卸、更换熔体。

（4）安装时应保证熔体和触刀以及触刀和刀座接触良好。熔体不应受到机械损伤。

（5）瓷质熔断器在金属底板上安装时，其底座应垫软绝缘衬垫。

（6）有熔断指示器的熔断器，指示器应保持正常状态，并应装在便于观察的一侧。

（7）安装两个以上不同规格的熔断器，应在底座旁标明规格。

（8）有触及带电部分危险的熔断器应配备绝缘抓手。

（9）带有接线标志的熔断器，电源线应按标志进行接线。

（10）螺旋式熔断器在安装时，其底座不应松动，电源进线应接在熔芯引出的接线端子上，出线应接在螺纹壳的接线端上。

九、电阻器、变阻器、电磁铁

（1）电阻器的电阻元件应位于垂直面上。电阻器在叠装时，叠装数量及间距应符合产品技术文件的要求。有特殊要求的电阻器，其安装方式应符合设计要求。电阻器底部与地面间应留有不小于 150 mm 的间隔。

（2）电阻器若与其他电器垂直布置，应安装在其他电器的上方，两者之间应留有间隔。

（3）电阻器的接线应符合下列规定：

1）电阻器与电阻元件的连接应采用铜或钢的裸导体，连接应可靠。

2）电阻器引出线夹板或螺栓应设置与设备接线图相应的标志；当与绝缘导线连接时，应采取防止接头处的温度升高而降低导线绝缘强度的措施。

3）多层叠装的电阻箱的引出导线应采用支架固定，并不得妨碍电阻元件的更换。

（4）电阻器和变阻器内部不应有断路或短路，其直流电阻值的误差应符合产品技术文件的要求。

（5）变阻器的转换调节装置应符合下列规定：

1）转换调节装置移动应均匀平滑、无卡阻，并应有与移动方向相一致的指示阻值变化的标志。

2）电动传动的转换调节装置，其限位开关及信号联锁接点的动作应准确可靠。

3）齿链传动的转换调节装置可允许有半个节距的串动范围。

4）由电动传动及手动传动两部分组成的转换调节装置应在电动及手动两种操作方式下分别进行试验。

5）转换调节装置的滑动触头与固定触头的接触应良好，触头间的压力应符合产品技术文件的要求，在滑动过程中不得开路。

（6）频敏变阻器的调整应符合下列规定：

1）频敏变阻器的极性和接线应正确。

2）频敏变阻器的抽头和气隙调整应使电动机起动特性符合机械装置的要求。

3）在频敏变阻器配合电动机进行调整过程中，连续起动次数及总的起动时间应符合产品技术文件的要求。

（7）电磁铁的铁芯表面应清洁、无锈蚀。

（8）电磁铁及其螺栓、接线应固定、连接牢固。电磁铁应可靠接地。

（9）电磁铁的衔铁及其传动机构的动作应迅速、准确和可靠，并无卡阻现象。直流电磁铁的衔铁上应有隔磁措施。

（10）制动电磁铁的衔铁吸合时，铁芯的接触面应紧密地与其固定部分接触，且不得有异常响声。

（11）有缓冲装置的制动电磁铁应调节其缓冲器道孔的螺栓，使衔铁动作至最终位置时平稳、无剧烈冲击。

（12）采用空气隙作为剩磁间隙的直流制动电磁铁，其衔铁行程指针位置应符合产品技术文件的要求。

（13）牵引电磁铁固定位置应与阀门推杆准确配合，使动作行程符合设备要求。

（14）起重电磁铁第一次通电检查时，应在空载且周围无铁磁物质的情况下进行，空载电流应符合产品技术文件的要求。

（15）有特殊要求的电磁铁应测量其吸合与释放电流，其值应符合产品技术文件的要求及设计要求。

（16）双电动机抱闸及单台电动机双抱闸电磁铁动作应灵活一致。

第二节　设备安装试验和试运行

一、设备安装试验

（一）低压电器的试验

（1）低压电器绝缘电阻的测量应符合下列规定。

1）对额定工作电压不同的电路应分别进行测量，测量应在下列部位进行：

①主触头在断开位置时，同极的进线端及出线端之间。

②主触头在闭合位置时，不同极的带电部件之间，极与极之间接有电子线路的除外。主电路与线圈之间以及主电路与同它不直接连接的控制和辅助电路之间。

③主电路、控制电路、辅助电路等带电部件与金属支架之间。

2）测量低压电器连同所连接电缆及二次回路的绝缘电阻值不应小于 1 MΩ；潮湿场所，绝缘电阻值不应小于 0.5 MΩ。

（2）低压电器动作性能的检查应符合下列规定：

1）对采用电动机、电磁、电控气动操作或气动传动方式操作的电器，除产品另有规定外，当控制电压或气压在额定值 85%～110%的范围内时，电器应可靠动作。

2）分励脱扣器应在额定控制电源电压 70%～110%的范围内均能可靠动作。

3）欠电压继电器或脱扣器应在额定电源电压 35%～70%的范围内均能可靠动作。

4）剩余电流保护器应对其动作特性进行试验，试验项目为：在设定剩余动作电流值时，测试分断时间，应符合设计及产品技术文件的要求。

5）具有试验按钮的低压电器，应操作试验按钮进行动作试验。

（3）测量电阻器和变阻器的直流电阻值，其差值应分别符合产品技术文件的要求；电阻值应满足回路使用的要求。

（二）低压断路器检查试验

（1）一般性的检查。各零、部件应完整无缺，装配质量良好；可动部分动作灵活，无卡阻现象；分、合闸迅速可靠，无缓慢停顿情况；开关自动脱扣后重复挂钩可靠；缓慢合上开关时，三相触点应同时接触，触头接触不同时不应大于 0.5 mm；动、静触头的接触良好；对于大容量的低压断路器，必要时要测定动、静触头及内部接点的接触电阻。

（2）电磁脱扣器通电试验。当通以 90%的整定电流时，电磁脱扣部分不应动作，当通以 110% 的整定电流时，电磁脱扣器应瞬时动作。

试验方法如下：试验接线分别接于断路器输入端和输出端。断路器若有欠压脱扣器，可先将其线圈单独通电，使衔铁吸合，或先用绳子将衔铁捆住，再合上断路器，然后合上试验电源闸刀，用较快速度调升调压器，使试验电流达到电磁脱扣动作电流值，断路器跳闸，并调整动作电流值与可调指针在刻度盘上指示值相符为止。对无刻度盘的断路器，可调整到两次试验动作值基本相同为止。

在断路器自动脱扣后，若要重新合闸，应先将手柄扳向注有"分"字标志一边，挂钩后，再扳向"合"字位置，才能合闸。此外，断路器如兼有热脱扣器，试验时要快速调升电流，尽量减少时间，或将热脱扣器临时短接，以防止热脱扣器动作。

1）热脱扣器试验的技术数值。其整定电流（指热继电器长期不动作电流）也有一定调节范围；延时动作时间不得超过产品技术条件规定；断路器因热过载脱扣后，以手动复位，待 1 min 后可再起动。

2）欠压脱扣试验。脱扣器线圈按上述可调电源，调升电压使衔铁吸合，再扳动手柄合闸后，继续升压，使线圈的电磁吸力增大到足以克服弹簧的反力，而将衔铁牢固吸合时的电压读数，即是脱扣器的合闸电压。然后，逐渐调低电压，衔铁释放使开关跳闸时的电压即为分闸（释放）电压。脱扣器分、合闸电压整定值误差不得超过产品技术条件的规定。低压断路器在试验时，应注意其整定值应符合设计要求。

（三）双金属片式热继电器检查试验

通常热继电器与交流接触器组装成磁力起动器。继电器的整定电流是通过调节装置调节的。

（1）一般性检查。检查和选择热元件型号应与被保护电动机的额定电流以及与磁力起动器的型号相符；若热元件系成套供应，根据制造厂的说明，不必再进行通电和机构调整，但必须检查其动作机构是否灵活；检查热继电器各部件有无生锈现象及固定情况，复归装置是否好用，对于动作不灵活及生锈者应予以更换。

（2）动作值试验。合上刀闸开关，指示灯发亮。调节调压器使电流升至整定电流，停留一段时间，热继电器不应动作。再调升电流至 1.2 倍的整定电流，热继电器应在 20 min 内动作。常闭触点断开，指示灯熄灭，然后将电流降至零。待热元件复位，常闭触点闭合使指示灯发亮后，即调升电流至 1.5 倍整定电流，此时热继电器应在 2 min 内动作。同样将电流降至零，待热元件完全冷却后，快速调升电流至 6 倍整定电流时，即拉开刀闸开关，在瞬间合上开关的同时，测定动作时间，热继电器应符合产品技术要求。

以上动作特性要在调节装置中标明的最大和最小整定电流值下分别试验。如果动作时间误差较大，可旋动调节装置中的螺丝进行调整。热继电器绝缘电阻可与接触器或系统一起进行测定。

（3）注意事项。

1）如果动作时间不符合要求，调整时只许拨动调整杆或调整螺丝，绝对禁止弯折双金属片。

2）当调整杆拨近"复位"杆或调整螺丝调近双金属片时，则可使热继电器动作时间缩短，反之，则可使其动作时间加长。

3）由于热继电器的结构各有不同，在调整之前应很好地了解被调热继电器的结构、可调部分及其良好性，在通电加热之前将可调机构放在中间位置。

4）热元件的两端应保持平直与清洁，不得任意弯折，以免影响动作时间。

5）调整机构后，应按2）项所述方法重新进行整定。

6）调整及试验好后，可在调整机构上加上明显标记，以便于检查。

7）经通电调整后，满足不了要求的热继电器应予以更换。

（四）接触器检查试验

（1）一般性检查。

1）接触器各零、部件应完整；衔铁等可动部分动作灵活，不得有卡住或闭合时有滞缓现象；开放或断电后，可动部分应完全回到原位；当动接点与静接点及可动铁芯与静铁芯相互接触（闭合）时，应吻合，不得歪斜。

2）铁芯与衔铁的接触表面平整清洁，若涂有防锈黄油应予以清除；接触器在分闸时，动、静触头间的空气距离，以及合闸时动触头的压力、触头压力弹簧的压缩度和压缩后的剩余间隙，应符合产品技术条件的规定。

3）用万用表或电桥测量接触器线圈的电阻应与铭牌上电阻值相符。用摇表测量线圈及接点等导电部分对地之间的绝缘电阻应良好。

（2）接触器的动作试验。接触器线圈两端接上可调电源，在调升电压到衔铁完全吸合时，所测电压即为吸合电压，其值一般不应低于85%线圈额定电压（交流），最好不要高于这相数值。在将电源电压下降到线圈额定电压的35%以下时，衔铁应能释放。最后调升电压到线圈额定电压，测量线圈中流过的电流，计算线圈在正常工作时所需要的功率。同时观察衔铁不应产生强烈的振动和噪声，当铁芯接触不严密时，不许用锉锉铁芯接触面，应调整其机构，将铁芯找正，并检查短路环是否完整，弹簧的松紧程度是否合适。

（五）起动器检查试验

目前应用最为普遍的是磁力起动器和自耦减压起动器。磁力起动器是由交流接触器与热继电器组成的直接起动器。

（1）自耦减压起动器一般性检查。外壳应完整，零、部件无损坏和松动现象，并有明显的标志符号，如铭牌、启动—运转—停止标志、油面线、接地符号、内部接线图、接线柱符号等；所有螺栓、螺母、垫圈俱全并坚固；动、静头表面光滑，排列整齐，接触正确良好，接触表面若有毛刺或凹凸不平，可用细锉锉平；三相触头同时接触，各触头弹簧压力相等、弹性良好；触头的断开距离（开距）、超额行程和触头终压力符合相关规定；联锁装置可靠。

操作机械灵活、准确，手柄操作力不应大于产品允许规定值；在检查分、合闸的可靠性时，可先用手按住脱扣衔铁，将手柄推向"启动"位置，再立即扳向"运转"位置，然后放开衔铁，应立即跳闸而无迟缓或卡住现象；补偿器油箱内应注入干净、无杂质、无水分并经耐压试验合格的变压器油至油面线水平。

（2）自耦减压起动器的电气性能试验。用500V摇表测定线圈及导电部分对地绝缘电阻应符合规定。自耦变压器的空载试验：先拆除变压器次级输出接至电动机的接线，初级输入端三相串接电流表，在接入电源后，将手柄推至"启动"位置，所测空载电流应不大于自耦变压器额定工作电流的 20%，并用电压表测量次级抽头各档的输出电压比，其误差应不大于±3%。保护装置中的失压脱扣器及热脱扣器的试验与低压断路器中脱扣器相同。

（六）交流电动机软启动器调试

（1）电气安装接线。当电动机软启动完成并达到额定电压时，三相旁路接触器 KM 吸合，电动机全压投网运行。

（2）软启动器工作状态。在交流电动机软启动器上有 6 个指示灯（L1～L6），可反映出软启动器的工作状态，以方便调试及运行监视。L1 是控制电源指示灯，L2 是起动阶段指示灯，L3 是运行指示灯，L4 是电源缺相或欠压指示灯，L5 是晶闸管短路故障指示灯，L6 是设备过热及外部故障指示灯。其中，控制电源指示灯 L1 的闪烁状态又能反映出软启动器具体状态：闪烁频率 0.5 Hz，处于停车状态或故障状态；闪烁频率 1 Hz，处于启动状态；闪烁频率 5 Hz，处于运行状态；不闪烁，表示控制器内部故障；指示灯熄灭，表示控制电源未投入。

（3）软启动器的调试。交流电动机软启动器的调试必须带负载进行。负载可用串接白炽灯组成三相负载，也可直接接电动机。

（七）电阻器与变阻器检查和试验

（1）检查。铭牌数据要齐全，变阻器在操作处应有接入和分断位置的标志和指示操作方向的箭头；变阻器内部各段电阻之间及各段电阻与触头之间的连接应可靠；固定触头或绕线式滑线处的工作表面须平整光滑；活动触头与固定触头或绕线式滑线处工作表面要有良好的接触，触头间有足够的接触压力，滑动过程中不得有开路和卡住现象；电阻片间组装紧密、可靠，电阻间的补偿弹簧，在冷却状态下要稍有余量，在热状态时压缩紧密。

（2）试验。电阻器与变阻器不得有短路或开路的地方，测得的直流电阻值应与铭牌上的数值相等（直流电阻差值应符合产品技术条件规定）。电阻器与变阻器的导电部分对外壳的绝缘电阻应良好。

（八）动力成套配电（控制）柜、屏、台、箱、盘的交流工频耐压试验

（1）柜、屏、台、箱、盘的交流工频耐压试验：交流工频耐压试验电压为 1 kV，当绝缘电阻值大于 10 MΩ 时，可采用 2500 V 兆欧表摇测替代，试验持续时间 1 min，无击穿、闪络现象。

（2）回路中的电子元件不应参加交流工频耐压试验，48 V 及以下回路可不做交流工频耐压试验。

（九）柜、屏、台、箱、盘的保护装置的动作试验

1. 继电器检验和调整

（1）继电器一般性检查。

1）继电器外壳用毛刷或干布揩擦干净，检查玻璃盖罩是否完整良好。

2）检查继电器外壳与底座结合得是否牢固严密，外部接线端钮是否齐全，原铅封是否完好。

3）打开外壳后，内部若有灰尘，可用吹风机或"皮老虎"吹净，再用干布揩擦。

4）检查所有接点及支持螺丝、螺母有否松动现象，螺母不紧最容易造成继电器

误动作。

5）检查继电器各元件的状态是否正常，元件的位置必须正确。有螺旋弹簧的，平面应与其轴心严格垂直。各层簧圈之间不应有接触处，否则由于摩擦加大，可能使继电器动作曲线和特性曲线相差很大。

6）可调把手不应松动，也不宜过紧，以便调整；螺丝插头应紧固并接触良好。

（2）校验和调整。

1）先用电阻表或万用表的欧姆挡测量线圈是否通路。

2）用 500 V 摇表测量继电器所有导电部分和附近金属部分的绝缘电阻，一般按照下列内容逐项测试：接点对线圈的绝缘电阻；校验电磁铁与线圈间的绝缘电阻；线圈之间、接点之间以及其他部分的绝缘电阻。绝缘电阻一般不应低于 10 MΩ，如果绝缘电阻较低，应查明原因，如果是绝缘受潮应进行干燥处理。

3）检查继电器所有接点应接触良好。清洁接点时不许使用砂纸或其他研磨材料，可用薄钢片、木片、小细锉之类的工具，然后用干净的布擦净。禁止用手指摸触接点，禁止用任何油类来润滑继电器接点。

4）检查时间继电器可动系统动作的平稳均匀性，不应有忽慢忽快或摩擦停滞的现象。检查时可用手将电磁铁的铁芯压下使钟表机械动作，观察机械部分是否灵活，有无卡住或转动不匀现象，接点是否接触得很好，然后将电磁铁的铁芯放开，继电器的可动部分应立即返回至原来位置。如发现可动部分有滞动或显著不均匀现象，以及机械摩擦和齿轮啮合不好等现象，应进行细致的校正或处理。

2. 继电器的整定

一般情况下，生产出厂调试中已按用户要求整定好，则现场调试就不必再整定了（包括低压断路器）。否则，应按设计给定的整定值进行整定。

3. 保护装置的检查试验

保护装置的规格、型号符合设计要求；熔断器的熔体规格、低压断路器的整定值符合设计要求；闭锁装置动作准确、可靠；主开关的辅助开关切换动作与主开关动作一致；信号回路的动作和信号显示准确。

（十）控制回路模拟动作试验

（1）断开电气线路的主回路开关出线处，电动机等电气设备不受电；接通控制电源，检查各部的电压是否符合规定，信号灯、零压继电器等工作是否正常。

（2）操作各按钮或开关，相应的各继电器、接触器的吸合和释放都应迅速，无黏滞现象和不正常噪声。各相关信号灯指示要符合图纸的规定。

（3）用人工模拟的方法试动各保护元件，应能实现迅速、准确、可靠的保护功能。若模拟合闸、分闸，也可将各个联锁接点（包括电信号和非电信号），进行人工模拟动作而控制主回路开关的动作。

检查无功功率补偿手动投切是否正常。如果几台柜子之间是有联系的，还要进行联屏试验（如有的无功补偿柜有主柜和副柜之分）。

（4）手动各行程开关，检查其限位作用的方向性及可靠性。

（5）对设有电气联锁环节的设备，应根据电气原理图检查联锁功能是否准确、可靠。

二、试运行

（一）试运行的条件

（1）各项安装工作均已完毕，并经检验合格，达到试运行要求。

（2）试运行的工程或设备的设计施工图、合格证、产品说明书、安装记录、调试报告等资料齐全。

（3）与试运行有关的机械、管道、仪表、自控等设备和联锁装置等均已安装调试完毕，并符合使用条件。

（4）现场清理完毕，无任何影响试运行的障碍。

（5）试运行时所用的工具、仪器和材料齐全。

（6）试运行所用各种记录表格齐全，并指定专人填写。

（7）参加试运行人员分工完毕，责任明确，岗位清楚。

（8）安全防火措施齐全。

（二）试运行前的检查和准备工作

（1）清除试运行设备周围的障碍物，拆除设备上的各种临时接线。

（2）恢复所有被临时拆开的线头和连接点，检查所有端子有无松动现象。对直流电动机应重点检查励磁回路有无断线，接触是否良好。

（3）电动机在空载运行前应手动盘车，检查转动是否灵活，有无异常音响。对不可逆动装置的电动机应事先检查其转动方向。

（4）检查所有熔断器是否导通良好。检查所有电气设备和线路的绝缘情况。

（5）对控制、保护和信号系统进行空操作，检查所有设备，如开关的动触头、继电器的可动部分动作是否灵活、可靠。

（6）检查备用电源、备用设备，应使其处于良好状态。检查通风、润滑及水冷却系统是否良好，各辅机的联锁保护是否可靠。检查位置开关、限位开关的位置是否正确，动作是否灵活，接触是否良好。

（7）若需要对某一设备单独试运行，并需暂时解除与其他生产部分的联锁，应事先通知有关部门和人员，试运行后再恢复到原来状态。

（8）送电试运行前，应先制定操作程序；送电时，调试负责人应在场。

（9）为方便检测验收，配电装置的调整试验应提前通知监理和有关监督部门，实行旁站确认。

（10）对大容量设备，起动前应通知变电所值班人员或地区供电部门；所有调试记录、报告均应经过有关负责人审核同意并签字。

（三）低压电气设备试运行步骤

坚持在施工中检查和施工后检验及试动作的质量要求，这是常规。试运行步骤一般是先试控制回路，后试主回路；先试辅助传动，后试主传动。有些调整工作，往往也需要在试运行的过程中最后完成。

1. **试控制回路**

（1）断开电气线路的主回路开关出线处，电动机等电气设备不受电；接通控制电源，检查各部的电压是否符合规定，信号零压继电器等工作是否正常。

（2）操作各按钮或开关，相应的继电器、接触器的吸合和释放均迅速动作，无黏滞现象和不正常噪声，各相关信号灯指示要符合设计规定。

（3）用人工模拟的方法试动各保护元件，应能实现迅速、准确、可靠的保护功能，如模拟合闸、分闸。

（4）手动各行程开关，检查其限位作用的方向性及可靠性。

（5）对设有电气联锁环节的设备，应根据电气原理图检查联锁功能是否准确可靠。

2. 试主回路

（1）做好设备各运动摩擦面的清洁，加上润滑油，手摇各传动机构于适中位置。

（2）恢复各电动机主回路的接线，开动油泵，检查油压及各部位润滑是否正常。

（3）用点动的方法检查各辅助传动电动机的旋转方向是否正确。

（4）依次开动各辅助传动电动机，检查起、制动是否正常，运动速度是否符合设计要求；电动机及被传动机构声音是否正常；空载电流（机械挂空挡）是否正常，满载（或负载）电流是否在额定电流以下；在不同挡位（速度）工作是否正常；再次验证各行程开关在正式机动时是否能可靠发挥作用。先点动、后正式开动主传动电动机，按"先空载、后负载，先低速、后高速"的原则，做主传动试车。

（四）试运行中的注意事项

（1）参加试运行的全体人员应服从统一指挥。

（2）无论送电或停电，均应严格执行操作规程。

（3）起动后，参加试运行人员要坚守岗位，密切注意仪表指示，注意电动机的转速、声音、温升及继电保护、开关、接触器等器件是否正常。随时准备出现意外情况而紧急停车。

（4）传动装置应在空载下进行试运行，空载运行良好后，再带负载。

（5）若由多台电动机驱动同一台机械设备，应在试运行前分别起动，判明方向后再系统试运。

（6）带有限位保护的设备，应用点动方式进行初试，再由低速到高速进行试运行，若有惯性越位，应重复调整后再试运。

（7）电动闸门类机械在第一次试车时，应在接近极限位置前停车，改用手动关闭闸门，手动调好后，再采用电动方式检查。

（8）直流电动机在试运行时，磁场变阻器的阻值，对于直流发电机应放在最大位置，对于直流电动机则应放在最小位置。

（9）串激电动机不准空载运行。

（10）试运行时，如果电气或机械设备发生特殊意外情况，来不及通知试运负责人，操作人员可自行紧急停车。

（11）试运行中如果继电保护装置动作，应尽快查明原因，不得任意增大整定值，不准强行送电。

（12）更换电源后，应注意复查电动机的旋转方向。

第三节　工程施工监理

一、设备材料质量控制

（1）主要设备、材料、成品和半成品应进场验收合格，并应做好验收和验收资料归档。当设计有技术参数要求时，应核对其技术参数，并应符合设计要求。

（2）实行生产许可证或强制性认证（CCC 认证）的产品，应有许可证编号或 CCC 认证标志，并应抽查生产许可证或 CCC 认证证书的认证范围、有效性及真实性。

（3）新型电气设备、器具和材料进场验收时应提供安装、使用、维修和试验要求等技术文件。

（4）进口电气设备、器具和材料进场验收时应提供质量合格证明文件、性能检测报告以及安装、使用、维修、试验要求和说明等技术文件；对有商检规定要求的进口电气设备，还应提供商检证明。

（5）设备和器材运到现场后的检验。

1）包装和密封应良好。

2）技术文件应齐全，且有装箱清单。

3）按装箱清单检查清点，规格、型号应符合设计要求，附件、备件应齐全。

4）按规范要求进行外观检查。

二、试验和试运行程序控制

（1）设备的可接近裸露导体接地或接零连接完成，经检查合格后，才能进行试验。

（2）动力成套配电柜、屏、台、箱在交流工频耐压试验、保护装置的动作试验合格后，才能通电。

（3）控制电路模拟动作试验合格，在盘车或手动操作时，电气部分与机械部分的转动或动作协调一致，经确认后才能通电试运行。

三、工程施工监理要点

（1）绝缘电阻测试。

1）在触点断开位置时，测量部位接在同极的进线端与出线端之间。

2）在触点闭合位置时，测量部位接在不同极的带电部件之间，以测量各带电部位与金属外壳间的绝缘电阻值。

（2）低压电器安装。

1）低压电器宜用支架或垫板固定在墙上或柱上。

2）落地安装的电气，其底面一般应高出地面 50～100 mm，操作手柄中心距地面一般为 1200～1500 mm，侧面操作的手柄距离建筑物或其他设备不应小于 200 mm。

3）成排安装的低压电器应排列整齐，以便于操作与维护，有防震要求的电器应加装减震装置，螺栓应有防松措施。

（3）接触器、起动器安装。

1）接触器、起动器要垂直安装。

2）油浸式起动器的油面不得低于标定的油面线。

3）减压抽头应按负载要求调整，但起动时间不得超过自耦起动器的最大允许起动时间。

（4）熔断器、断路器安装。

1）螺旋式熔断器，其电源进线应接在中心触点的端子上，负荷接在螺纹外壳端子上。

2）断路器一般垂直安装，灭弧室内绝缘衬件应完好，电弧通道应畅通。

（5）控制器、电阻器、变阻器安装。

1）控制器操作手柄或水轮的动作方向应尽量与机械装置动作方向一致，控制器的触点压力应均匀，转动部分及齿轮减速器应润滑良好。

2）直接叠装的电阻器不宜超过3层，若超过3层，要用支架固定；多层叠加电阻器，引出线也应用支架固定；当垂直布置时，电阻器应安装在其他电器上方；电阻器与电阻元件间的连线应用裸导线。

3）变阻器滑动触点与固定触点应有一定压力。

（6）按钮、行程开关、转换开关安装。

1）若按钮箱倾斜安装，与水平面的倾斜角不应小于30°。按钮应装在起动器的右边，按钮的底边与起动器取齐，两者留有一定宽度间距；紧急按钮应有明显标记。

2）行程开关安装应不阻碍机械部件的运动，限位用行程开关，应与机械装置配合调整可靠后投入。

3）转换开关的手柄位置指示应与相应的接触片位置对应，定位机构应可靠。

第四节　工程质量标准及验收

一、工程质量标准

（一）主控项目

（1）试运行前，相关电气设备和线路应按《建筑电气工程施工质量验收规范》（GB 50303—2015）的规定试验合格。

（2）现场单独安装的低压电器交接试验项目应符合《建筑电气工程施工质量验收规范》（GB 50303—2015）附录C的规定。

（3）电动机应试通电，并应检查转向和机械转动情况，电动机试运行应符合下列规定：

1）空载试运行时间应为2 h，机身和转轴的升温、电压和电流等应符合建筑设备或工艺装置的空载状态运行要求，并应记录电流、电压、温度、运行时间等有关数据。

2）空载状态下可起动次数及间隔时间应符合产品技术文件的要求；若无要求，连续起动 2 次的时间间隔不应小于 5 min，并应在电动机冷却至常温下进行再次起动。

（二）一般项目

（1）电气动力设备的运行电压、电流应正常，各种仪表指示应正常。

（2）电动执行机构的动作方向及指示应与工艺装置的设计要求保持一致。

二、工程交接验收

（1）验收检查。

1）电器的型号、规格符合设计要求。

2）电器的外观完好，绝缘器件无裂纹，安装方式符合产品技术文件的要求。

3）电器安装牢固、平正，符合设计及产品技术文件的要求。

4）电器金属外壳、金属安装支架接地可靠。

5）电器的接线端子连接正确、牢固，拧紧力矩值应符合产品技术文件的要求；连接线排列整齐、美观。

6）绝缘电阻值符合产品技术文件的要求。

7）活动部件动作灵活、可靠，联锁传动装置动作正确。

8）标志齐全完好，字迹清晰。

（2）对安装的电器应全数进行检查。

（3）通电试运行应符合下列规定：

1）操作时动作应灵活、可靠。

2）电磁器件应无异常响声。

3）接线端子和易接近部件的温升值不应超过表 7-2 和表 7-3 中的要求。

4）低压断路器接线端子和易接近部件的温升极限值不应超过表 7-4 中的要求。

表 7-2　接线端子的温升极限值

接线端子材料	温升极限值/K
裸铜	60
裸黄铜	65
铜（黄铜）镀锡	65
铜（黄铜）镀银或镀镍	70

表 7-3　易接近部件的温升极限值

易接近部件		温升极限值/K
人力操作部件	金属的	15
	非金属的	25

续表

易接近部件		温升极限值/K
可触及但不能握住的部件	金属的	30
	非金属的	40
	电阻器外壳的外表面	200
	电阻器外壳通风口的气流	200

表7-4　低压断路器接线端子和易接近部位的温升极限值

部件名称		温升极限值/K
与外部相连接的接线端子		80
人力操作部件	金属零件	25
	非金属零件	35
可触及但不能握住的部件	金属零件	40
	非金属零件	50
正常操作时无须触及的部件	金属零件	50
	非金属零件	60

（4）形成资料：电气设备、仪器仪表、材料的合格证和进场验收记录，电气设备交接试验记录（电气设备、电缆和继电保护系统的调整试验），接地电阻、绝缘电阻测试记录，漏电保护装置模拟动作试验记录（动作电流和时间数据值），空载试运行和负载试运行记录，低压电气动力设备试验和试运行质量验收记录，分项工程质量验收记录。

第五节　质量通病及防治

（1）质量通病：电器的型号、规格不符合要求。防治措施：按设计要求规格型号进行整改。

（2）质量通病：绝缘电阻值经测试不符合要求。防治措施：检查是否有连接不可靠或者接地端子连线是否接好。

（3）质量通病：线圈及接线端子的温度超过规定。防治措施：检查设备规格、型号是否符合设计要求，检查电流过大原因及接线端子材质。

第八章 >>>

裸母线、封闭母线、插接式母线安装

第一节　母线安装

一、作业条件

（1）母线安装对土建的要求。屋顶不漏水，墙面喷刷完毕，场地清理干净，并有一定的加工场所。高空作业脚手架搭设完毕，施工管理部门验收合格，门窗齐全。

（2）电气设备安装完毕，检验合格。

（3）预留孔洞及预埋件尺寸、强度均符合设计要求。

（4）施工图及技术资料齐全。

二、工艺流程

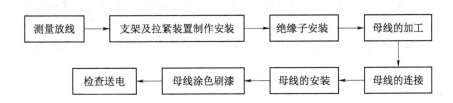

三、母线安装

（一）一般规定

（1）母线装置采用的设备和器材在运输与保管中应采用防腐蚀性气体侵蚀及机械损伤的包装。

（2）当铜、铝母线和铝合金管母线无出厂合格证件或资料不全时，或当对材质有怀疑时，应按表 8-1 所示的要求进行检验。

表 8-1 母线检验

母线名称	母线型号	最小抗拉强度/（N/mm²）	最小伸长率（%）	20 ℃时最大电阻率/（Ω·mm²/m）
铜母线	TMY	255	6	0.01777
铝母线	LMY	115	3	0.0290
铝合金管母线	$LF_{21}Y$	137	—	0.0373

注：1 N/mm²=1 MPa。

（3）母线表面应光洁平整，不应有裂纹、褶皱、夹杂物及变形和扭曲现象。

（4）成套供应的封闭母线、插接母线槽的各段应标志清晰、附件齐全、外壳无变形、内部无损伤。螺栓固定的母线搭接面应平整，其镀银层不应有麻面、起皮及未覆盖部分。

（5）各种金属构件的安装螺孔不应采用气焊割孔或电焊吹孔。

（6）金属构件及母线的防腐处理应符合下列要求：

1）金属构件除锈应彻底，防腐漆应涂刷均匀、黏合牢固，不得有起层、皱皮等缺陷。

2）母线涂漆应均匀，无起层、皱皮等缺陷。

3）在有盐雾、空气相对湿度接近 100%及含腐蚀性气体的场所，室外金属构件应采用热镀锌。

4）在有盐雾及含有腐蚀性气体的场所，母线应涂防腐涂料。

（7）支柱绝缘子底座、套管的法兰、保护网（罩）等不带电的金属构件应按国家标准《电气装置安装工程 接地装置施工及验收规范》（GB 50169—2016）的规定进行接地。接地线应排列整齐、方向一致。

（8）当母线与母线、母线与分支线、母线与电器接线端子搭接时，其搭接面的处理应符合下列规定：

1）铜与铜。在室外、高温且潮湿或对母线有腐蚀性气体的室内，必须搪锡，在干燥的室内可直接连接。

2）铝与铝。直接连接。

3）钢与钢。必须搪锡或镀锌，不得直接连接。

4）铜与铝。在干燥的室内，铜导体应搪锡，在室外或空气相对湿度接近 100%的室内，应采用铜铝过渡板，铜端应搪锡。

5）钢与铜或铝：钢搭接面必须搪锡。

6）封闭母线螺栓固定搭接面应镀银。

（9）母线的相序排列，当设计无规定时应符合下列规定：

1）上、下布置的交流母线，由上到下排列为 A、B、C 相，直流母线正极在上，负极在下。

2）水平布置的交流母线，由盘后向盘面排列为 A、B、C 相，直流母线正极在后，负极在前。

3）引下线的交流母线由左至右排列为 A、B、C 相，直流母线正极在左，负极在右。

（10）母线涂漆的颜色应符合下列规定：

1）三相交流母线，A 相为黄色，B 相为绿色，C 相为红色；单相交流母线与引出相的颜色相同。

2）直流母线，正极为赭色，负极为蓝色。

3）直流均衡汇流母线及交流中性汇流母线，不接地者为紫色，接地者为紫色带黑色条纹。

4）封闭母线：母线外表面及外壳内表面涂无光泽黑漆，外壳外表面涂浅色漆。

（11）母线刷相色漆应符合下列要求：

1）室外软母线、封闭母线应在两端和中间适当部位涂相色漆。

2）单片母线的所有面及多片、槽形、管形母线的所有可见面均应涂相色漆。

3）钢母线的所有表面应涂防腐相色漆。

4）刷漆应均匀，无起层、皱皮等缺陷，并应整齐一致。

（12）母线在下列各处不应刷相色漆：

1）母线的螺栓连接及支持连接处、母线与电器的连接处以及距所有连接处 10 mm 以内的地方。

2）供携带式接地线连接用的接触面上，不刷漆部分的长度应为母线的宽度或直径，且不应小于 50 mm，并在其两侧涂以宽度为 10 mm 的黑色标志带。

（二）硬母线

（1）硬母线的连接应采用焊接、贯穿螺栓连接或夹板及夹持螺栓搭接；管形和棒形母线应用专用线夹连接，严禁用内螺纹管接头或锡焊连接。

（2）母线与母线、母线与电器接线端子的螺栓搭接面的安装应符合下列要求：

1）母线接触面加工后必须保持清洁，并涂以电力复合脂。

2）当母线平置时，贯穿螺栓应由下往上穿，在其余情况下，螺母应置于维护侧，螺栓长度应露出螺母 2～3 扣。

3）贯穿螺栓连接的母线两外侧均应有平垫圈，相邻螺栓垫圈间应有 3 mm 以上的净距，螺母侧应装有弹簧垫圈或锁紧螺母。

4）螺栓受力应均匀，不应使电器的接线端子受到额外应力。

5）母线的接触面应连接紧密，连接螺栓应用力矩扳手紧固，其紧固力矩值应符合表 8-2 所示的规定。

表 8-2　螺栓的紧固力矩值

螺栓规格/mm	力矩值/（N·m）
M8	8.8～10.8
M10	17.7～22.6
M12	31.4～39.2
M14	51.0～60.8
M16	78.5～98.1

螺栓规格/mm	力矩值/（N·m）
M18	98.0～127.4
M20	156.9～196.2
M24	274.6～343.2

（3）当母线与螺杆形接线端子连接时，母线的孔径不应大于螺杆形接线端子直径1 mm。丝扣的氧化膜必须刷净，螺母接触面必须平整，螺母与母线间应加铜质搪锡平垫圈，并应有锁紧螺母，但不得加弹簧垫。

（4）母线在支柱绝缘子上固定时应符合下列要求：

1）母线固定金具与支柱绝缘子间的固定应平整、牢固，不应使其所支持的母线受到额外应力。

2）交流母线的固定金具或其他支持金具不应成闭合磁路。

3）当母线平置时，母线支持夹板的上部压板应与母线保持1～1.5 mm的间隙；当母线立置时，上部压板应与母线保持1.5～2 mm的间隙。

4）母线在支柱绝缘子上的固定死点，每一段应设置一个，并应位于全长或两母线伸缩节中点。

5）当管形母线安装在滑动式支持器上时，支持器的轴座与管母线之间应有1～2 mm的间隙。

6）母线固定装置应无棱角和毛刺。

（5）多片矩形母线间，应保持不小于母线厚度的间隙；相邻的间隔垫边缘间距离应大于5 mm。

（6）母线伸缩节不得有裂纹、断股和褶皱现象，其总截面不应小于母线截面的1.2倍。

（7）终端或中间采用拉紧装置的车间低压母线的安装，当设计无规定时，应符合下列规定：

1）终端或中间拉紧固定支架应装有调节螺栓的拉线，拉线的固定点应能承受拉线张力。

2）同一档距内，母线的各相弛度最大偏差应小于10%。

（8）当母线长度超过300～400 m而需换位时，换位不应小于一个循环。槽形母线换位段处可用矩形母线连接，换位段内各相母线的弯曲程度应对称一致。

（9）插接母线槽的安装，应符合下列要求：

1）悬挂式母线槽的吊钩应有调整螺栓，固定点间距离不得大于3 m。

2）母线槽的端头应装封闭罩，引出线孔的盖子应完整。

3）各段母线槽的外壳的连接应是可拆的，外壳之间应有跨接线，并应接地可靠。

（10）重型母线的安装应符合下列规定：

1）母线与设备连接处应采用软连接，连接线的截面不应小于母线截面。

2）母线的紧固螺栓：铝母线宜用铝合金螺栓，铜母线宜用铜螺栓，紧固螺栓时应用力矩扳手。

3）在运行温度高的场所，母线不应有铜铝过渡接头。

4）母线在固定点的活动滚杆应无卡阻，部件的机械强度及绝缘电阻值应符合设计要求。

（11）封闭母线的安装应符合下列规定：

1）支座必须安装牢固，母线应按分段图、相序、编号、方向和标志正确放置，每相外壳的纵向间隙应分配均匀。

2）母线与外壳间应同心，其误差不得超过 5 mm，段与段连接时，两相邻段母线及外壳应对准，连接后不应使母线及外壳受到机械应力。

3）封闭母线不得用裸钢丝绳起吊和绑扎，母线不得任意堆放和在地面上拖拉，外壳上不得进行其他作业，外壳内和绝缘子必须擦拭干净，外壳内不得有遗留物。

4）橡胶伸缩套的连接头、穿墙处的连接法兰、外壳与底座之间、外壳各连接部位的螺栓应采用力矩扳手紧固，各接合面应密封良好。

5）外壳的相间短路板应位置正确、连接良好，相间支撑板应安装牢固，分段绝缘的外壳应做好绝缘措施。

6）母线焊接应在封闭母线各段全部就位并调整误差合格，绝缘子、盘形绝缘子和电流互感器经试验合格后进行。

7）呈微正压的封闭母线，在安装完毕后检查其密封性应良好。

（12）铝合金管形母线的安装，应符合下列规定：

1）管形母线应采用多点吊装，不得伤及母线。

2）母线终端应有防晕装置，其表面应光滑、无毛刺或凹凸不平。

3）同相管段轴线应处于一个垂直面上，三相母线管段轴线应互相平行。

（三）软母线

（1）软母线不得有扭结、松股、断股、其他明显的损伤或严重腐蚀等缺陷；扩径导线不得有明显凹陷和变形。

（2）采用的金具除应有质量合格证外，还应进行下列检查：

1）规格应相符，零件配套齐全。

2）表面应光滑，无裂纹、伤痕、砂眼、锈蚀、滑扣等缺陷，锌层不应剥落。

3）线夹船形压板与导线接触面应光滑平整，悬垂线夹的转动部分应灵活。

4）330 kV 及以上电压级用的金具表面必须光洁、无毛刺和凸凹不平之处。

（3）软母线与金具的规格和间隙必须匹配，并应符合现行国家标准。

（4）软母线与线夹连接应采用液压压接或螺栓连接。

（5）软母线和组合导线在挡距内不得有连接接头，并应采用专用线夹在跳线上连接；软母线经螺栓耐张线夹引至设备时不得切断，应成为一个整体。

（6）放线过程中，导线不得与地面摩擦，并应对导线严格检查。当导线有下列情况之一时，不得使用：

1）导线有扭结、断股和明显松股者。

2）同一截面处损伤面积超过导电部分总截面的 5%。

（7）新型导线应经试放，确定安装方法和制定措施后，方可全面施工。

（8）在切断导线时，端头应加绑扎；端面应整齐、无毛刺，并与线股轴线垂直。压接导线前需要切割铝线时，严禁伤及钢芯。

（9）当软母线采用钢制各种螺栓型耐张线夹或悬垂线夹连接时，必须缠绕铝包带，其绕向应与外层铝股的旋向一致，两端露出线夹口不应超过 10 mm，且其端口应回到线夹内压住。

（10）当软母线采用压接型线夹连接时，导线的端头伸入耐张线夹或设备线夹的，长度应达到规定的长度。

（11）软导线与各种连接线夹连接时，导线及线夹接触面均应清除氧化膜，并用汽油或丙酮清洗，清洗长度不应少于连接长度的 1.2 倍，导电接触面应涂以电力复合脂。

（12）液压压接前应先进行试压，合格后方可进行施工压接。试件应符合下列规定：

1）耐张线夹，每种导线取试件两件。

2）设备线夹、T 型线夹、跳线线夹每种导线取试件一件。

3）试压结果应符合规定。

（13）采用液压压接导线时，应符合下列规定：

1）压接用的钢模必须与被压管配套，液压钳应与钢模匹配。

2）扩径导线与耐张线夹压接时，应用相应的衬料将扩径导线中心的空隙填满。

3）压接时必须保持线夹的正确位置，不得歪斜，相邻两模间重叠不应小于 5 mm。

4）接续管压接后，其弯曲度不应大于接续管全长的 2%。

5）压接后不应使接续管口附近导线有隆起和松股，接续管表面应光滑、无裂纹，330 kV 及以上电压的接续管应倒棱、去毛刺。

6）外露钢管的表面及压接管口应刷防锈漆。

7）压接后六角形对边尺寸应为 $0.866D$，当有任何一个对边尺寸超过 $0.866D+0.2$ mm 时应更换钢模（D 为接续管外径）。

8）液压压接工艺应符合现行国家标准的有关规定。

（14）螺栓连接线夹应用力矩扳手紧固。

（15）使用滑轮放线或紧线时，滑轮的直径不应小于导线直径的 16 倍；滑轮应转动灵活，轮槽尺寸应与导线匹配。

（16）母线弛度应符合设计要求，其允许误差为+5%、－2.5%，同一档距内三相母线的弛度应一致，相同布置的分支线应有同样的弯度和弛度。

（17）扩径导线的弯曲度，不应小于导线外径的 30 倍。

（18）线夹螺栓必须均匀拧紧，在紧固 U 型螺丝时，应使两端均衡，不得歪斜；螺栓长度除可调金具外，应露出螺母 2～3 扣。

（19）母线跳线和引下线安装后，应呈似悬链状自然下垂。

（20）软母线与电器接线端子连接时，不应使电器接线端子受到超过允许的外加应力。

（21）具有可调金具的母线，在导线安装调整完毕之后，必须将可调金具的调节螺母锁紧。

（22）安装组合导线时，应符合下列规定：

1）组合导线的圆环、固定用线夹以及所使用的各种金具必须齐全，圆环及固定线夹在导线上的固定位置应符合设计要求，其距离误差不得超过±3%，安装应牢固，并与导线垂直。

2）载流导线与承重钢索组合后，其弛度应一致。

（四）绝缘子与穿墙套管

（1）绝缘子与穿墙套管安装前应进行检查，瓷件、法兰应完整、无裂纹，胶合处填料完整，结合牢固。

（2）绝缘子与穿墙套管安装前应按国家标准《电气装置安装工程 电气设备交接试验标准》（GB 50150—2016）的规定试验合格。

（3）安装在同一平面或垂直面上的支柱绝缘子或穿墙套管的顶面，应位于同一平面上；其中心线位置应符合设计要求。母线直线段的支柱绝缘子的安装中心线应在同一直线上。

（4）支柱绝缘子和穿墙套管安装时，其底座或法兰盘不得埋入混凝土或抹灰层内。支柱绝缘子叠装时，中心线应一致，固定应牢固，紧固件应齐全。

（5）三角锥形组合支柱绝缘子的安装应符合产品的技术要求。

（6）无底座和顶帽的内胶装式的低压支柱绝缘子与金属固定件的接触面之间应垫以厚度不小于 1.5 mm 的橡胶或石棉纸等缓冲垫圈。

（7）悬式绝缘子串的安装应符合下列要求：

1）除设计原因外，悬式绝缘子串应与地面垂直，当受条件限制不能满足要求时，可有不超过 5° 的倾斜角。

2）多串绝缘子并联时，每串所受的张力应均匀。

3）绝缘子串组合时，连接金具的螺栓、销钉及锁紧销等必须符合现行国家标准，且应完整，其穿向应一致，耐张绝缘子串的碗口应向上，绝缘子串的球头挂环、碗头挂板及锁紧销等应互相匹配。

4）弹簧销应有足够弹性，闭口销必须分开，并不得有折断或裂纹，严禁用线材代替。

5）均压环、屏蔽环等保护金具应安装牢固，位置应正确。

6）绝缘子串吊装前应清擦干净。

（8）穿墙套管的安装应符合下列要求：

1）安装穿墙套管的孔径应比嵌入部分大 5 mm 以上，混凝土安装板的最大厚度不得超过 50 mm。

2）当额定电流在 1500 A 及以上的穿墙套管直接固定在钢板上时，套管周围不应成闭合磁路。

3）穿墙套管垂直安装时，法兰应向上；水平安装时，法兰应在外。

4）600 A 及以上母线穿墙套管端部的金属夹板（紧固件除外）应采用非磁性材料，其与母线之间应有金属相连，接触应稳固，金属夹板厚度不应小于 3 mm，当母线为两片及以上时，母线本身间应予固定。

5）充油套管水平安装时，其储油柜及取油样管路应无渗漏，油位指示清晰，注油和取样阀位置应装设于巡回监视侧，注入套管内的油必须合格。

6）套管接地端子及不用的电压抽取端子应可靠接地。

第二节　封闭插接母线安装

一、作业条件

封闭插接母线安装的作业条件同本章第一节。

二、工艺流程

封闭插接母线安装的工艺流程同本章第一节。

三、安装要点

（一）母线支、吊架的安装

（1）封闭、插接母线支架安装位置应根据母线敷设需要确定。

（2）封闭、插接母线直线段水平敷设时，应使用支架或吊架固定，固定点间距应符合设计要求和产品技术文件规定，一般为2～3 m，电流在1000 A以上者以2 m为宜。

（3）封闭、插接母线沿墙垂直固定时，应使用固定支架。在建筑物楼板上封闭、插接母线垂直安装应使用弹簧支架支承。对于电流容量较小（400 A及以下）的封闭、插接母线可隔层在楼板上面设弹簧支架，400 A以上则需每层支承。

（4）封闭、插接母线的拐弯处以及箱（盘）连接处必须加支架。垂直敷设的封闭、插接母线，当进箱及末端悬空时，应采用支架固定。任何封闭、插接母线支、吊架安装均应位置准确、横平竖直、固定牢靠，成排安装时应排列整齐、间距均匀。固定支架螺栓应加平垫和弹簧垫圈固定，丝扣外露2～4扣。

（二）封闭、插接母线安装

封闭、插接母线水平敷设时，至地面的距离不应小于2.2 m；垂直敷设时，距地面1.8 m以下部分应采取防止机械损伤措施，但敷设在电气专用房间内（如配电室、电气竖井、技术层等）的除外。封闭、插接母线应按分段图、相序、编号、方向和标志正确放置。

（1）母线组装前检查。母线组装前应逐段进行检查，检查外壳是否完整，有无损伤变形。母线在组装前还应逐段进行绝缘测试，测试绝缘电阻值是否满足出厂要求。可以用500 V兆欧表进行测试，每节母线的绝缘电阻值不应小于20 MΩ，必要时也可以做耐压试验，试验电压为1000 V。

（2）母线垂直安装。在起吊母线时不应用裸钢丝绳起吊和绑扎。母线沿墙垂直安装（限于小安培数母线），可使用门型支架安装。母线在门型支架上安装有平卧式固定和侧卧式固定两种，弹簧支承器的作用是固定母线槽并承受每层母线槽的重量。只有长度在1.3 m以上的母线槽才能安装弹簧支承器。安装弹簧支承器时应事先考虑好母线的连接处的位置，一般要求在母线穿过楼板垂直安装时，须保证母线的接头中心高于楼板面700 mm。

（3）母线水平安装。母线水平安装的顺序应由始端开始至中间固定再至终端固定。母线的各种不同类型的支、吊架上水平安装也有平卧式和侧卧式两种安装方式。母线与支、吊架的安装用压板固定，母线平卧式安装用平压板固定，母线侧卧式安装用侧卧式压板固定，压板均由厂家配套供应。母线平卧式安装时平卧压板用 M8×45 六角螺母固定，在螺母一侧应使用 ϕ8 平垫圈和弹簧垫圈。母线侧卧式安装的侧卧式压板用 M8×20 六角螺母固定，在螺母一侧同样使用 ϕ8 平垫圈和弹簧垫圈。封闭、插接母线还可以使用平装抱箍或立装抱箍在角钢支架上固定母线。

（4）母线的吊装。封闭、插接母线的悬吊安装，除使用压板固定外，还可用吊装夹板以及吊装夹具安装。

（5）母线的连接。

1）封闭母线连接时母线与外壳间应同心，误差不得超过 5 mm。段与段连接时，两相邻段母线及外壳应对准，连接后不应使母线及外壳受到机械应力。穿墙处的连接法兰、外壳与底座之间、外壳各连接部位的螺栓应采用力矩扳手紧固，各接合面应密封良好。

2）母线段与段连接时，先将连接盖板取下，将两段母线槽对插起来，再将连接螺栓和绝缘套管穿过连接孔，母线插接紧固后，用力矩扳手将连接螺栓拧紧，或者是双螺母拧断式要求拧断，同时在连接处粘贴作业人标识卡，再将连接盖板盖上，此时两段母线槽即已连接好。

3）封闭、插接母线的连接处应避开母线支架，母线的连接不应在穿过楼板或墙壁处进行。母线在穿过防火墙及防火楼板时，应采取防火隔离措施。插接分线箱应与带插接孔母线槽匹配使用，在封闭插接母线安装中，应将分线箱设在安全且便于操作和维护的地方，分线箱底边距地面 1.4～1.6 m 为宜。

4）封闭、插接母线与低压配电屏连接，在母线始端应使用始端进线箱（进线保护箱）连接，进线箱与配电屏之间使用过渡母线进行连接，过渡母线为铜排，母线两端连接处应镀锡。

5）封闭、插接母线与设备间连接，应在母线插接分线箱处明敷设钢导管至设备接线箱（盒）内，钢导管两端应套丝扣，在箱（盒）壁内外各用根母、护口将管与箱（盒）紧固。由设备接线箱（盒）至设备电控箱一段可使用普利卡金属管或金属蛇皮管敷设。

6）封闭、插接母线的接地封闭、插接母线的金属外壳仅作为防护外壳，不得用作保护接地干线（PE 线），但外壳必须接地。每段母线间应用不小于 16 mm² 的编织软铜带跨接，使母线外壳相互连接成一体。

第三节　工程施工监理

一、设备材料质量控制

（1）封闭、插接母线应有出厂合格证、安装技术文件。技术文件应包括额定电压、额定容量、试验报告等技术数据。

（2）包装及封闭应良好，母线规格应符合要求，各种型钢、卡具以及各种螺栓、垫圈等附件、配件齐全。

（3）成套供应的封闭母线的各段应标志清晰、附件齐全、外壳无变形、内部无损伤。

（4）封闭、插接母线螺栓固定搭接面应镀锡。搭接面应平整，其镀锡层不应有麻面、起皮及未覆盖部分。

（5）封闭、插接母线的外壳内表面涂无光泽黑漆，外表面涂浅色漆。

二、安装程序控制

（1）变压器、高低压成套配电柜、穿墙套管及绝缘子等安装就位，经检查合格，才能安装变压器和高低压成套配电柜的母线。

（2）封闭、插接母线安装时，在结构封顶、室内底层地面施工完成或已经确定地面标高、场地清理、层间距复核后，才能确定支架设置位置。

（3）与封闭、插接母线每段母线组对接续前，绝缘电阻测试合格，绝缘电阻值不大于 20 MΩ，才能安装组对。

（4）与封闭、插接母线安装位置有关的管道、空调及建筑装修工程基本结束，确认扫尾施工不会影响已安装的母线后，才能安装母线。

（5）母线支架和封闭、插接母线的外壳接地或接零连接完成，母线绝缘电阻测试和交流工频耐压试验合格，才能通电。

三、施工监理要点

（一）绝缘子安装

（1）母线固定金具与支持绝缘子的固定应平整牢固，不应使其支持的母线受到额外应力。

（2）安装在同一平面或垂直面上的支柱绝缘子或穿墙套管的顶面，应位于同一平面上。

（3）电压 10 kV 及以上，母线穿墙时应装有穿墙套管，套管孔径应比嵌入部分至少大 5 mm。

（4）在同一室内，套管应从供电侧向受电侧方向安装。

（5）支柱绝缘子和穿墙套管的底座或法兰盘均不得埋入混凝土或抹灰层内，支柱绝缘子的底座、套管的法兰及保护罩等不带电的金属构件，均应接地。母线在支柱绝缘子上的固定点应位于母线全长或两个母线补偿器的中心处。

（二）母线固定

（1）母线的固定装置应无显著棱角，以防尖端放电。

（2）当母线工作电流大于 1500 A 时，每相交流母线的固定金具或其他支持金具均不得构成闭合磁路，否则应采取非磁性固定金具等措施。

（3）当母线平置时，母线支持夹板的上部压板应与母线保持 1～1.5 mm 的距离。

（4）当母线立置时，上部压板与母线应保持 1.5～2 mm 的间隙，金属夹板厚度不应小于 3 mm。

（5）变电所母线支架间距应不小于 1.5 m，支架与绝缘子之间应有缓冲软垫片，金属构件应进行镀锌或其他防腐处理。

（三）母线搭接

（1）母线接触面应去除氧化膜，表面要洁净，接触应紧密。母线排之间应涂以电力复合脂。

（2）当不同规格母线搭接时，应按小规格母线要求进行。母线宽度在 63 mm 及以上者，用 0.05 mm×10 mm 塞尺检查塞入深度应小于 6 mm；母线宽度在 56 mm 及以下者，塞入深度应小于 4 mm。

（3）对不同金属的母线搭接，除铝－铝之间可直接连接外，其他类型的搭接，表面应进行搪锡或镀锌处理。

（四）母线弯曲

（1）母线应减少弯曲，弯曲后不得有裂纹或明显褶皱。

（2）当母线平面扭弯 90°时，其扭转部分长度不应小于母线宽度的 2.5 倍。

（3）母线开始弯曲处，距离最近的绝缘子的支持夹板边缘小于或等于 0.25 倍的母线两支持点之间的距离，但不得小于 50 mm。

（4）母线开始弯曲处距母线连接位置不应小于 30 mm。

（5）弯曲处不应有搭接头。

（6）多片母线的弯曲程度应一致。

（五）封闭母线、插接式母线安装

（1）膨胀螺栓固定支架不少于两条。一个吊架应用两根吊杆，固定牢固，螺纹外露 2～4 扣，膨胀螺栓应加平垫片和弹簧垫片，吊架应用双螺母锁紧。

（2）支架与支架预埋件焊接处防腐油漆应均匀、无漏刷。

（3）封闭、插接母线应按规定组装，组装前逐段进行绝缘测试，其绝缘电阻值不得小于 0.5 MΩ。

（4）封闭母线和插接式母线外壳连接接地线跨接板的连接应牢固、不松动，外壳两端应与保护地线连接。

第四节　工程质量标准及验收

一、工程质量标准

（一）主控项目

（1）母线槽的金属外壳等外露可导电部分应与保护导体可靠连接，并应符合下列规定：

1）每段母线槽的金属外壳间应连接可靠，且母线槽全长与保护导体可靠连接不应少于 2 处。

2）分支母线槽的金属外壳末端应与保护导体可靠连接。

3）连接导体的材质、截面积应符合设计要求。

（2）当设计将母线槽的金属外壳作为保护接地导体（PE）时，其外壳导体应具有连续性且应符合国家标准《低压成套开关设备和控制设备　第1部分：总则》(GB/T 7251.1—2013）的规定。

（3）当母线与母线、母线与电器或设备接线端子采用螺栓搭接连接时，应符合下列规定：

1）当一个连接处需要多个螺栓连接时，每个螺栓的拧紧力矩值应一致。

2）母线接触面应保持清洁，应涂抗氧化剂，螺栓孔周边应无毛刺。

3）连接螺栓两侧应有平垫圈，相邻垫圈间应有大于3 mm的间隙，螺母侧应装有弹簧垫圈或锁紧螺母。

4）螺栓受力应均匀，不应使电器或设备的接线端子受额外应力。

（4）母线槽安装应符合下列规定：

1）母线槽不宜安装在水管正下方。

2）母线应与外壳同心，允许偏差应为±5 mm。

3）当母线槽段与段连接时，两相邻段母线及外壳应对准，相序应正确，连接后不应使母线及外壳受额外应力。

4）母线的连接方法应符合产品技术文件要求。

5）母线槽连接用部件的防护等级应与母线槽本体的防护等级一致。

（5）母线槽通电运行前应进行检验或试验，并应符合下列规定：

1）高压母线交流工频耐压试验应交接试验合格。

2）低压母线绝缘电阻值不应小于0.5 MΩ。

3）在检查分接单元插入时，接地触头应先于相线触头接触，且触头连接紧密，在其退出时，接地触头应后于相线触头脱开。

4）检查母线槽与配电柜、电气设备的接线相序应一致。

（二）一般项目

（1）母线槽支架安装应符合下列规定：

1）除设计要求外，承力建筑钢结构构件上不得熔焊连接母线槽支架，且不得热加工开孔。

2）与预埋铁件采用焊接固定时，焊缝应饱满；采用膨胀螺栓固定时，选用的螺栓应适配，连接应牢固。

3）支架应安装牢固，无明显扭曲，采用金属吊架固定时应有防晃支架，配电母线槽的圆钢吊架直径不得小于8 mm；照明母线槽的圆钢吊架直径不得小于6 mm。

4）金属支架应进行防腐，位于室外及潮湿场所的应按设计要求做处理。

（2）对于母线与母线、母线与电器或设备接线端子搭接，搭接面的处理应符合下列规定：

1）铜与铜。在室外或高温且潮湿的室内，搭接面应搪锡或镀银；在干燥的室内，可不搪锡、不镀银。

2）铝与铝。可直接搭接。

3）钢与钢。搭接面应搪锡或镀锌。

4）铜与铝。在干燥的室内，铜导体搭接面应搪锡；在潮湿场所，铜导体搭接面应搪锡或镀银，且应采用铜铝过渡连接。

5）钢与铜或铝。与钢搭接面应镀锌或搪锡。

（3）当母线采用螺栓搭接时，连接处距绝缘子的支持夹板边缘不应小于50 mm。

（4）当设计无要求时，母线的相序排列及涂色应符合下列规定：

1）对于上、下布置的交流母线，由上至下或由下至上排列应分别为L1、L2、L3；直流母线应正极在上，负极在下。

2）对于水平布置的交流母线，由柜后向柜前或由柜前向柜后排列应分别为L1、L2、L3；直流母线应正极在后，负极在前。

3）对于面对引下线的交流母线，由左至右排列应分别为L1、L2、L3；直流母线应正极在左，负极在右。

4）对于母线的涂色，交流母线 L1、L2、L3 应分别为黄色、绿色和红色，中性导体应为淡蓝色；直流母线应正极为赭色，负极为蓝色；保护接地导体（PE）应为黄—绿双色组合色，保护中性导体（PEN）应为全长黄—绿双色、终端用淡蓝色或全长淡蓝色、终端用黄—绿双色；在连接处或支持件边缘两侧10 mm以内不应涂色。

（5）母线槽安装应符合下列规定：

1）水平或垂直敷设的母线槽固定点应每段设置一个，且每层不得少于一个支架，其间距应符合产品技术文件的要求，距拐弯0.4～0.6 m处应设置支架，固定点位置不应设置在母线槽的连接处或分接单元处。

2）母线槽段与段的连接口不应设置在穿越楼板或墙体处，垂直穿越楼板处应设置与建（构）筑物固定的专用部件支座，其孔洞四周应设置高度为50 mm及以上的防水台，并应采取防火封堵措施。

3）母线槽跨越建筑物变形缝处时，应设置补偿装置；母线槽直线敷设长度超过80 m，每50～60 m应设置伸缩节。

4）母线槽直线段安装应平直，水平度与垂直度偏差不应大于1.5‰，全长最大偏差不应大于20 mm；照明用母线槽水平偏差全长不应大于5 mm，垂直偏差不应大于10 mm。外壳与底座间、外壳各连接部位及母线的连接螺栓应按产品技术文件要求选择正确、连接紧固。

5）母线槽上无插接部件的接插口及母线端部应采用专用的封板封堵完好。

6）母线槽与各类管道平行或交叉的净距应符合《建筑电气工程施工质量验收规范》（GB 50303—2015）附录的规定。

（6）母线安装抗震支架敷设应满足设计及图集要求。

二、工程交接验收

（1）在验收时，应提交下列资料和文件：

1）设计变更部分的实际施工图。

2）设计变更的证明文件。

3）制造厂提供的产品说明书、试验记录、合格证件、安装图纸等技术文件。

4）安装技术记录。

5）电气试验记录。

6）备品备件清单。

（2）试运行及工程交接验收：

1）封闭、插接母线安装完毕后，应整理、清扫干净，用兆欧表测试相间、相对地间的绝缘电阻值，并做好记录。母线的绝缘电阻值必须大于 0.5 MΩ。

2）经检查和测试符合规定后，送电空载运行 24 h 无异常现象，办理交接验收手续。

3）封闭、插接母线安装完毕，暂时不能送电运行时，现场应设置明显的标志，以防止损坏。

第五节　质量通病及防治

（1）质量通病：可接近裸露导体的接地或接零不可靠。预防措施：每段母线槽的金属外壳间应连接可靠，分支母线槽的金属外壳末端与金属导体应可靠连接。

（2）质量通病：母线支架的固定不牢固。预防措施：按规定要求设置支吊架，并可靠固定。

（3）质量通病：母线的相序排列及涂色错误。预防措施：做好施工前交底，按颜色顺序敷设母线。

（4）质量通病：封闭、插接式母线与外壳同心度超出范围。预防措施：安装中及时检查母线和外壳同心度。

第九章 >>>

桥架、托盘和槽盒安装

第一节 桥架、托盘和槽盒安装

一、作业条件

（1）预留孔洞、预埋件全部完成，位置正确，孔洞口土建已做好收口。

（2）顶板、墙面粗装修全部完毕。

二、工艺流程

三、桥架、托盘及槽盒安装

（一）支架与吊架安装

（1）支架与吊架所用钢材应平直，无显著扭曲。下料后长短偏差应在 3 mm 范围内，切口处应无卷边、毛刺。

（2）钢支架与吊架应焊接牢固，无显著变形，焊接前厚度超过 4 mm 的支架、铁件应打坡口，焊缝均匀平整，焊缝长度应符合要求，不得出现裂纹、咬边、气孔、凹陷、漏焊等缺陷。

（3）支架与吊架应安装牢固，保证横平竖直，在有坡度的建筑物上安装支架与吊架应与建筑物的坡度、角度一致。

（4）支架与吊架的规格一般不应小于扁钢 30 mm×3 mm、角钢 25 mm×25 mm×3 mm。

（5）严禁用电气焊切割钢结构或轻钢龙骨任何部位。

（6）万能吊具应采用定型产品，并应有各自独立的吊装卡具或支撑系统。

（7）固定支点间距一般不应大于 1.5～2 m。在进出接线盒、箱、柜、转角、转弯和变形缝两端及丁字接头的三端 500 mm 以内应设固定支持点。

（8）严禁用木砖固定支架与吊架。

117

（二）桥架支撑件安装

（1）桥架支撑件在室内安装常用的几种形式，参照国标图集《电缆桥架安装》（86SD169）。

（2）自制支架与吊架所用扁铁规格不应小于 30 mm×3 mm，扁钢规格不小于 25 mm×25 mm×3 mm，圆钢不小于 φ8。自制吊、支架必须按设计要求进行防腐处理。

（3）支架与吊架在安装时应挂线或弹线找直，用水平尺找平，以保证安装后横平竖直。

（4）轻钢龙骨上敷设桥架应设备自单独卡具吊装或支撑系统，吊杆直径不应小于 8 mm，支撑应固定在主龙骨上，不允许固定在辅助龙骨上。

（5）钢结构。可将支架或吊架直接焊在钢结构上，也可用万能吊具进行安装。

（三）桥架、托盘敷设

（1）桥架、托盘用连接板连接，用垫圈、弹垫、螺母紧固，螺母应位于桥架、托盘、线槽外侧。

（2）桥架在与电气柜、箱、盒接茬时，进线口和出线口处应用抱脚连接，并用螺丝紧固，末端应加装封堵。

（3）桥架在经过建筑物的变形缝（伸缩缝、沉降缝）时，桥架本身应断开，槽内用内连接板搭接，一端不需固定。

（4）电缆桥架在穿过防火墙及防火楼板时，应采取防火隔离措施。

（5）直线段电缆桥架安装，在直线端的桥架相互连接处，可用专用连接板进行连接。

（6）在十字交叉、丁字交叉处施工时，可采用定型水平四通、水平三通、垂直四通、垂直三通进行连接，应以连接边为中心向两端各大于或等于 300 mm 处，增加吊架或支架。

（7）在上、下、左、右转弯处，应使用定型的水平弯通、转动弯通、垂直凹（凸）弯通。

（8）电缆桥架与盒、箱、柜、设备接口，应采用定型产品的引下装置进行连接。

（四）线槽敷设

（1）线槽应安装牢固，无扭曲变形，线槽内各种连接螺栓均要由内向外穿，应尽量使螺栓头部与线槽内壁平齐。

（2）线槽敷设应平直整齐，水平或垂直允许偏差为其长度的 2‰，且全长允许偏差为 20 mm，并列安装时，槽盒应便于开启。

（3）线槽在建筑物变形缝处应设置补偿装置。

（4）金属线槽必须进行接地。

（5）槽底固定点间距应小于 500 mm，盖板应小于 300 mm，底板离终点 50 mm 及盖板离终点 30 mm 处均应固定。三线槽的底板应用双钉固定。

（6）线槽终端采用终端头封堵。

（7）金属线槽应经防腐处理，塑料线槽必须经阻燃处理，外壁应有间距不大于 1 m 的连续阻燃标记和制造厂标。

（8）线槽连接应连续无间断，每节线槽的固定点应不少于 2 个，在转角、分支处和端部均应有固定点。

（9）金属线槽吊点及支持点：直线段不大于 3 m 或线槽接头处；线槽首端、终端及进出线盒 0.5 m 处；线槽转角处。

（10）塑料线槽槽底固定点间距应根据线槽规格而定，一般为 0.8～1 m。

（五）保护接地安装

（1）金属电缆桥架及其支架全长，与接地（PE）或接零（PEN）干线相连接不少于 2 处，使整个桥架为一个电气通路。

（2）非镀锌电缆桥架间连接的两端跨接铜芯接地线，接地线最小允许截面积不小于 4。

（3）镀锌电缆桥架间连接板的两端可不跨接接地线，但连接板两端不少于 2 个有防松螺帽或防松垫圈的连接固定螺栓。

（六）抗震支吊架安装

（1）对于重力不小于 150 N/m 的电缆梯架、电缆槽盒均应进行抗震措施。

（2）电缆梯架、电缆托盘、电缆槽盒等安装的两个相邻的抗震支吊架加固点允许纵向偏移不得大于其宽度的 2 倍。

（3）抗震支吊架不得安装于非结构主体部位。

第二节　工程施工监理

一、设备材料质量控制

（1）桥架的型号、规格应符合国家现行标准的规定及设计要求，并有检验合格证。

（2）外观检查：

1）部件齐全，表面光滑、不变形。

2）钢制桥架涂层完整，无锈蚀。

3）玻璃钢制桥架色泽均匀，无破损破裂。

4）铝合金桥架涂层完整，无扭曲变形，不压扁，表面无划伤。

（3）桥架允许最小板材厚度应不小于规范数值。

（4）金属材料作电工工件时，都应经过镀锌处理。

二、安装程序控制

（1）测量定位，安装支吊架完成，经检查确认，才能安装桥架、托盘和槽盒。

（2）桥架、托盘和槽盒安装检查合格，才能敷设电线电缆。

三、安装监理要点

（1）桥架。

1）桥架支吊架间距均匀，固定牢固。

2）电缆桥架水平敷设时，支撑跨距一般为 1.5～3 m；垂直敷设时固定点间距不宜大于 2 m。

3）桥架组装应采用专用附件。

4）当桥架直线段之间以及直线段与弯通之间连接时，应在其外侧使用与其配套的直线连接板和连接螺栓进行连接。应注意连接点不应置于支撑点上，也不应置于支撑跨距的 1/2 处，最好放在支撑跨距的 1/4 处。

5）固定螺栓的螺母应置于桥架外侧。

（2）线槽。

1）线槽敷设应平直、整齐。

2）水平或垂直允许偏差为其长度的 0.2%，且全长允许偏差为 20 mm。

3）线槽的出线口位置正确，且光滑、无毛刺。

第三节　工程质量标准及验收

一、工程质量标准

（一）主控项目

（1）金属桥架、托盘或槽盒本体之间的连接应牢固可靠，与保护导体的连接应符合下列规定：

1）桥架、托盘和槽盒全长不大于 30 m 时，不应少于 2 处与保护导体可靠连接；全长大于 30 m 时，每隔 20~30 m 应增加一个连接点。起始端和终点端均应可靠接地。

2）非镀锌桥架、托盘和槽盒本体之间连接板的两端应跨接保护联结导体，保护联结导体的截面积应符合设计要求。

3）镀锌桥架、托盘和槽盒本体之间不跨接保护联结导体时，连接板每端不应少于 2 个有防松螺帽或防松垫圈的连接固定螺栓。

（2）电缆桥架、托盘和槽盒转弯、分支处应采用专用连接配件，其弯曲半径不应小于梯架、托盘和槽盒内电缆最小允许弯曲半径，电缆最小允许弯曲半径应符合表 9-1 中的规定。

表 9-1　电缆最小允许弯曲半径

电缆形式		电缆外径/mm	多芯电缆	单芯电缆
塑料绝缘电缆	无铠装	—	$15D$	$20D$
	有铠装		$12D$	$15D$
橡皮绝缘电缆			$10D$	
控制电缆	非铠装型、屏蔽型软电缆		$6D$	—
	铠装型、铜屏蔽型		$12D$	
	其他		$10D$	
铝合金导体电力电缆		—	$7D$	
氧化镁绝缘刚性矿物绝缘电缆		<7	$2D$	
		$\geqslant7$，且<12	$3D$	
		$\geqslant12$，且<15	$4D$	
		$\geqslant15$	$6D$	
其他矿物绝缘电缆		—	$15D$	

注：D 为电缆外径。

（二）一般项目

（1）当直线段钢制或塑料桥架、托盘和槽盒长度超过 30 m，铝合金或玻璃钢制桥架、托盘和槽盒长度超过 15 m 时，应设置伸缩节；当桥架、托盘和槽盒跨越建筑物变形缝处时，应设置补偿装置。

（2）梯架、托盘和槽盒与支架间及与连接板的固定螺栓应紧固无遗漏，螺母应位于桥架、托盘和槽盒外侧；当铝合金桥架、托盘和槽盒与钢支架固定时，应有相互间绝缘的防电化腐蚀措施。

（3）当设计无要求时，桥架、托盘、槽盒及支架安装应符合下列规定：

1）电缆梯架、托盘和槽盒应敷设在易燃易爆气体管道和热力管道的下方，与各类管道的最小净距应符合本规范的规定。

2）配线槽盒与水管同侧上下敷设时，应安装在水管的上方；与热水管、蒸汽管平行上下敷设时，应敷设在热水管、蒸汽管的下方，当有困难时，可敷设在热水管、蒸汽管的上方；相互间的最小距离应符合本规范的规定。

3）敷设在电气竖井内穿楼板处和穿越不同防火区的桥架、托盘和槽盒，应有防火隔堵措施。

4）敷设在电气竖井内的电缆梯架或托盘，其固定支架不应安装在固定电缆的横担上，且每隔 3～5 层应设置承重支架。

5）对于敷设在室外的桥架、托盘和槽盒，当进入室内或配电箱（柜）时应有防雨水措施，槽盒底部应有泄水孔。

6）承力建筑钢结构构件上不得熔焊支架，且不得热加工开孔。

7）水平安装的支架间距应为 1.5 m～3.0 m，垂直安装的支架间距不应大于 2 m。

8）采用金属吊架固定时，圆钢直径不得小于 8 mm，并应有防晃支架，在分支处或端部 0.3～0.5 m 处应有固定支架。

（4）支吊架设置应符合设计或产品技术文件要求，支吊架安装应牢固、无明显扭曲；当与预埋件焊接固定时，焊缝应饱满；当用膨胀螺栓固定时，螺栓应选用适配、防松零件齐全、连接紧固。

（5）金属支架应进行防腐，位于室外及潮湿场所的应按设计要求做处理。

二、交接验收

（1）桥架、托盘及槽盒接地应良好。

（2）金属部件防腐层应良好无破损。

（3）防火措施应符合设计，且施工质量合格。

第四节 质量通病及防治

一、质量通病

（1）有的项目施工图设计时就在电缆桥架的侧板，全线敷设一支镀锌扁钢制成的保护接地线（PE），且与每段桥架及支架有电气连通点，倘若施工得好，则桥架的接地或接零保护十分可靠。但是在施工中往往镀锌接地干线在沿电缆桥架侧板敷设时，直线段的保护接地线不是每段至少有一点通过螺栓、螺母、垫圈和弹簧垫圈固定连接在侧板，而是采用保护接地线干线与支、吊架点焊方式固定，漏掉了与侧板的连接。或者是保护接地线与侧板点焊方式固定，漏掉了与支、吊架的连通。采用这两种方式来固定保护接地线干线，既破坏了保护接地线干线的热镀锌层，也损伤了侧板和支、吊架，还降低了接地的可靠性。

还有的工程没有设计接地干线，而是利用桥架本体的金属外壳构成接地干线回路，虽然全长不少于 2 处与接地干线连通了，却违反了镀锌电缆桥架间连接板的两端不跨接接地线，而连接板两端不少于 2 个有防松螺帽或防松垫圈的连接固定螺栓。有些在过伸缩缝处或软连接处没有做跨接也违反了非金属电缆桥架间连接板的两端跨接铜芯接地线，接地线最小允许截面积不小于 4 mm² 条款。

（2）水平安装或垂直安装支架的固定间距过大。还有的在支、吊架安装位置上仅注意自身相互间的间距，忽略了支、吊架距电缆桥架连接处的位置，如水平直线段连接、变宽连接、伸缩连接、水平铰接连接、水平弯通、水平四通、垂直三通垂直弯通和垂直铰接连接等情况不同时，支、吊架距连接处之间的距离也不同。存在支、吊架安装位置不妥的问题较多。

（3）因电缆桥架与给水管道的净距以及与风管的净距不能满足规范要求时，会造成电缆桥架的盖板距其他管道的净距不够，在需要进行维护时，不便于开盖进行维护。

二、预防措施

（1）施工时做好侧板与支、吊架的固定，不得利用镀锌电缆桥架跨接地线。

（2）控制安装支架的固定间距，发现支、吊架位置不妥的问题及时调整。

（3）按照规范要求排布支架，按照图纸进行预排，留好维修空间。

第十章 >>>

导管敷设

第一节　导管敷设质量要点

一、作业条件

（1）在配合土建砌体（如砖混结构加气砖、矿渣砖等）施工时，根据电气设计图要求与土建墙上弹出的水平线，安装管路和盒（箱）。

（2）在配合土建混凝土结构施工时，大模板、骨模板施工混凝土墙，在钢筋绑扎过程中，根据设计图要求预埋套盒及管路，同时办理隐检手续。

（3）气混凝土楼板、圆孔板应配合土建调整好吊索装楼板板缝的同时，根据设计图进行配管。

二、工艺流程

弹线定位 → 加工弯管 → 稳住盒、箱 → 敷设管路 → 扫管穿带丝

三、一般规定

（1）敷设在多尘或潮湿场所的电线保护管，其管口及各连接处均应密封。

（2）当线路暗配时，电线保护管应沿最近的线路敷设，并应减少弯曲。埋入建筑物、构筑物的电线保护管，与建筑物、构筑物表面的距离不应小于 15 mm。

（3）进入落地式配电箱的电线保护管，排列应整齐，管口应高出配电箱基础面 50～80 mm。

（4）电线管不宜穿过设备或建筑物、构筑物基础；当必须穿过时，应采取保护措施。

（5）线管弯曲处不应有褶皱、凹陷和裂缝，且弯曲程度不应大于管外径的 10%。

（6）电线保护管的弯曲半径应符合下列规定：

1）当线路明配时，弯曲半径不应小于管外径的 6 倍；当两个接线盒间只有一个弯曲时，其弯曲半径不应小于管外径的 4 倍。

2）当线路暗配时，弯曲半径不应小于管外径的 6 倍；当线路埋于地下或混凝土内时，其弯曲半径不应小于管外径的 10 倍。

（7）当线管有下列情况之一时，应增设接线盒：

1）线管长度超过 30 m，无弯曲。

2）线管长度每超过 20 m，有一个弯曲。

3）线管长度每超过 15 m，有两个弯曲。

4）线管长度每超过 8 m，有三个弯曲。

（8）在 TN-S、TN-C-S 系统中，当金属保护管、金属盒（箱）、塑料线管、塑料盒（箱）混合使用时，金属线管和金属盒（箱）必须与保护地线（PE）可靠接地。

（9）内径不小于 60 mm 的电气配管要进行电气抗震支吊架安装。当电气管路必须穿越抗震缝时：

1）若采用金属导管、刚性塑料导管敷设，应靠近建筑物下部穿越，且在抗震缝两侧各设一个柔性管接头。

2）抗震缝的两端应设置抗震支撑节点并与结构可靠连接。

四、钢管敷设

（1）潮湿场所和埋于地下的电线保护管，应采用厚壁钢管或防液型可弯曲金属电线保护管；干燥场所的电线保护管应采用薄壁钢管或可弯曲金属电线保护管。

（2）钢管的内、外壁均应做防腐处理。当设于混凝土内时，钢管外壁可不做防腐处理；直埋于土层内的钢管外壁应涂两层沥青；当采用镀锌钢管时，锌层剥落处应涂防腐漆。

（3）钢管的连接符合以下要求：

1）在采用螺纹连接时，管端螺纹长度不应小于管接头长度的 1/2；连接后，其螺纹宜外露 2～3 扣。

2）在采用套管连接时，套管长度应为管外径的 1.5～3 倍；在套管采用焊接连接时，焊缝应牢固严密；采用紧定螺钉连接时，螺钉应拧紧。

3）镀锌钢管和薄壁钢管应采用螺纹连接或套管紧定螺钉连接，不应采用熔焊连接。

4）钢管连接处的管内表面应平整、光滑。

（4）钢管与盒（箱）或设备的连接应符合下列要求：

1）暗配的黑色钢管与盒（箱）连接可采用焊接连接，管口宜高出盒、箱内壁 3～5 mm，且焊后应补涂防腐漆；明配钢管或暗配镀锌钢管与盒（箱）的连接应采用锁紧螺母或护圈帽固定，用锁紧螺母固定的管端螺纹宜外露锁紧螺母 2～3 扣。

2）当钢管与设备间接连接时，对室内干燥场所，钢管端部应在加设保护软管或可弯曲金属电线保护管后引入接线盒；对室外潮湿场所，钢管端部应加设防水弯头。

3）当钢管与设备直接连接时，应将钢管敷设到设备的接线盒内。

4）与设备连接的钢管管口与地面的距离宜大于 200 mm。

（5）钢管接地连接应符合下列要求：

1）当黑色钢管采用螺纹连接时，连接处的两端应焊接跨接接地线或采用专业接地线卡跨接。

2）镀锌钢管与可弯曲金属电线保护管应采用专用接地线卡跨接，不得熔焊连接。

五、金属软管敷设

（1）金属软管的长度不应大于 2 m。

（2）金属软管不应退绞、松散，中间不应有接头，与设备等连接时应采用专用接头。

（3）金属软管应可靠接地，但不能作为电气设备的接地体。

（4）固定点不应大于 1 m，管卡与终端、弯头间的距离应为 300 mm。

六、塑料管敷设

（1）保护电线用塑料管及配件必须经过阻燃处理。

（2）明配塑料管穿过楼板等时在易损伤的部位应加以保护。

（3）塑料管在砖砌墙体上剔槽敷设时，保护层厚度不应小于 15 mm。

（4）管卡与终端、转弯中点、电气器具或盒（箱）边缘的距离为 150～500 mm。

（5）直埋于地下或楼板内的硬塑料管，在露出地面易受损伤的 200 mm 段，应采用钢管或金属套管进行保护。

（6）敷设半硬塑料管或波纹管应尽量减少弯曲，其弯曲半径不应小于管外径的 6 倍。

（7）塑料管尽量不与热力管道靠近，不得已时，其间距不应小于 500 mm。

第二节　工程施工监理

一、材料质量控制

（一）材料质量

（1）绝缘导管。

1）凡使用阻燃型塑料管，其材质均应具有阻燃、耐冲击性能，其氧指数不应低于 27% 的阻燃指标，并有出厂合格证及检验报告。

2）管壁壁厚应一致，无气泡及管身变形等问题。

3）所用阻燃型塑料管附件应采用阻燃型配套产品。

（2）金属导管。

1）产品和配件均应有合格证。

2）镀锌钢管镀层应完整，表面无锈斑。

3）所用附件应为镀锌件。

4）金属导管应为无缝管或焊缝接合管。

（二）进场验收

（1）应检查管材质量、型号、规格是否符合设计要求，检查不同部位的管材是否已除锈防腐、防火刷漆或涂料。

（2）按批查验合格证。

（3）外观检查钢导管无压扁，内壁光滑，非镀锌钢管无严重锈蚀，油漆完整，镀锌钢管镀层完整，无锈斑。

（4）现场抽样检测导管管径壁厚均匀度。

二、施工程序控制

（1）除埋入混凝土中的非镀锌钢管外壁不需要做防腐处理外，其他场所的非镀锌钢管内、外壁均要求做好防腐处理后再敷设。

（2）室外直埋的路径、沟槽的深度经确认无误后，才能敷设。

（3）现浇混凝土板内配管在底层钢筋绑扎完成、上层钢筋未绑扎时敷设。

（4）吊顶上的灯位及电气具位置线放线定位后再进行敷管。

三、施工监理要点

（一）导管敷设安装

（1）金属导管严禁对口熔焊连接，镀锌和壁厚小于或等于 2 mm 的钢导管不得套管熔焊连接。

（2）金属弯曲不应有褶皱、凹陷、裂缝，弯扁度不应大于 10%。

（3）电缆金属导管的弯曲半径不应小于电缆最小允许弯曲半径的 10～30 倍。

（4）金属导管明敷设在终端、弯头中点或柜、台、箱、盘等边缘距离 150～500 mm 范围内设管卡。

（5）金属导管暗敷设，其埋设深度与建筑物、构筑物表面距离即保护层厚度不小于 15 mm。

（6）消防线路、应急照明、紧急广播线路应敷设在非燃烧体结构中，其保护层厚度不应小于 30 mm。

（7）壁厚小于 2 mm 的金属导管不应埋于室外土壤内，金属导管埋设在室外，其埋深不应小于 0.7 m。

（8）进户落地式柜、台、箱、盘的导管管口应高出其基础面 50～80 mm。

（9）金属导管入盒、箱，其长度小于 5 mm 并加锁紧螺母。

（10）绝缘导管暗敷，其埋设深度与建筑物、构筑物表面距离即保护层厚度不小于 15 mm。直埋于地下或混凝土内，其弯曲半径不应小于其管外径的 10 倍。沿支架、沿墙明敷刚性绝缘导管，管卡间最大间距：

1）ϕ15～20 mm，管卡间距为 1.0 m。

2）ϕ25～40 mm，管卡间距为 1.5 m。

3）ϕ50～65 mm 以上，管卡间距为 2.0 m。

（11）刚性绝缘导管在砌体上剔槽埋设时，应采用强度等级不小于 M10 的水泥砂浆抹面保护，其保护层厚度大于 15 mm。

（二）金属管的连接和焊接

（1）金属导管严禁对口熔焊连接，镀锌和壁厚小于或等于 2 mm 的钢导管不得套管熔焊连接。

（2）黑色钢管允许管与管、管与盒（箱）采用熔焊连接。

（3）镀锌钢管的管与管、管与盒（箱）不应采用熔焊连接，应采用螺纹（丝扣）连接或套管紧定螺钉连接。

（4）薄壁钢管的管与管、管与盒（箱）不应采用熔焊连接，应采用螺纹（丝扣）连接或套管紧定螺钉连接。

（5）金属软管与硬管在电气设备、器具连接时应采用专用接头卡子。

（三）绝缘导管连接

（1）管口平整、光滑，管与管、管与盒（箱）等器件采用插入法连接，连接处结合面应涂专用胶合剂，接口牢固密封。

（2）管入盒（箱）、管出盒（箱）连接均应加锁口。

（四）金属管的接地

（1）黑色钢管在采用螺纹连接时，连接处的两端应焊接跨接接地线，跨接线钢筋直径不小于 6 mm，其焊口长度为钢筋直径的 6 倍，不得漏焊。

（2）镀锌钢管螺纹连接，跨接接地线不应采用熔焊连接，应采用专用接地线卡跨接。

（3）薄壁钢管螺纹连接，跨接接地线不应采用熔焊连接，应采用专用接地线卡跨接。

（4）金属软管应有可靠的接地，应采用专用接地线卡跨接。

1）金属的导管和线槽必须接地（PE）或接零（PEN）可靠。

2）可弯曲金属软导管和金属柔性导管不能做接地（PE）或接零（PEN）的接续导体。

第三节　工程质量标准及验收

一、工程质量标准

（一）主控项目

（1）金属导管应与保护导体可靠连接，并应符合下列规定：

1）镀锌钢导管、可弯曲金属导管和金属柔性导管不得熔焊连接。

2）当非镀锌钢导管采用螺纹连接时，连接处的两端应熔焊焊接保护联结导体。

3）镀锌钢导管、可弯曲金属导管和金属柔性导管连接处的两端应采用专用接地卡固定保护联结导体。

4）机械连接的金属导管，管与管、管与盒（箱）体的连接配件应选用配套部件，其连接应符合产品技术文件要求，当连接处的接触电阻值符合《电缆管理用导管系统　第1部分：通用要求》（GB/T 20041.1—2015）的相关要求时，连接处可不设置保护联结导体，但导管不应作为保护导体的接续导体。

5）金属导管与金属梯架、托盘连接时，镀锌材质的连接端应用专用接地卡固定保护联结导体，非镀锌材质的连接处应熔焊焊接保护联结导体。

6）以专用接地卡固定的保护联结导体应为铜芯软导线，截面积不应小于 4 mm²；以熔焊焊接的保护联结导体应为圆钢，直径不应小于 6 mm，其搭接长度应为圆钢直径的 6 倍。

（2）钢导管不得采用对口熔焊连接，镀锌钢导管或壁厚小于或等于 2 mm 的钢导管，不得采用套管熔焊连接。

（3）当塑料导管在砌体上剔槽埋设时，应采用强度等级不小于 M10 的水泥砂浆抹面保护，保护层厚度不应小于 15 mm。

（4）导管穿越密闭或防护密闭隔墙时，应设置预埋套管，预埋套管的制作和安装应符合设计要求，套管两端伸出墙面的长度应为 30～50 mm，导管穿越密闭穿墙套管的两侧应设置过线盒，并应做好封堵。

（二）一般项目

（1）导管的弯曲半径应符合下列规定：

1）明配导管的弯曲半径不应小于管外径的 6 倍，当两个接线盒间只有一个弯曲时，其弯曲半径不应小于管外径的 4 倍。

2）埋设于混凝土内的导管的弯曲半径不应小于管外径的 6 倍，当直埋于地下时，其弯曲半径不应小于管外径的 10 倍。

3）电缆导管的弯曲半径不应小于电缆最小允许弯曲半径，电缆最小允许弯曲半径应符合《建筑电气工程施工质量验收规范》（GB 50303—2015）的规定。

（2）导管支架安装应符合下列规定：

1）除设计要求外，承力建筑钢结构构件上不得熔焊导管支架，且不得热加工开孔。

2）当导管采用金属吊架固定时，圆钢直径不得小于 8 mm，并应设置防晃支架，在距离盒（箱）、分支处或端部 0.3～0.5 m 处应设置固定支架。

3）金属支架应进行防腐，位于室外及潮湿场所的应按设计要求做处理。

4）导管支架应安装牢固，无明显扭曲。

（3）除设计要求外，对于暗配的导管，导管表面埋设深度与建筑物、构筑物表面的距离不应小于 15 mm。

（4）当箱底无封板时，进入配电（控制）柜、台、箱内的导管管口，应高出柜、台、箱、盘的基础面 50～80 mm。

（5）室外导管敷设应符合下列规定：

1）对于埋地敷设的钢导管，埋设深度应符合设计要求，钢导管的壁厚应大于 2 mm。

2）导管的管口不应敞口垂直向上，导管管口应在盒、箱内或导管端部设置防水弯。

3）由箱式变电所或落地式配电箱引向建筑物的导管，建筑物一侧的导管管口应设在建筑物内。

4）导管的管口在穿入绝缘导线、电缆后应做密封处理。

（6）明配的电气导管应符合下列规定：

1）导管应排列整齐，固定点间距均匀，安装牢固。

2）在距终端、弯头中点或柜、台、箱、盘等边缘 150～500 mm 范围内应设有固定管卡，中间直线段固定管卡间的最大距离应符合表 10-1 中的规定。

3）明配管采用的接线或过渡盒（箱）应选用明装盒（箱）。

表 10–1　管卡间的最大距离

敷设方式	导管种类	导管直径/mm			
		15～20	25～32	40～50	65 以上
		管卡间最大距离/m			
支架或沿墙明敷	壁厚＞2 mm刚性钢导管	1.5	2.0	2.5	3.5
	壁厚≤2 mm刚性钢导管	1.0	1.5	2.0	—
	刚性塑料导管	1.0	1.5	2.0	2.0

（7）塑料导管敷设应符合下列规定：

1）管口应平整、光滑，管与管、管与盒（箱）等器件采用插入法连接时，连接处结合面应涂专用胶合剂，接口应牢固密封。

2）直埋于地下或楼板内的刚性塑料导管，应在穿出地面或楼板易受机械损伤的一段采取保护措施。

3）当设计无要求时，埋设在墙内或混凝土内的塑料导管应采用中型及以上的导管。

4）沿建筑物、构筑物表面和在支架上敷设的刚性塑料导管，应按设计要求装设温度补偿装置。

（8）可弯曲金属导管及柔性导管敷设应符合下列规定：

1）刚性导管经柔性导管与电气设备、器具连接时，柔性导管的长度在动力工程中不应大于 0.8 m，在照明工程中不应大于 1.2 m。

2）可弯曲金属导管或柔性导管与刚性导管或电气设备、器具间的连接应采用专用接头；防液型可弯曲金属导管或柔性导管的连接处应密封良好，防液覆盖层应完整无损。

3）当可弯曲金属导管有可能受重物压力或明显机械撞击时，应采取保护措施。

4）明配的金属、非金属柔性导管固定点间距应均匀，不应大于 1 m，管卡与设备、器具、弯头中点、管端等边缘的距离应小于 0.3 m。

5）可弯曲金属导管和金属柔性导管不应做保护导体的接续导体。

（9）导管敷设应符合下列规定：

1）当导管穿越外墙时，应设置防水套管，且应做好防水处理。

2）钢导管或刚性塑料导管跨越建筑物变形缝处应设置补偿装置。

3）除埋设于混凝土内的钢导管内壁应防腐处理，外壁可不防腐处理外，其他场所敷设的钢导管内、外壁均应做防腐处理。

4）当导管与热水管、蒸汽管平行敷设时，应敷设在热水管、蒸汽管的下面，若有困难，可敷设在其上面。相互间的最小距离应符合规定。

二、交接验收

（一）验收检查

（1）各种规定的距离符合要求。

（2）各种支持件的距离符合要求。

（3）配管的弯曲半径、盒（箱）设置符合要求。

（二）资料和文件

合格证、检测报告、厂家资料。

第四节　质量通病及防治

（1）质量通病：焊口有夹渣、咬肉、裂纹、气孔等缺陷现象。防治措施：重新补焊，不允许出现上述缺陷。

（2）质量通病：焊接处药皮处理不干净，漏刷防锈漆。防治措施：应将焊接处药皮处理干净，补刷防锈漆。

（3）质量通病：卡子螺丝松动。防治措施：应及时将螺丝拧紧。

（4）质量通病：导管排列不整齐。防治措施：应排列整齐，固定点间距均匀，安装牢固。

第十一章 >>>

电缆敷设

第一节 电缆敷设施工要点

一、作业条件

（一）土建工程作业条件

（1）预留孔洞、预埋件符合设计要求，预埋件安装牢固，强度合格。

（2）电缆沟、隧道、竖井及人孔等处的地坪及抹面工作结束，电缆沟排水畅通，无积水。

（3）电缆沿线模板等设施拆除完毕，场地清理干净，道路畅通，沟盖板齐备。

（4）放电缆用的脚手架搭设完毕，且符合安全要求，电缆沿线照明照度满足施工要求。

（5）直埋电缆沟按图挖好，电缆井砌砖抹灰完毕，底砂铺完，并清除沟内杂物。盖板及砂子运至沟旁。

（二）设备安装作业条件

（1）变配电室内全部电气设备及用电设备、配电箱柜安装完毕。

（2）电缆桥架、电缆托盘、电缆支架及电缆过管、保护管安装完毕，并检验合格。

二、工艺流程

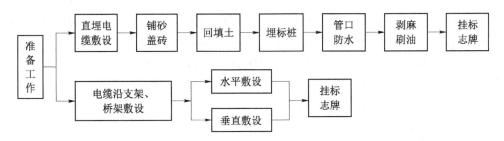

三、电缆沟内电缆敷设

（一）电缆直埋敷设

（1）一般要求。

1）电缆周围的泥土如含有腐蚀性，应清除和换土，埋深应不小于 0.7 m，在寒冷地区要埋在冻土层之下。

2）电缆敷设后，上面要铺设 100 mm 厚的软土或细沙，盖上混凝土保护板，覆盖宽度应超过电缆两侧以外各 50 mm。

3）电缆中间接头盒外面应有生铁或混凝土保护盒。

4）接头下面应垫混凝土基础板，长度要伸出接头保护盒两端 600～700 mm。当电缆自沟内引进隧道、人孔和建筑物时，要穿在管中，并将管口堵塞，防止漏水。

5）当电缆相互交叉、与非热力管道交叉、穿越公路和墙时，都要穿在保护管中，保护管长度超出交叉点 1 m，交叉净距不应小于 250 mm，保护管内径不应小于电缆外径的 1.5 倍。

6）电缆与建筑物平行距离应大于 0.6 m，与电杆也应保持 0.6 m 的距离，与排水明沟距离应大于 1 m。

7）直埋电缆一般采用铠装电缆。铠装电缆金属外铠两侧应可靠接地，接地电阻不应大于 10Ω。

8）当无铠装电缆从地下引出地面时，其高度不小于 1.8 m，并在下部分采用线管进行保护。

9）在电缆通过的地点应设置标桩，接头与转弯处也要设置标桩。

（2）敷设。

1）电缆埋置深度。电缆表面距地面的距离不应小于 0.7 m，穿越农田时不应小于 1 m。在引入建筑物、与地下建筑物交叉及绕过地下建筑物处，可浅埋，但应采取保护措施。

电缆应埋于冻土层以下，当受条件限制时，应采取防止电缆受到损伤的措施。

2）严禁将电缆敷设于管道的上方或下方，特殊情况按下列规定执行：

①电力电缆间及其与控制电缆间或不同使用部门的电缆间，当电缆穿管或隔板隔开时，平行净距可降低为 0.1 m。

②电力电缆间、控制电缆间以及它们相互之间，不同使用部门的电缆在交叉点前后 1 m 范围内，当电缆穿入管中或用隔板隔开时，其交叉净距可降低为 0.25 m。

③当电缆与热管道及热力设备平行、交叉时，应采取隔热设施，使电缆周围土壤的温升不超过 10 ℃。

④当电缆与铁路、公路、城市街道、厂区道路交叉时，应敷设于坚固的保护管或隧道内。电缆管两端应伸出道路路基两边各 2 m，伸出排水沟 0.5 m。

⑤直埋电缆的上、下部应铺以不小于 100 mm 厚的软土层或砂层，并加盖保护板，其覆盖宽度应超过电缆两侧各 50 mm，保护板可采用混凝土盖板或砖块。

（二）电缆沟内支架安装及电缆敷设

（1）电缆沟内支架安装。

1）电缆在沟内敷设，要用支架支持或固定。

2）当电缆支架自行加工时，下料后长短应在 5 mm 范围内。当钢支架采用焊接时，不要有显著变形。支架上各横撑的垂直距离，其偏差不应大于 2 mm。

3）当设计无要求时，电缆支架最上层至沟顶的距离不小于 150～200 mm，电缆支架最下层至沟底距离不小于 50～100 mm。

4）当设计无要求时，电缆支架层间最小允许距离应符合表 11-1 中的规定。

表 11-1 电缆支架层间最小允许距离　　　　　单位：mm

电缆种类		支架上敷设	梯架、托盘内敷设
控制电缆明敷		120	200
电力电缆明敷	10 kV 及以下电力电缆（除 6～10 kV 交联聚乙烯绝缘电力电缆）	150	250
	6～10 kV 交联聚乙烯绝缘电力电缆	200	300
	35 kV 单芯电力电缆	250	300
	35 kV 三芯电力电缆	300	350
电缆敷设在槽盒内		$h+100$	

注：h 为槽盒高度。

5）当设计无要求时，电缆支持点间距不大于表 11-2 中的规定。

表 11-2 电缆个支持点间的距离　　　　　单位：mm

电缆种类		电缆外径	敷设方式	
			水平	垂直
电力电缆	全塑型	—	400	1000
	除全塑型外的中低压电缆		800	1500
	35 kV 高压电缆		1500	2000
	铝合金带联锁铠装的铝合金电缆		1800	1800
控制电缆			800	1000
矿物绝缘电缆		<9	600	800
		≥9，且<15	900	1200
		≥15，且<20	1500	2000
		≥20	2000	2500

（2）电缆沟内电缆敷设。

1）电缆沟应平整，且有 1‰ 的坡度，沟内要保持干燥。沟内应设置集水坑，一般每隔 50 m 设一个。

2）敷设在支架上的电缆，按电压等级排列，高压在上面，低压在下面，控制与通信电缆在最下面。若两侧安装电缆支架，电力电缆与控制电缆、低压电缆应分别安装在沟的两边。电缆支架横撑间的垂直距离，当无设计规定时，一般电力电缆不小于 150 mm，控制电缆不小于 100 mm。

四、电缆竖井内电缆敷设

（一）电缆竖井支架安装

（1）电缆在竖井内沿支架垂直敷设，可采用扁钢支架，支架的长度应根据电缆直径和根数的多少而定。

（2）扁钢支架与建筑物的固定应采用 M10×80 的膨胀螺栓固定。支架每隔 1.5 m 设置一个，竖井内支架最上层距竖井顶部或楼板的距离不应小于 150～200 mm，底部与地面的距离不应小于 300 mm。

（二）电缆竖井布置要求

（1）在电缆竖井内除敷设干线回路外，还可以设置各层的电力、照明分线箱及弱电线路的端子箱等。

（2）竖井内高压、低压和应急电源的电气线路，相互间应保持 0.3 m 及以上距离或采取隔离措施，且高压回路应有明显标识。

（3）电力和控制电缆若受条件限制必须在同一竖井内，应分别布置在竖井两侧或采取隔离措施。

（4）电缆竖井内应敷设有接地干线和接地端子。

（5）电缆竖井内应垂直布线。

（三）竖井内电缆敷设

（1）敷设在竖井内的电缆，电缆的绝缘或护套应具有非延燃性。

（2）在多、高层建筑中，一般低压电缆由低压配电室引出后，沿电缆隧道、电缆沟或电缆桥架进入电缆竖井，然后沿支架或桥架垂直上升。

（3）电缆在穿过楼板或墙壁时，应设保护套管，并做好防火隔离。

（4）电缆沿支架垂直安装，小截面积的电缆可沿墙面用穿管敷设。

（5）电缆在敷设过程中，固定单芯电缆应使用单边管卡子，以减少单芯电缆在支架上的感应涡流。

第二节　电缆敷设监理要点

一、材料质量控制

（1）所有的电缆规格、型号必须与设计相符，并有出厂合格证。

（2）电缆的电压等级应符合设计，高压电缆的两端必须封好。

（3）电缆外观应无损伤，绝缘良好。

（4）按设计与实际长度，合理安排每盘电缆的长度，减少电缆接头。

（5）电缆芯线截面必须与设计要求的规格、型号相符。

（6）1 kV 以上的电缆应做耐压和泄漏试验；1 kV 以下的电缆用绝缘电阻表测试，绝缘电阻不低于 10 MΩ。

二、安装程序控制

（1）电缆沟、电缆竖井内施工临时设施、模板及建筑废料等清除干净，测量定位后，才能安装支架。

（2）电缆沟、电缆竖井内支架安装及电缆导管敷设结束，接地或接零连接完成，才能敷设电缆。

（3）电缆敷设前绝缘测试合格。

（4）电缆交接试验合格，且对电缆走向、相位及防火封堵措施检查确认，才能通电。

（5）直埋电缆沟宽度、深度、坐标、标高符合设计要求后，铺设砂层或软土，再敷设电缆。

三、施工监理要点

（1）电缆各支持点间的距离和电缆最小弯曲半径应符合规范要求。

（2）在电缆敷设时，电缆应从盘上端引出，不应使电缆在支架上及地面摩擦拖拉，电缆不得有铠装压扁，电缆绞拧、护层折裂等未消除的机械拉伤。

（3）电力电缆和控制电缆不应配置在同一层支架上。

（4）电缆的支吊架稳定牢固，防火措施到位。

（5）电缆的首端、末端和分支处的标志牌牢固、正确。

第三节　工程质量标准及验收

一、工程质量标准

（一）主控项目

（1）金属电缆支架必须与保护导体可靠连接。

（2）电缆敷设不得存在绞拧、铠装压扁、护层断裂和表面严重划伤等缺陷。

（3）当电缆敷设存在可能受到机械外力损伤、振动、浸水及腐蚀性或污染物质等损害时，应采取防护措施。

（4）除设计要求外，并联使用的电力电缆的型号、规格、长度应相同。

（5）交流单芯电缆或分相后的每相电缆不得单根独穿于钢导管内，固定用的夹具和支架不应形成闭合磁路。

（6）当电缆穿过零序电流互感器时，电缆金属护层和接地线应对地绝缘。对穿过零序电流互感器后制作的电缆头，其电缆接地线应回穿互感器后接地；对尚未穿过零序电流互感器的电缆接地线应在零序电流互感器前直接接地。

（7）电缆的敷设和排列布置应符合设计要求，矿物绝缘电缆敷设在温度变化大的场所、振动场所或穿越建筑物变形缝时，应采取"S"或"Ω"弯。

（二）一般项目

（1）电缆支架安装应符合下列规定：

1）除设计要求外，承力建筑钢结构构件上不得熔焊支架，且不得热加工开孔。

2）当设计无要求时，电缆支架层间最小距离不应小于表 11-1 中的规定，层间净距不应小于 2 倍电缆外径加 10 mm，35 kV 电缆不应小于 2 倍电缆外径加 50 mm。

3）最上层电缆支架距构筑物顶板或梁底的最小净距应满足电缆引接至上方配电柜、台、箱、盘时电缆弯曲半径的要求；距其他设备的最小净距不应小于 300 mm，当无法满足要求时，应设置防护板。

4）当设计无要求时，最下层电缆支架距沟底、地面的最小净距不应小于表 11-3 中的规定。

表 11-3　最下层电缆支架距沟底、地面的最小净距

电缆敷设场所及其特征		垂直净距/mm
电缆沟		50
隧道		100
电缆夹层	非通道处	200
	至少在一侧不小于 800 mm 宽通道处	1400
公共廊道中电缆支架无围栏防护		1500
室内机房或活动区间		2000
室外	无车辆通过	2500
	有车辆通过	4500
屋面		200

5）当支架与预埋件焊接固定时，焊缝应饱满；当采用膨胀螺栓固定时，螺栓应适配、连接紧固、防松零件齐全，支架安装应牢固，无明显扭曲。

6）金属支架应进行防腐，位于室外及潮湿场所的应按设计要求做处理。

（2）电缆敷设应符合下列规定：

1）电缆的敷设排列应顺直、整齐，并应少交叉。

2）电缆转弯处的最小弯曲半径应符合相应要求。

3）在电缆沟或电气竖井内垂直敷设或大于 45°倾斜敷设的电缆应在每个支架上固定。

4）在梯架、托盘或槽盒内大于 45°倾斜敷设的电缆应每隔 2 m 固定，水平敷设的电缆，首尾两端、转弯两侧及每隔 5~10 m 处应设固定点。

5）当设计无要求时，电缆支持点间距不应大于表 11-2 中的规定。

6）当设计无要求时，电缆与管道的最小净距应符合规范的规定。

7）无挤塑外护层电缆金属护套与金属支（吊）架直接接触的部位应采取防电化腐蚀

的措施。

8）电缆出入电缆沟，电气竖井，建筑物，配电（控制）柜、台、箱处以及管子管口处等部位应采取防火或密封措施。

9）电缆出入电缆梯架、托盘、槽盒及配电（控制）柜、台、箱、盘处应做固定。

10）当电缆通过墙、楼板或室外敷设穿导管保护时，导管的内径不应小于电缆外径的1.5倍。

（3）直埋电缆的上、下应有细沙或软土，回填土应无石块、砖头等尖锐硬物。

（4）电缆的首端、末端和分支处应设标志牌，直埋电缆应设标示桩。

二、交接验收

（一）验收检查

（1）电缆规格应符合规定，不能以大代小。

（2）电缆的固定、弯曲半径、有关距离和单芯电力电缆的金属护层的接线、相序排列等应符合要求。

（3）电缆终端、电缆接头及充油电缆的供油系统应安装牢固；充油电缆的油压及表记整定值应符合要求并效验合格。

（4）接地应良好。

（5）电缆终端色相正确，电缆支架等附件防腐层应良好。

（6）直埋电缆路径标识与实际相符。

（二）资料及技术文件

制造厂提供的产品说明、实验记录、合格证及现场抽样检测实验报告；电缆线路原始记录、隐蔽工程验收记录等。

第四节　质量通病及防治

（1）质量通病：当电力电缆和控制电缆敷设在同一侧支架上时，位置错误。防治措施：应将控制电缆放在电力电缆下面，1kV及以下电力电缆应放在1kV以上的电力电缆，其相互间的净距应符合设计要求。

（2）质量通病：直埋电缆铺砂盖板或砖时不清除沟内杂物，不用砂土，盖板或砖不严，有遗漏部分。防治措施：施工负责人应加强检查。

（3）质量通病：当电缆进入室内电缆沟时，防止电缆保护管防水处理不好，沟内进水。防治措施：应按规范和工艺要求施工。

（4）质量通病：当沿支架敷设电缆时，电缆排列不整齐，交叉现象严重。防治措施：电缆施工前应事先将电缆的排列用图或表的形式画出来，按图表施工。在电缆敷设时，应敷设一根整理一根卡固一根。

（5）质量通病：放置电缆标志牌挂装不整齐或有遗漏。防治措施：应有专人复查。

第十二章 >>>

导管内穿线和槽盒内敷线

第一节　导管内穿线和槽盒内敷线施工

一、作业条件

（1）配管工程或线槽安装已配合土建完成。

（2）土建墙面、地面抹灰作业完成，初装修完毕。

二、工艺流程

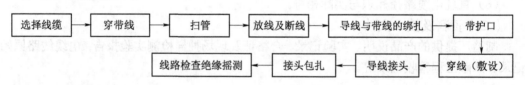

三、一般规定

（1）导线连接应符合以下规定：

1）当设计无特殊规定时，导线应采用焊接、压板压接或套管连接。

2）导线与设备、器具的连接应符合以下要求：

①截面积为 10 mm² 及以下的单股铜芯或铝芯可直接与设备、器具的端子连接。

②截面积为 2.5 mm² 及以下的多股铜芯线的线芯应先拧紧搪锡或压端子后再与设备、器具的端子连接。

③多股铝芯线和截面积大于 2.5 mm² 的多股铜芯线的终端，除设备自带插接式端子外，应焊接或压接端子后，再与设备、器具的端子连接。

3）熔焊连接的焊缝，不应有凹焊、夹渣、断股、裂缝及根部未焊合的缺陷；焊缝的外形尺寸应符合焊接工艺评定文件的要求，焊接后应清除焊渣。

4）在用锡焊焊接时，焊缝应饱满，焊接后清除残余焊剂。

5）压板或其他专用夹具应与导线线芯规格相匹配，紧固件应拧紧到位。

6）套管连接器与压模等与导线线芯规格相匹配；压接时，压接深度、压口数量和压接长度应符合产品技术要求。

7）在剖开导线绝缘层时，不能损伤线芯；芯线连接后，绝缘带应包缠均匀紧密，其绝缘强度不应低于导线原有绝缘层的绝缘强度。

8）在配线的分支线连接处，干线不应受到支线的横向拉力。

（2）塑料护套线和槽板配线，在穿过墙壁时，应采用经阻燃处理的保护管保护；在穿楼板时，应采用钢管保护，其保护高度与楼面的距离不应小于 1.8 m，但在装设开关的位置，可与开关高度相同。

（3）入户线在进墙的一段应采用额定电压不低于 500 V 的绝缘导线，穿墙保护管外侧有防水弯头。

（4）配线工程施工后，保护地线连接应可靠。对带有漏电保护装置的线路应做模拟动作试验。

四、管内穿线

（1）穿管敷设的绝缘导线，其额定电压不应低于 500 V。

（2）穿线前，应将线管内积水及杂物清理干净。

（3）不同回路、不同电压等级及交流和直流的导线不得穿入同一个管内，但下列情况或设计有特殊说明者除外：

1）电压为 50 V 及以下回路。

2）同一台设备的电动机回路和无干扰要求的控制回路。

3）照明花灯的所有回路。

4）同类照明的几个回路，可穿入同一根管内，但管内导线总数不得多于 8 根。

（4）同一交流回路的导线穿同一根导管。

（5）管内导线（含绝缘层）的总截面积不应大于管内空截面积的 40%。

（6）带线与导线绑扎：当 2～3 根导线与带线绑扎时，不需错位绑扎，但当超过 4 根时，应错位绑扎。不要把线头做得太粗太大，让绑扎处形成一个平滑的锥形头。在电缆穿管时，带线只能绑在电缆端头 400 mm 范围内的外侧。

五、线槽敷线

（1）包括绝缘层在内的导线总截面积不应大于线槽截面积的 60%。

（2）金属线槽应可靠接地或接零，但不能作为设备的接地导体。

（3）电线按回路在线槽内进行绑扎，绑扎点距离不应大于 2 m。

（4）同一回路的相线和中性线，应敷设在同一线槽内。

第二节　工程施工监理

一、材料质量控制

（1）导线的型号、规格符合设计要求，有出厂合格证和检测证明。

（2）包装完好，抽验的电线绝缘层应完好。电缆无压扁、扭曲，铠装不松卷。

（3）现场抽样的线芯直径不大于标称直径的 1%。

二、安装程序控制

（1）接地或接零及其他焊接施工完成，才能敷设电线电缆。

（2）与导线连接的柜、台、屏、箱、盘安装完成才能敷设电缆。

（3）电缆穿管前绝缘测试合格，才能敷设。

三、施工监理要点

（1）线缆应选择符合设计要求和国家标准规定。

（2）导管或线槽内不得有污物或积水。

（3）同一交流回路的导线应穿入同一导管内。

（4）不同回路、不同电压等级及交流与直流线缆不得穿入同一导管或同一线槽内。

（5）管内的线缆或线槽内的线缆不准有接头现象，接头要在器具或接线盒、箱内进行，线缆绝缘层不得破损。

（6）入户管在线缆敷设后，要在外侧做防水处理。

（7）电缆在过变形缝处，应留有适当长度。

（8）电缆不得受外力。

（9）搪锡后用布把焊剂或其他污物清理干净。

（10）建（构）筑物内使用的导线颜色选择一致。

（11）绝缘摇测值应符合规范要求。

（12）进入接线盒或箱的垂直管口穿入导线后管口做密封处理。

（13）电线理顺、平直，并绑扎成束。

（14）汇线时，导线缠绕圈数在 5～7 圈，连接处焊锡饱满。

第三节　工程质量标准及验收

一、工程质量标准

（一）主控项目

（1）同一交流回路的绝缘导线不应敷设于不同的金属槽盒内或穿于不同金属导管内。

（2）除设计要求以外，不同回路、不同电压等级及交流与直流线路的绝缘导线不应穿于同一导管内。

（3）绝缘导线接头应设置在专用接线盒（箱）或器具内，不得设置在导管和槽盒内，盒（箱）的设置位置应便于检修。

（二）一般项目

（1）除塑料护套线外，绝缘导线应采用导管或槽盒保护，不可外露明敷。

（2）在绝缘导线穿管前，应清除管内杂物和积水，绝缘导线穿入导管的管口在穿线前应装设护线口。

（3）与槽盒连接的接线盒（箱）应选用明装盒（箱）；配线工程完成后，盒（箱）盖板应齐全、完好。

（4）当采用多相供电时，同一建（构）筑物的绝缘导线绝缘层颜色应一致。

（5）槽盒内敷线应符合下列规定：

1）同一槽盒内不宜同时敷设绝缘导线和电缆。

2）同一路径无防干扰要求的线路，可敷设于同一槽盒内；槽盒内的绝缘导线总截面积（包括外护套）不应超过槽盒内截面积的 40%，且载流导体不应超过 30 根。

3）当控制和信号等非电力线路敷设于同一槽盒内时，绝缘导线的总截面积不应超过槽盒内截面积的 50%。

4）分支接头处绝缘导线的总截面积（包括外护层）不应大于该点盒（箱）内截面积的 75%。

5）绝缘导线在槽盒内应留有一定余量，并应按回路分段绑扎，绑扎点间距不应大于 1.5 m；当垂直或大于 45°倾斜敷设时，应将绝缘导线分段固定在槽盒内的专用部件上，每段至少应有一个固定点；当直线段长度大于 3.2 m 时，其固定点间距不应大于 1.6 m；槽盒内导线排列应整齐、有序。

6）敷线完成后，槽盒盖板应复位，盖板应齐全、平整、牢固。

二、交接验收

（1）验收检查：
导线的连接符合要求，各回路绝缘电阻测试符合要求。

（2）资料和文件：
竣工图、设计变更、各种实验记录、主要器材设备的合格证。

第四节　质量通病及防治

（1）桥架不平不直。

防治措施：

1）施工前，桥架应进行预组合，校正偏差。

2）施工完，桥架一般不作脚用使用，也不能作为其他工艺管理支吊架使用。

3）施工电缆只能抬起放入，不得拖入。

4）施工桥架应在天棚装饰工程完工后施工。

5）桥架不宜用火焊切割，也不宜用电焊焊接。切割后，切口应去毛刺，防止割破电缆。

（2）电缆敷设不齐。

防治措施：

1）电缆竖井应按规范和设计要求设固定卡，无设计时每 6 m 应设等距固定卡，使相间相等并隔开，保持电缆平直。

2）施工电缆敷设应从下层到上层、从内层到外层按操作者方向依次进行，排列位置按设计进行。

3）施工电缆拐弯处应放置不少于3个固定卡具。

4）施工整根电缆敷设完后，其两端头应用卡具固定，防止松动和变形。

5）施工电缆引入设备较集中处，应和设计商定增加引入桥。

（3）消除电缆穿越结构防火封堵不严。

防治措施：

1）电缆竖井应按设计敷设防火卡具，保证电缆之间位置符合防火要求。

2）施工电缆孔洞空隙部分应使用设计要求的防火材料堵抹，该材料应有材质合格证，入场后应复检。

3）施工已堵抹的防水材料表面应具有足够的强度，施工完后，表面工艺应美观。

（4）电缆头放炮及接触松。

防治措施：

1）在线鼻子与芯线连接时，线鼻子规格应与芯线相符，线鼻子与线芯表面接触应良好，无裂纹、断线；铜线鼻子表面应光滑；导线和线鼻子压接应牢固，并能抗电动机转动时造成的松动。

2）控制电缆头装配应紧固、密实，缆头绑扎上下两侧用尼龙绳扎紧，塑料带包缠密实、紧固。

3）电缆头制作材料，应选用合格厂家的合格品，入库后应合理保管，作业场所应照明和通风，注意防雨防潮。电缆头制作材料在有效期内使用。

4）线鼻子和设备之间螺栓应压固，螺栓公差应符合规范要求，后部设弹簧垫，其紧固性应足以防止机械运行振动时造成的松动。

（5）二次线接线错误。

防止措施：

1）在施工作业指导中事先编制控制电缆排列卡，该卡按设备实际位置和电缆不交叉原则排列其位置。

2）施工开始作业时，应将全部接头挂牌，挂牌编号不大于两位，使用颜色加以区分，敷设前应先核对编号，做到卡、牌、物无误。

3）施工接线处应有充足的照明。

4）施工每个盘柜接线，应由同一人作业，不宜换人，防止差错。

5）施工作业地点温度不应大于30℃，作业地点的通风应良好。

6）施工工作人员应严格按图施工，中间应适当安排休息，保持精力，防止错误。

（6）二次线不整齐。

防治措施：

1）施工时，应使用特制固定卡卡固，保持间距一致、平整、美观。

2）施工拐弯处应处同一位置，应布置同一型号电缆，采用相同弯度，保持平整、美观，一般线间其凸出误差应小于0.5 mm。为了达到上述要求，应增加布置卡具。

3）施工固定螺丝下接线的缺口应在同一水平面上，两螺丝之间高低误差应小于0.3 mm。

4）施工每块配电盘电缆头应事先统筹规划布置，盘前及盘后整洁和整齐。

5）每个螺丝只能固定一个线头，任何情况不得超过两个同径的线头。

（7）电缆由地下引出磨损。

防治措施：

1）电缆由地面引出部分应建议设计使用镀锌蛇皮管，地下部分埋管引出和蛇皮管的间隙应使用玻璃布防水油膏防腐并防止进水。

2）电缆穿出地面位置应设特制固定架，防止磨损。

3）在蛇皮管和设备之间，施工中应使用专用活接头固定。

4）穿电缆的管口应打磨，当穿入电缆后应马上按设计封堵管口，防止杂物进入。

（8）电缆从设备到架构排列混乱。

防治措施：

1）排列设计中应逐根进行，防止交叉。

2）水平段及垂直段应设卡具固定。

3）拐弯应采用平滑的曲线，用卡具固定。

4）电缆应按由小到大的规格排列。

第十三章 >>>

钢索配线

第一节　钢索配线

一、作业条件

（1）在土建结构施工的同时，电工做好预埋铁件及预留孔洞工作。

（2）装修工程施工除地面外基本结束，才能吊装钢索及敷设线路。

二、工艺流程

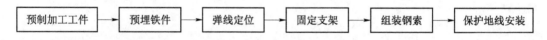

预制加工工件 → 预埋铁件 → 弹线定位 → 固定支架 → 组装钢索 → 保护地线安装

三、钢索安装

（1）钢索是悬挂导线和灯具以及附件的承力部件，必须安装牢固、可靠。

（2）钢索中单根钢丝的直径应小于 0.5 mm，并不应有扭曲和断股。圆钢钢索在安装之前，首先应调直、拉伸和除锈，并涂刷防腐涂料。

1）钢索与终端拉环应采用心环连接，固定用的线卡子不应少于两个，钢索端头应采用镀锌铁丝扎紧。

2）当钢索安装长度在 50 m 以内时，可在其一端设置花篮螺栓。当长度超过 50 m 时，两端均应设置花篮螺栓。

3）钢索两端拉紧固定后，钢索中间固定点间距不应大于 12 m。中间吊钩用圆钢制作，圆钢为 $\phi 8$ mm 镀锌标准件。中间固定点吊架与钢索连接处的吊钩深度不应小于 20 mm，并应设置防止钢索跳出的锁定装置。

（3）保护接地：钢索就位紧固符合要求后，在钢索的一端按设计要求安装保护接地线。固件（花篮螺栓）均应做好跨接地线。

四、钢索配线

钢索配线可分为钢索吊管配线、钢索吊装瓷瓶配线、钢索吊装塑料护套线配线等。

144

（一）钢索吊装金属管

（1）根据设计图要求选择金属管、三通及五通专用明配接线盒、相应规格和型号的吊卡。

（2）在吊装管路时，管口应平整、光滑，应按照先干线后支线的顺序进行，把加工好的金属管从始端到终端按顺序连接起来，与接线盒连接的丝扣应拧牢固，进线盒的丝扣不得超过 2 扣。吊卡的间距应符合施工规范要求，每个灯头盒均应用两个吊卡固定在钢索上。

（3）在双金属管并行吊装时，可采用将两个吊卡对接起来的方式进行吊装，管与钢索应在同一平面内。

（4）吊装完毕后应做整体的保护接地，接线盒的两端要有跨接地线。

（二）钢索吊装塑料管

（1）根据设计图要求选择塑料管、专用明配接线盒、灯头盒、塑料管接头及吊卡。

（2）管路吊装方法与吊装金属管路方法相同。当管进入接线盒及灯头盒时，可以用管接头进行连接；两管对接，可用管箍粘接法，接口应牢固紧密。

（3）吊卡应固定牢固、平整，吊卡间距应均匀。

（三）钢索吊瓷柱（珠）

（1）应在钢索上准确地量出灯位、吊架的位置及固定卡子之间的间距，并用笔（色漆）做出明显标记。

（2）首先对自制加工的二线式扁钢吊架和四线式扁钢吊架调平、找正、打孔，然后将瓷柱（珠）垂直平整、牢固地固定在吊架上，再将装好瓷柱（珠）的吊架按照已确定的位置用螺丝固定在钢索上，并符合施工规范要求。

（3）终端吊架与固定卡子之间必须用镀锌拉线连接牢固。

（4）瓷柱（珠）及支架的安装应符合国家相应规范标准。

（四）钢索吊护套线

（1）应根据设计图要求在钢索上量出灯位及固定点的位置，将护套线剪断，调直后放在放线架上。敷设时应从钢索的一端开始，放线时先将导体理顺，同时在标出固定点的位置将护套线固定在钢索上。

（2）在接线盒两端的 100～150 mm 处应加卡子固定，盒内导线应留有适当余量。

（3）若灯具为吊链灯，从接线盒至灯头的导线应依次编叉在吊链内，导线不应受力。

（五）导线穿线、连接

（1）管内穿线。干线导线可直接逐盒穿通，分支导线的接头应设在接线盒或器具内，导线不得外露。

（2）导线连接。

1）导线连接应具备的条件。

①导线接头不能增加电阻值。

②受力导线不能降低原机械强度。

③不能降低原绝缘强度。

④为了满足上述要求，在导线做电气连接时，必须在接线后加焊、包缠绝缘层。

2）单芯铜导线的直接连接。

①绞接法：适用于 4 mm² 及以下的单芯连接。将两线互相交叉，用双手同时把两芯线互绞两圈后，将两个线芯在另一个线芯上缠绕 5 圈，剪掉余头。

②缠卷法：有加辅助线和不加辅助线两种，适用于 6 mm² 及以上的单芯线的直接连接。将两线相互合并，加辅助线后用绑线在合并部位中间向两端缠绕，其长度为导线直径的 10 倍，然后将两线芯端头折回，在此向外单独缠绕 5 圈，与辅助线捻绞 2 圈，将余线剪掉。

3）单芯铜线的分支连接。

①绞接法：适用于 4 mm² 以下的单芯线。用分支线路的导线向干线上交叉，先打好一个圈结，以防止脱落，然后再缠绕 5 圈。分支线缠绕好后，剪去余线。

②缠卷法：适用于 6 mm² 及以上的单芯线的分支连接。将分支线折成 90°紧靠干线，其公卷的长度为导线直径的 10 倍，单圈缠绕 5 圈后剪断余下线头。

4）多芯铜线的连接。首先用细纱布将线芯表面的氧化膜清除，将两线芯的结合处的中心线剪掉 2/3，将外侧线芯做成伞状分开，相互交叉成一体，并将已张开的线端合成一体。

①单卷法：取任意一侧的两根相邻线芯，在结合处中央交叉，用其中的一根线芯作为绑线，在导线上缠绕 5～7 圈后，再用另一根线芯与绑线相绞后把原来的绑线压住上面继续按上述方法缠绕，其长度为导线直径的 10 倍，最后缠卷的线端与一条线捻绞 2 圈后剪断。另一侧的导线依次进行。注意应把线芯相绞处排列在一条直线上。

②缠卷法：与单芯铜导线直线缠绕连接相同。

③复卷法：适用于多芯软导线的连接。把合拢的导线一端用短绑线做临时绑扎，以防止松散，将另一端线芯全部紧密缠绕 3 圈，多余线端依次呈阶梯形剪掉。另一侧也按此方法处理。

5）多芯铜线分支连接。

①缠卷法：将分支线折成 90°紧靠干线，在绑线端部适当处弯成半圆形，将绑线短端弯成与半圆形成 90°角，并与连接线紧靠，用较长的一端缠绕，其长度应为导线结合处直径的 5 倍，再将绑线两端捻绞 2 圈，剪掉余线。

②单卷法：将分支线破开（或劈开两半），根部折成 90°紧靠干线，用分支线其中的一根在干线上缠绕 3～5 圈后剪断，再用另一根线芯继续缠绕 3～5 圈后剪断，按此方法直至连接到双根导线直径的 5 倍时为止，应保证各剪断处在同一直线上。

③复卷法：将分支线端破开劈成两半后与干线连接处中央相交叉，将分支线向干线两侧分别紧密缠绕后，余线按阶梯形剪断，长度为导线直径的 10 倍。

6）铜导线在接线盒内的连接。

①单芯线并接头：导线绝缘台并齐合拢，在距绝缘台约 12 mm 处用其中一根线芯在其连接端缠绕 5～7 圈后剪断，把余头并齐折回压在缠绕线上。

②不同直径的导线接头：如果是独根（导线截面小于 2.5 mm²）或多芯软线，应先进行涮锡处理，再将细线在粗线上距离绝缘层 15 mm 处交叉，并将线端部向粗导线（独根）端缠绕 5～7 圈，将粗导线端折回压在细线上。

③安全型压线帽。

a. 铜导线压线帽分为黄、白、红三种颜色，分别适用于 1.0～4.0 mm² 的 2～4 根导线的连接。其操作方法是：将导线绝缘层剥去 8～10 mm（按帽的型号决定），清除线芯表面的氧化物，按规格选用配套的压线帽，将线芯插入压线帽的压接管内，若填不实，可将线芯折回头（剥长加倍），直至填满为止，线芯插到底后，导线绝缘层应和压接管平齐，并包在帽壳内，用专用压接钳压实即可。

b. 铝导线压接：操作方法同上。

④加强型绝缘钢壳螺旋接线纽（简称接线纽）：6 mm² 及以下的单线芯在用接线纽连接时，把外露的线芯对齐按顺时针方向拧绞，在线芯的 12 mm 处剪去前端，然后选择相应的接线纽按顺时针方向拧紧。要把导线的绝缘部分拧入接线纽的上端护套内。

7）套管压接。运用机械冷态压接的原理，用相应的模具在一定压力下将套在导线两端的连接套管压在两端导线上，使导线与连接管间形成金属互相渗透，两者成为一体构成导电通路。要保证冷压接头的可靠性，主要取决于影响质量的四个要点，即连接管的形状、尺寸、材质及导线氧化膜的处理。

8）接线端子压接。多股导线可采用与导线同材质且规格相应的接线端子。削去导线的绝缘层，将线芯插入，用压接钳压紧，导线外露部分应小于 1～2 mm。

9）导线与平压式接线柱连接。

①单芯线连接：当用改锥压接时，导线要顺着螺丝旋进方向在螺钉上紧绕一圈后再紧固，不允许反圈压接，盘圈开口不宜大于 2 mm。

②多股铜芯软线连接。

a. 先将软线做成单眼圈状，涮锡后再用上述方法连接。

b. 将软线拧紧涮锡后插入接线鼻子（开口和不开口两种），用专用压线钳压接后用螺丝紧固。

提示：以上两种方法压接后外露线芯的长度不宜超过 1～2 mm。

（3）导线包扎。首先用塑料绝缘带从导线接头处始端的完好绝缘层开始，缠绕 1～2 个绝缘带宽度，再以半幅宽度重叠进行缠绕，在包扎过程中应尽可能地收紧绝缘带，最后在绝缘层上缠绕 1～2 圈后再进行回缠。当采用橡胶绝缘带包扎时，应将其拉长 2 倍后再进行缠绕，然后再用黑胶布包扎。包扎时要衔接好，以半幅宽度边压边进行缠绕，同时在接头处两端应用黑胶布封严密。包扎后应呈枣核形。

（4）线路绝缘摇测。照明线路的绝缘摇测一般选用 500 V、量程为 0～500 MΩ 的兆欧表。一般照明线路绝缘摇测有以下两种情况：

1）电气器具未安装前，在进行线路绝缘摇测时，首先将灯头盒内导线分开，开关盒内导线连通。摇测应将干线和支线分开，摇测时应及时进行记录，摇动速度应保持 120 r/min 左右，读数采用 1 min 后的读数为宜。

2）电气器具全部安装完后，在送电前进行摇测时，应先将线路的开关、刀闸、仪表、设备等电开关全部置于断开位置，摇测方法同上所述，确认绝缘摇测无误后再进行送电运行。

第二节　工程施工监理

一、设备材料质量控制

（1）钢索及钢索卡、索具套环、花篮螺栓等附件的品种、型号、规格必须符合设计要求，并应有产品质量合格证，且不得有背扣、松股、断股、抽筋等现象。

（2）绝缘导线的型号、规格必须符合设计要求和国家现行技术标准的规定，并应有产品质量合格证。

（3）不应采用含油芯的钢索。

（4）钢索应采用镀锌钢索，钢索的单根钢丝直径应小于 0.5 mm，不应有扭曲和断股现象。

二、安装程序控制

（1）钢索配管的预埋件及预留孔应预埋、预留完成。

（2）装修工程除地面外基本结束，才能吊装钢索及敷设线路。

三、工程施工监理要点

（1）在潮湿、有腐蚀性介质及易积贮纤维灰尘的场所，应采用带塑料护套的钢索。

（2）配线应用镀锌钢索，不应采用含油芯的钢索。钢索的单根钢丝直径应小于 0.5 mm，并不应有扭曲和断股。

（3）钢索的终端拉环应牢固、可靠，并应承受钢索在全部负载下的拉力。

（4）钢索与终端拉环应采用心形环连接，固定用的线卡不应少于两个，钢索端头应采用镀锌铁丝扎紧。

（5）当钢索长度为 50 m 及以下时，可在同一端装花篮螺栓；当钢索长度大于 50 m 时，两端均装设花篮螺栓。

（6）钢索中间固定点间距离不应大于 12 m，中间固定点吊架与钢索连接处的吊钩深度不应小于 20 mm，并应设置防止钢索跳出的锁定装置。

（7）在钢索上敷设导线及安装灯具时，钢索的弛度不宜大于 100 mm。

（8）钢索应可靠接地。

（9）钢索施工注意事项：

1）钢索配线要美观、牢靠，导线水平敷设距地面高度应不低于 2.5 m。

2）钢索两端可固定在墙上或金属构架上，并加装花篮螺栓调节松紧。钢索绳的直径应根据吊装电器的重量和跨度（挡距）来选择，要求有足够的安全系数。

3）绝缘导线在钢索上可用瓷柱、瓷夹板和钢管固定，也可将铅皮线和塑料护套线用卡子直接固定到钢索上。

第三节　工程质量标准及验收

一、工程质量标准

（一）主控项目

（1）钢索配线应使用镀锌钢索，不应采用含油芯的钢索。钢索的钢丝直径应小于 0.5 mm，钢索不应有扭曲和断股等缺陷。

（2）钢索与终端拉环套接应采用心形环，固定钢索的线卡不应少于两个，钢索端头应用镀锌铁线绑扎紧密，且应与保护导体可靠连接。

（3）钢索终端拉环埋件应牢固可靠，并应能承受在钢索全部负荷下的拉力，在挂索前应对拉环做过载试验，过载试验的拉力应为设计承载拉力的 3.5 倍。

（4）当钢索长度小于或等于 50 m 时，应在钢索一端装设索具螺旋扣紧固；当钢索长度大于 50 m 时，应在钢索两端装设索具螺旋扣紧固。

（二）一般项目

（1）钢索中间吊架间距不应大于 12 m，吊架与钢索连接处的吊钩深度不应小于 20 mm，并应有防止钢索跳出的锁定零件。

（2）绝缘导线和灯具在钢索上安装后，钢索应承受全部负载，且钢索表面应整洁、无锈蚀。

（3）钢索配线的支持件之间及支持件与灯头盒之间的最大距离应符合表 13-1 中的规定。

表 13-1　钢索配线的支持件之间及支持件与灯头盒之间的最大距离

配线类别	支持件之间最大距离/mm	支持件与灯头盒之间最大距离/mm
钢管	1500	200
塑料导管	1000	150
塑料护套线	200	100

二、工程交接验收

（1）验收项目：各种规定的距离、各种支持件固定、导线连接和绝缘电阻、钢索及其吊架的接地和接零。

（2）形成资料和文件：设计变更文件；施工记录；隐蔽工程验收记录；各种测试和试验记录；主要器材、设备的产品质量合格证；钢索配线质量验收记录；分项工程质量验收记录。

第四节　质量通病及防治

（1）质量通病：钢索垂度过大。

防治措施：

1）针对装前钢索未进行预抻，吊装后产生下坠造成的垂度过大，应调整花篮螺栓，使钢索的垂度符合安装要求。

2）针对耳环接口处未焊死，承重后抻开造成的钢索垂度过大，应将耳环的接口处补焊牢固。

3）针对中间挡距过大造成的垂度过大，应按要求补加吊点。

（2）质量通病：钢索未做保护地线或保护地线的截面过小。防治措施：应按照要求补做明显可靠的保护地线。

（3）质量通病：扁钢吊架不垂直、不平整，固定点松动。防治措施：应及时进行修复找正。

（4）质量通病：扁钢吊架的间隔不均匀，差别过大。防治措施：应按规定要求重新调整。

（5）质量通病：导线不平整，出现扭弯和松弛现象。防治措施：应按要求将导线理顺调直后再绑扎牢固。

（6）质量通病：采用电工刀削绝缘层时极易损伤线芯。防治措施：应使用剥线钳削去导线的绝缘层。

（7）质量通病：导线连接处的焊锡不饱满，出现虚焊、夹渣等现象。防治措施：焊锡的温度要合适，锡焊要均匀。涮锡后应该用布条及时擦去多余的焊剂，保持接头部分的清洁。

（8）质量通病：钢索穿过墙、梁、楼板等处时未加穿保护管。防治措施：应采取有效的补救措施。

（9）质量通病：钢管或钢电线管的管口不光滑；煨弯倍数不够，凹扁度过大。防治措施：应将管口的毛刺锉光，重新煨弯；更换凹扁度过大的管。

第十四章 >>>

电缆头制作、导线连接和线路绝缘测试

第一节　电缆头制作、导线连接和线路绝缘测试

一、电缆头制作

（一）10（6）kV 交联聚乙烯绝缘电缆户内、户外热缩终端头制作

（1）厂家有操作工艺可按厂家操作工艺进行。若无工艺说明，可按以下制作程序进行（要求从开始剥切到制作完毕必须连续进行，一次完成，以免受潮）。

（2）工艺流程。

1）户外。设备点件检查→绝缘检测→剥除电缆护层→焊接地线→包绕填充胶、固定三叉手套→剥铜屏蔽层和半导电层→固定应力管→压接端子→固定绝缘管→固定防雨裙→固定密封管→固定相色管→送电运行验收。

2）户内。设备点件检查→绝缘检测→剥除电缆护层→焊接地线→包绕填充胶、固定三叉手套→剥铜屏蔽层和半导电层→固定应力管→压接端子→固定绝缘管→固定相色管→送电运行验收。

（3）设备点件检查：开箱检查实物是否符合装箱单上的数量，外观有无异常现象，按操作顺序摆放在大瓷盘中。

（4）电缆的绝缘摇测。将电缆两端封头打开，用 2500 V 摇表测试合格后方可转入下一道工序。

（5）剥除电缆护层。

1）剥外护层。用卡子将电缆垂直固定，从电缆端头量取 750 mm（户内头量取 550 mm），剥去外护套。

2）剥铠装。从外护层断口量取 30 mm 铠装，用铅丝绑后，其余剥去。

3）剥内垫层。从铠装断口量取 20 mm 内垫层，其余剥去，然后摘去填充物，分开芯线。

（6）焊接地线。用编织铜线作电缆钢带及屏蔽引出接地线。先将编织线拆开分成三份，重新编织分别绕各相，用电烙铁、焊锡焊接在屏蔽铜带上。用砂布打光钢带焊接区，用铜丝绑扎后和钢铠焊牢。在密封处的地线用锡填满织线，形成防潮段。

（7）包绕填充胶、固定三叉手套。

1）包绕填充胶。用电缆填充胶填充并包绕三芯分支处，使其外观成橄榄状。在绕包密封胶带时，先清洁电缆护套表面和电缆芯线。密封胶带的绕包最大直径应大于电缆外径约 15 mm，将地线包在其中。

2）固定三叉手套。将手套套入三叉根部，然后用喷灯加热收缩固定。加热时，从手套的根部依次向两端收缩固定。

3）热缩材料加热收缩时应注意。

①加热收缩温度为 110～120 ℃。

②调节喷灯火焰使其呈黄色柔和火焰，谨防高温蓝色火焰，以避免烧伤热收缩材料。

③在开始加热材料时，火焰要慢慢接近材料，在材料周围移动，均匀加热，并保持火焰朝着前进（收缩）方向预热材料。

④火焰应螺旋状前进，保证管子沿周围方向充分均匀收缩。

（8）剥铜屏蔽层和半导电层。由手套指端量取 55 mm 铜屏蔽层，其余剥去。从铜屏蔽层端量取 20 mm 半导电层，其余剥去。

（9）制作应力锥。

（10）固定应力管。用清洁剂清理铜屏蔽层、半导电层、绝缘表面，确保表面无碳迹，然后三相分别套入应力管，搭接铜屏蔽层 20 mm，从应力管下端开始向上加热收缩固定。

（11）压接端子。先确定引线长度，按端子孔深加 5 mm，剥除线芯绝缘，端部削成铅笔头状。压接端子，清洁表面，用填充胶填充端子与绝缘之间的间隙及接线端子上的压坑，并搭接绝缘层和端子各 10 mm，使其平滑。

（12）固定绝缘管。清洁绝缘管、应力管和指套表面后，套入绝缘管至三叉根部（管上端超出填充胶 10 mm），由根部起加热固定。

（13）固定相色密封管。将相色密封管套在端子接管部位，先预热端子，由上端起加热固定。户内电缆头制作完毕。

（14）固定防雨裙。

1）固定三孔防雨裙。将三孔防雨裙套入，然后加热颈部固定。

2）固定单孔防雨裙。套入单孔防雨裙，然后加热颈部固定。

（15）固定密封管。将密封管套在端子接管位，先预热端子，由上端起加热固定。

（16）固定相色管。将相色管分别套在密封管上，加热固定。

（17）送电运行验收。

1）试验：电缆头制作完毕后，按要求由试验部门做试验。

2）验收：试验合格后，送电空载运行 24 h 无异常现象。

（二）10（6）kV 交联聚乙烯绝缘电缆热缩接头制作

（1）工艺流程。设备点件检查→剥除电缆护层→剥除铜屏蔽及半导电层→固定应力管→压接连接管→包绕半导带及填充胶→固定绝缘管→安装屏蔽网及地线→固定护套→送电运行验收。

（2）设备点件检查。开箱检查实物是否符合装箱单上的数量，外观有无异常现象。

（3）剥除电缆护层。

1）调直电缆。将电缆留适当余度后放平，在待连接的两根电缆端部的 2 m 处内分别调直、擦干净、重叠 200 mm，在中间作中心标线，作为接头中心。

2）剥外护层及铠装。从中心标线开始在两根电缆上分别量取 800 mm、500 mm，剥除外护层；距断口 50 mm 的铠装上用铜丝绑扎三圈或用铠装带卡好，用钢锯沿铜丝绑扎处或卡子边缘锯一环形痕，深度为钢带厚度的 1/2，再用改锥将钢带尖撬起，然后用克丝钳夹紧将钢带剥除。

3）剥内护层。从铠装断口量取 20 mm 内护层，其余内护层剥除，并摘除填充物。

4）锯芯线、对正芯线，在中心点处锯断。

（4）剥除屏蔽层及半导电层。自中心点向两端芯线各量 300 mm 剥除屏蔽层，从屏蔽层断口各量取 20 mm 半导电层，其余剥除，彻底清除绝缘体表面的半导质。

（5）固定应力管。在中心两侧的各相上套入应力管，搭盖铜屏蔽层 20 mm，加热收缩固定。套入管材，在电缆护层被剥除较长一边套入密封套、护套筒；在护层被剥除较短一边套入密封套；每相芯线上套入内、外绝缘管，半导电管，铜网。在加热收缩固定热缩材料时，应注意：

1）加热收缩温度为 110～120 ℃。因此，调节喷灯火焰呈黄色柔和火焰，谨防高温蓝色火焰，以避免烧伤热收缩材料。

2）在开始加热材料时，火焰要慢慢接近材料，在材料周围移动，均匀加热，并保持火焰朝着前进（收缩）方向预热材料。

3）火焰应螺旋状前进，保证绝缘管沿周围方向充分均匀收缩。

（6）压接连接管。在芯线端部量取 1/2 连接管长度加 5 mm 切除线芯绝缘体，由线芯绝缘断口量取绝缘体 35 mm，削成 30 mm 长的锥体，压接连接管。

（7）包绕半导带及填充胶。在连接管上用细砂布除掉管子棱角和毛刺并擦干净。然后，在连接管上包半导电带，并与两端半导层搭接。在两端的锥体之间包绕填充胶厚度不小于 3 mm。

（8）固定绝缘管。

1）固定内绝缘管。将三色绝缘管从电缆端拉出分别套在两端应力管之间，由中间向两端加热收缩固定。加热火焰向收缩方向。

2）固定外绝缘管。将外绝缘管套在内绝缘管的中心位置上，由中间向两端加热收缩固定。

3）固定半导电管。依次将两根半导电管套在绝缘管上，两端搭盖铜屏蔽层各 50 mm，再由两端向中间加热收缩固定。

（9）安装屏蔽网及地线。从电缆一端芯线分别拉出屏蔽网，连接两端铜屏蔽层，端部用铜丝绑扎，用锡焊焊牢。用地线旋绕扎紧芯线，两端在铠装上用铜丝绑扎焊牢，并在两侧屏蔽层上焊牢。

（10）固定护套。将两瓣的铁皮护套对扣连接，用铅丝在两端扎紧，用锉刀去掉铁皮毛刺。套上护套筒，电缆两端将密封套套在护套头上，两端各搭盖护套筒和电缆外护套各 100 mm，加热收缩固定。

（11）送电运行验收。

1）试验。电缆中间头制作完毕后，按要求由试验部门做试验。

2）验收。试验合格后，送电空载运行 24 h，无异常现象。

（三）低压电缆头制作安装

（1）工艺流程。摇测电缆绝缘→剥电缆铠甲、打卡子→焊接地线→包缠电缆、套电缆终端头套→压电缆芯线接线鼻子、与设备连接。

（2）摇测电缆绝缘。

1）选用 1000 V 摇表，对电缆进行摇测，绝缘电阻应在 10 MΩ 以上。

2）电缆摇测完毕后，应将芯线分别对地放电。

（3）剥电缆铠甲、打卡子。

1）根据电缆与设备连接的具体尺寸，量电缆并做好标记。锯掉多余电缆，根据电缆头套型号、尺寸要求，剥除外护套。

2）将地线的焊接部位用钢锉处理，以备焊接。

3）在打钢带卡子的同时，多股铜线排列整齐后卡在卡子里。

4）利用电缆本身钢带宽的 1/2 做卡子，采用咬口的方法将卡子打牢，必须打两道，防止钢带松开，两道卡子的间距为 15 mm。

5）剥电缆铠甲，用钢锯在第一道卡子向上台阶 3～5 mm 处，锯一环形深痕，深度为钢带厚度的 2/3，不得锯透。

6）用螺丝刀在锯痕尖角处将钢带挑起，用钳子将钢带撕掉，随后将钢带锯口处用钢锉修理钢带毛刺，使其光滑。

（4）焊接地线。地线采用焊锡焊接于电缆钢带上，焊接应牢固，不应有虚焊现象，应注意不要将电缆烫伤，必须焊在两层钢带上。

（5）包缠电缆、套电缆终端头套。

1）剥去电缆统包绝缘层，将电缆头套下部先套入电缆。

2）根据电缆头的型号、尺寸，按照电缆头套长度和内径，用塑料带采用半叠法包缠电缆。塑料带包缠应紧密，形状呈枣核状。

3）将电缆头套上部套上，与下部对接、套严。

（6）压电缆芯线接线鼻子。

1）从芯线端头量出长度为线鼻子的深度，另加 5 mm，剥去电缆芯线绝缘，并在芯线上涂上凡士林。

2）将芯线插入接线鼻子内，用压线钳子压紧接线鼻子，压接应在两道以上。

3）根据不同的相位，使用黄、绿、红、黑四色塑料带分别包缠电缆各芯线至接线鼻子的压接部位。

4）将做好终端头的电缆，固定在预先做法的电缆头支架上，并将芯线分开。

5）根据接线端子的型号，选用螺栓将电缆接线端子压接在设备上，注意应使螺栓由上向下或从内向外穿，平垫和弹簧垫应安装齐全。

二、导线、电缆连接及接线

（一）导线绝缘层剥切

绝缘导线连接前，应将导线端头的绝缘层剥掉，绝缘层的剥离长度根据接头方式和导线截面的不同而预制。常用的剥切方法有单层剥法、分段剥法和斜削法三种。单层剥法适用于剥切硬塑料线和软塑料线的绝缘层。分段剥法适用于多层绝缘的导线。

（二）导线连接

（1）配线导线的线芯连接，一般采用焊接、压板压接或套管连接。

（2）单芯铜导线的连接一般采用绞接法。绞接长度不小于 5 圈，然后上锡，最后包绝缘胶布。

（3）多芯铜导线用缠卷法较多，然后上锡，先包蜡布，若用于潮湿场所先用聚氯乙烯胶带（用涤纶绝缘带更好）后包绝缘黑胶布带。

（4）铜、铝导线都可分别先用铜、铝压接管进行压接，即采用相同截面的铜、铝接管套在被连接的线芯上，用压接钳和模具进行冷芯压接。

（5）配线导线与设备、器具的连接应符合以下要求：

1）导线截面为 10 mm² 及以下的单股铜（铝）芯线可直接与设备、器具的端子连接。

2）导线截面为 2.5 mm² 及以下多股铜芯线的线芯应先拧紧搪锡或压接端子后再与设备、器具的端子连接。

3）多股铝芯线和截面大于 2.5 mm² 的多股铜芯线的终端，除设备自带插接式端子外，应先焊接或压接端子再与设备、器具的端子连接。

（6）导线连接熔焊的焊缝外形尺寸应符合焊接工艺标准的规定。焊接后应清除残余焊药和焊渣，焊缝严禁有凹陷、夹渣、断股、裂缝及根部未焊合等缺陷。

（7）锡焊连接的焊缝应饱满、表面光滑，焊剂应无腐蚀性，焊接后应清除焊区的残余焊剂。

（8）压板或其他专用夹具，应与导线线芯的规格相匹配，紧固件应拧紧到位，防松装置应齐全。

（9）套管连接器和压模等应与导线线芯规格匹配。压接时，压接深度、压口数量和压接长度应符合有关技术标准的相关规定。

（10）在配电配线的分支线连接处，干线不应受到支线的横向拉力。

三、线路绝缘测试

（1）电力电缆线路的试验应符合下列规定：

1）在对电缆的主绝缘做耐压试验或测量绝缘电阻时，应分别在每一相上进行。在对一相进行试验或测量时，其他两相导体、金属屏蔽或金属套和铠装层一起接地。

2）对金属屏蔽或金属套一端接地，另一端装有护层过电压保护器的单芯电缆主绝缘做耐压试验时，必须将护层过电压保护器短接，使这一端的电缆金属屏蔽或金属套临时接地。

3）对额定电压为 0.6/1 kV 的电缆线路应用 2500 V 兆欧表测量体对地绝缘电阻代替耐

压测试，试验时间为 1 min。

（2）测量各电缆导体对地或对金属屏蔽层间和各导体间的绝缘电阻，并应符合下列要求：

1）耐压试验前后，绝缘电阻测量应无明显变化。

2）橡塑电缆外护套、内衬套的绝缘电阻比低于 0.5 MΩ/km。

3）兆欧表的选用应参照表 14-1。

表 14-1　兆欧表的选用

测试项目	额定电压等级/V	选用等级/V
电气设备及线路	$U_c < 100$	250
	$100 \leqslant U_c < 500$	500
	$500 \leqslant U_c < 3000$	1000
	$3000 \leqslant U_c < 10000$	2500
	$U_c \geqslant 10000$	2500 或 5000
动力、照明回路	450/750	1000
电缆、母线	1000	1000
电动机转子绕组	$\geqslant 200/ < 200$	2500/1000

（3）直流耐压试验及泄漏电流测量应符合下列规定：

1）试验时，试验电压可分 4～6 阶段均匀升压，每阶段停留 1 min，并读取泄漏电流值。然后逐渐降低电压，断开电源，用放电棒对被试验电缆芯进行放电。试验做完一项后，以上述步骤对其余相芯进行试验。

2）黏性油浸纸绝缘电缆泄漏电流的三相不平衡系数（最大值与最小值之比）不应大于 2；当 10 kV 及以上电缆的泄漏电流小于 20 μA 和 6 kV 及以下等级电缆泄漏电流小于 10 μA 时，其不平衡系数不作规定。橡胶、塑料绝缘电缆的不平衡系数不作规定，但应做好试验记录。泄漏电流值和不平衡系数只作为判断绝缘状况的参考，不作为是否投入运行的标准。

3）电缆的泄漏电流具有下列情况之一者，电缆绝缘可能有缺陷，应找出缺陷部位，并予以处理：

①泄漏电流很不稳定。

②泄漏电流随试验电压升高急剧上升。

③泄漏电流随试验时间延长有上升现象。

（4）摇测方法。

1）线路绝缘摇测要选用量程适当的兆欧表。

2）线路绝缘摇测要先干线后支线，逐个线路进行摇测。

3）线路摇测要两人进行，一人摇测，另一人读数及记录。

4）摇动速度应保持在 120 r/min 上下，摇测值采用 1 min 后的数值。

第二节　工程施工监理

一、设备材料质量控制

电缆头部件、导线连接器及接线端子的进场验收应符合下列规定。

（1）查验合格证及相关技术文件。

1）铝及铝合金电缆附件应具有与电缆导体匹配的检测报告。

2）矿物绝缘电缆的中间连接附件的耐火等级不应低于电缆本体的耐火等级。

3）导体连接器和接线端子的额定电压、连接容量及防护等级应满足设计要求。

（2）外观检查。部件应齐全，包装标识和产品标志应清晰，表面应无裂纹和气孔，随带的袋装涂料或填料不应泄漏；铝及铝合金电缆用接线端子和接头附件的压接圆筒内表面应有抗氧化剂；矿物绝缘电缆专用终端接线端子规格应与电缆相适配；导线连接器的产品表示应清晰明了、经久耐用。

二、安装程序控制

（一）电缆头制作

（1）电缆头制作，从剥切电缆开始应连续操作直至完成，缩短绝缘暴露时间，以免受潮。

（2）剥切电缆时不得伤害线芯和保留的绝缘层，包缠绝缘层时应注意清洁，以防污物与潮气侵入绝缘层。绝缘纸（带）的搭接应均匀，层间应无空隙及褶皱。

（3）电缆终端头的出线应保持电气要求必需的间距，其电缆头部带电部分之间及至接地部分的距离应符合表 14-2 中的规定，电缆头引出线最小绝缘长度应符合表 14-3 中的规定。

表 14-2　电缆头带电部分之间及至接地部分的距离

电压/kV		最小距离/mm
户外	6	100
	10	125
户内	6～10	200

表 14-3　电缆头引出线最小绝缘长度

电压/kV	最小绝缘长度/mm	电压/kV	最小绝缘长度/mm
6	270	10	315

（4）电缆头（电缆敷设两端的终端头和中间接头）的金属外壳、铠装、铅（铝）包及

屏蔽层，均应做接地处理。接地线的最小截面应符合表 14-4 中的规定。

表 14-4 电缆头接地线的最小允许截面

铜芯电缆截面/mm²	铝芯电缆截面/mm²	接地线截面/mm²
≤35	≤50	10
50～120	70～150	16
150～240	185～300	25

（5）对于穿过零序电流互感器的电缆，其终端头的接地线应与电缆一起贯穿互感器后再接地。从终端头至穿过互感器后接地点前的一段电缆，其终端头的金属外壳、金属包皮及接地线，均应与大地绝缘，终端头固定卡应加绝缘垫，并要求其对地绝缘电阻值不应小于 50 kΩ。

（6）封焊电缆头时火焰应均匀分布，不应损伤电缆，未冷却时不得移动。封焊完毕后，应抹硬脂酸除去氧化层，铅封后应进行外观检查，封焊处不应有夹渣、裂痕，且表面应光滑。

（7）采用的附加绝缘材料除电气性能应满足要求外，还应与电缆本体绝缘具有相容性。两种材料的硬度、膨胀系数、抗张强度和断裂伸长率等物理性能指标接近。橡塑绝缘电缆应采用弹性大、黏接性能好的材料作为附加绝缘。

（8）电缆线芯连接金具应采用符合标准的连接管和接线端子，其内径应与电缆线芯匹配，间隙不应过大。截面应为线芯截面的 1.2～1.5 倍。采用压接时，压接钳和模具应符合规格要求。

（9）制作电缆终端和接头前应做好检查，电缆绝缘状况良好、无受潮，做电气性能试验符合标准。

（二）导线连接

（1）芯线与电气设备的连接应符合下列规定：

1）电线、电缆接线必须准确，并联运行电线或电缆型号、规格、长度、相位应一致。

2）截面积在 10 mm² 及以下的单股铜芯线和单股铝芯线直接与设备、器具的端子连接。

3）截面积在 2.5 mm² 及以下的多股铜芯线拧紧搪锡或接续端子后与设备、器具的端子连接。

4）截面积大于 2.5 mm² 的多股铜芯线，除设备自带插接式端子外，接续端子后与设备或器具的端子连接。

5）多股铜芯线直接与插接式端子连接前，多股铜线端部拧紧搪锡。

6）多股铝芯线接续端子后与设备、器具的端子连接。

7）每个设备的器具的端子接线不多于两根电线。

8）电线、电缆的芯线连接金具（连接管和端子）的规格应与芯线的规格相适配，接线端子必须使用闭口端子，严禁使用开口端子，且芯线不得断线。

9）芯线与设备压接后外露线芯的长度不宜超过 1～2 mm。

（2）芯线接线鼻子压接。

1）线端头量出长度为线鼻子的深度，另加 5 mm，剥去电缆芯线绝缘，并在芯线上涂上电力复合脂。

2）将芯线插入接线鼻子内，用压线钳压紧接线鼻子，压接应在两道以上。

3）根据不同的相位，使用黄、绿、红、淡蓝四色塑料带分别包缠电缆各芯线至接线鼻子的压接部位。

4）根据接线鼻子的型号选用螺栓，将电缆接线鼻子压接在设备上，注意应使螺栓由上向下或从内向外穿，平垫和弹簧垫应安装齐全。

（3）导线与平压式接线柱连接。

1）在螺丝上，可不涮锡，根据螺丝的大小煨圈，一定要做满圈，严禁反圈压接，盘圈开口不得大于 2 mm，同一接线柱上不得压接两根以上的导线。

2）多芯硬线、多芯软线采用涮锡接线鼻子法与接线柱连接，要保证接线柱与接线鼻子匹配，弹簧垫、平垫齐全。

3）软线可做成圈状（要求同单股导线），涮锡，将其压平用螺丝垫片紧牢固。

（4）导线与针孔式接线柱连接。

1）连接的线芯插入接线柱针孔内。

2）当针孔大于导线 1 倍时，必须折回头后插入压接。

（三）线路绝缘摇测

（1）电缆线路绝缘摇测。

1）绝缘摇测分两次进行，第一次是在电缆敷设前；第二次是在电缆敷设完毕，送电前。

2）1 kV 以下电缆，用 1 kV 兆欧表摇测相线间、相对零、零对地、相对地间的绝缘电阻，要求绝缘电阻值不低于 10 MΩ。

（2）导线线路绝缘摇测。

1）绝缘摇测分两次进行。线路敷设完毕且电气器具未安装前进行第一次线路绝缘摇测，将灯头盒内导线分开，开关盒内导线连通。电气器具全部安装完且在送电前进行第二次线路绝缘摇测，摇测时将线路上的开关、刀闸、仪表、设备等用电开关全部置于断开位置，电路中的模块、晶体管电路拆除。

2）使用兆欧表摇测，包括相线间、相对地、相对零、零对地的绝缘电阻值。

3）照明线路的绝缘电阻值不小于 0.5 MΩ；动力线路的绝缘电阻值不小于 1 MΩ。

三、工程施工监理要点

（一）电缆头制作

（1）电缆头的制作人员，应经技术培训合格后方可上岗操作。

（2）铠装电缆的接地线应采用铜绞线或镀锡铜编织线，同时应防止地线焊接不牢，解决方法是将钢带一定要锉出新茬，焊接时使用电烙铁不得小于 500 W，否则焊接不牢。

（3）应防止电缆芯线与线鼻子压接不紧固。线鼻子与芯线截面必须配套，压接时模具规格与芯线规格一致，压接次数不得少于两道。防止电缆芯线伤损，用电缆刀或电工刀剥皮时，不宜用力过大，最好电缆绝缘外皮不完全切透，里层电缆皮应撕下，防止损伤芯线。

（4）防止电缆头卡固不正，电缆芯线锯断前要量好尺寸，以芯线能调换相序为宜，不宜过长或过短。在电缆头卡固时，应注意找直、找正，不得歪斜。

（5）配电柜等电气设备内部电缆排布时，须布线整洁、美观，并要考虑在机柜进线处做好电缆预留，电缆绑扎带要统一、美观，且扎带切口须光滑，防止切口尖锐伤人。

（二）导线连接

（1）当设计无特殊规定时，导线应采用焊接、压板压接或套管连接。

（2）导线与设备、器具的连接应符合下列要求：

1）截面积为 10 mm² 及以下的单股铜芯和单股铝芯可直接与设备、器具的端子连接。

2）截面积为 2.5 mm² 及以下的多股铜芯线的线芯应先拧紧搪锡或压接端子后再与设备、器具的端子连接。

3）多股铝芯线和截面积大于 2.5 mm² 的多股铜芯线的终端，除设备自带插接式端子外，应焊接或压接端子后再与设备、器具的端子连接。

（3）每个设备和器具的端子接线不多于两根电线。

（4）用锡焊焊接的焊缝应饱满，表面光滑，焊剂应无腐蚀性，焊接后应清除残余焊剂。

（5）压板或其他专用夹具，应与导线线芯规格相匹配，紧固件应拧紧到位，防松装置应齐全。

（6）套管连接器与压模等应与导线线芯规格相匹配；压接时，压接深度、压口数量和压接长度应符合产品技术文件的有关规定。

（7）在剖开导线绝缘层时，不应损伤芯线；芯线连接后，绝缘带应包缠均匀紧密，其绝缘强度不应低于导线原绝缘层的绝缘强度；在接线端子的根部与导线绝缘层间的空隙处，应采用绝缘带包缠严密；当导线采用缠绕搪锡连接时，连接头缠绕搪锡后应采取可靠绝缘措施。

（三）绝缘测试

（1）高压电力电缆直流耐压试验必须按照《电气装置安装工程　电气设备交接试验标准》（GB 50150—2016）的规定试验合格。

（2）低压电线和电缆以及线间和线对地间的绝缘电阻值必须大于 0.5 MΩ。

第三节　工程质量标准及验收

一、工程质量标准

（一）主控项目

（1）电力电缆通电前应按《电气装置安装工程　电气设备交接试验标准》（GB 50150—2016）的规定进行耐压试验，并应合格。

（2）低压或特低压配电线路线间和线对地间的绝缘电阻测试电压及绝缘电阻值不应小于表 14-5 中的规定，矿物绝缘电缆线间和线对地的绝缘电阻应符合国家现行有关产品标准的规定。

表 14-5 低压或特低电压配电线路绝缘电阻测试电压及绝缘电阻最小值

标称回路电压/V	直流测试电压/V	绝缘电阻/MΩ
SELV 和 PELV	250	0.5
500 V 及以下，包括 PELV	500	0.5
500 V 以上	1000	1.0

（3）电力电缆的铜屏蔽层和铠装护套及矿物绝缘电缆的金属护套和金属配件应采用铜绞线或镀锡铜编织线与保护导体连接，其连接导体的截面积不应小于表 14-6 中的规定。当铜屏蔽层和铠装护套及矿物绝缘电缆的金属护套和金属配件做保护导体时，其连接导体的截面积应符合设计要求。

表 14-6 电缆终端保护联结导体的截面积

电缆相导体截面积/mm²	保护联结导体截面积/mm²
≤16	与电缆导体截面相同
>16，且≤120	16
≥150	25

（4）电缆端子与设备或器具连接应符合《建筑电气工程施工质量验收规范》（GB 50303—2015）第 10.1.3 条和第 10.2.2 条的规定。

（二）一般项目

（1）电缆头应可靠固定，不应使电器元器件或设备端子承受额外应力。

（2）导体与设备或器具的连接应符合下列规定：

1）截面积在 10 mm² 及以下的单股铜芯线和单股铝/铝合金芯线可直接与设备或器具的端子连接。

2）截面积在 2.5 mm² 及以下的多芯铜芯线应接续端子或拧紧搪锡后再与设备或器具的端子连接。

3）截面积大于 2.5 mm² 的多芯铜芯线，除设备自带插接式端子外，应接续端子后与设备或器具的端子连接；多芯铜芯线与插接式端子连接前，端部应拧紧搪锡。

4）多芯铝芯线应接续端子后与设备、器具的端子连接，多芯铝芯线接续端子前应去除氧化层并涂抗氧化剂，连接完成后应清洁干净。

5）每个设备或器具的端子接线不得多于两根导线或两个导线端子。

（3）截面积 6 mm² 及以下铜芯导线间的连接应采用导线连接器或缠绕搪锡连接，并应符合下列规定。

1）导线连接器应符合《家用和类似用途低压电路用的连接器件》（GB/T 13140）的有关规定，并应符合下列规定：导线连接器应与导线截面相匹配；当单芯导线与多芯软导线连接时，多芯软导线应搪锡处理；与导线连接后不应明露线芯；当采用机械压紧方式制作导线接头时，应使用确保压接力的专用工具；多尘场所的导线连接应选用 IP5X 及以上的防护等级连接器；潮湿场所的导线连接应选用 IPX5 及以上的防护等级连接器。

2）当导线采用缠绕搪锡连接时，连接头缠绕搪锡后应采取可靠绝缘措施。

（4）铝/铝合金电缆头及端子压接应符合下列规定：

1）铝/铝合金电缆的联锁铠装不应作为保护接地导体（PE）使用，联锁铠装应与保护接地导体（PE）连接。

2）线芯压接面应去除氧化层并涂抗氧化剂，压接完成后应清洁表面。

3）线芯压接工具及模具应与附件相匹配。

（5）当采用螺纹型接线端子与导线连接时，其拧紧力矩值应符合产品技术文件的要求，当无要求时，应符合《建筑电气工程施工质量验收规范》（GB 50303—2015）附录 H 的规定。

（6）绝缘导线、电缆的线芯连接金具（连接管和端子），其规格应与线芯的规格适配，且不得采用开口端子，其性能应符合国家现行有关产品标准的规定。

（7）当接线端子规格与电气器具规格不配套时，不应采用降容的转接措施。

二、工程交接验收

（1）电缆终端、电缆接头应固定牢靠，电缆接线端子与所接接线端子应接触良好。

（2）电缆线路所有应接地的接点与接地极接触良好，接地电阻值应符合设计要求。

（3）电缆终端的相色应正确，电缆管口封堵应严密。

（4）形成资料：产品合格证；设备材料检验记录；自互检记录；绝缘测试记录；电缆头制作、接线和线路绝缘测试质量验收记录；分项工程质量验收记录。

第四节　质量通病及防治

（1）质量通病：电缆头不采用铜线鼻，直接做成"羊眼圈"状。防治措施：电缆头应采用线鼻压接，多股软芯线必须搪锡。

（2）质量通病：线头裸露，导线排列不整齐，配电箱内配线无余量。防治措施：电缆头剥线时应保持线头长度一致，并采用相同颜色的绝缘带包扎好，同时箱内导线应留有一定余量。

（3）质量通病：热缩管加热收缩局部烧伤或无光泽。防治措施：调整加热火焰为橙黄色，加热火焰不能停留在一个位置。

（4）质量通病：热缩管加热收缩时出现气泡。防治措施：按一定方向转圈，不停地进行加热收缩。

（5）质量通病：绝缘管端部加热收缩时出现开裂。防治措施：切割绝缘管时，端面要平整。

（6）质量通病：做试验时泄漏电流过大。防治措施：把芯线绝缘表面清洁干净。

（7）质量通病：地线焊接不牢。防治措施：一定要将钢带锉出新茬，焊接时使用电烙铁不得小于 500 W，否则焊接不牢。

（8）质量通病：电缆芯线与线鼻子压接不紧固。防治措施：线鼻子与芯线截面必须配套，压接时模具规格与芯线规格一致，压接数量不得小于两道。

（9）质量通病：电缆芯线损伤。防治措施：用电缆刀或电工刀剥皮时，不宜用力过大，最好电缆绝缘外皮不完全切透，里层电缆皮应撕下，防止损伤芯线。

（10）质量通病：电缆头卡固不正，电缆芯线过长或过短。防治措施：电缆芯线锯断前要量好尺寸，以芯线能调换相序为宜，不宜过长或过短；电缆头卡固时，应注意找直、找正，不得歪斜。

（11）质量通病：电缆的回路无标记，编号不准确。防治措施：电缆的回路标记应清晰，编号与图纸设备准确。

第十五章 >>>

普通灯具安装

第一节　普通灯具安装

一、作业条件

在结构施工中做好预埋工作，混凝土楼板应预埋螺栓，吊顶内应预下吊杆。盒子口修好，木台、木板油漆完。对灯具安装有影响的模板、脚手架已拆除。顶棚、墙面的抹灰工作、室内装饰浆活及地面清理工作均已结束。

二、工艺流程

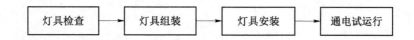

灯具检查 → 灯具组装 → 灯具安装 → 通电试运行

三、灯具安装一般规定

（1）灯具的选择应符合下列要求：

1）潮湿场所，应采用相应防护等级的防水灯具，并应满足相关 IP 等级要求。

2）有腐蚀性气体或蒸汽场所，应采用防腐蚀密闭式的灯具。

3）高温场所，应采用散热性能好、耐高温的灯具。

4）多尘埃的场所，应采用防护等级不低于 IP5X 的灯具。

5）装有锻锤、大型桥式吊车等震动、摆动较大场所使用的灯具，应有防震和防脱落措施。

6）易受机械损伤、光源自行脱落可能造成人员伤害或财物损失的场所使用的灯具，应有防护措施。

7）有爆炸或火灾危险的场所使用的灯具，应符合国家现行相关标准和规范的有关规定。

8）在有洁净度要求的场所，应采用不易积尘、易于擦拭的洁净灯具，并应满足洁净场所的相关要求。

9）在需防止紫外线照射的场所，应采用隔紫灯具或低紫光源。

（2）镇流器的选择应符合下列要求：

1）荧光灯应配用电子镇流器或节能型电感镇流器。

2）对频闪效应有限制的场合，应采用高频镇流器。

3）电子镇流器的谐波、电磁兼容应符合《电磁兼容 限值 谐波电流发射限值（设备每相输入电流≤16 A）》（GB 17625.1—2012）、《电气照明和类似设备的无线电骚扰特性的限值和测量方法》（GB/T 17743—2021）的规定。

4）高压钠灯、金属卤化物灯应配用节能型电感镇流器；在电压偏差较大的场所，宜配用恒功率镇流器；功率较小者可配用电子镇流器。

（3）当房间或场所装设两列或多列灯具时，应按下列方式分组控制：

1）生产场所按车间、工段或工序分组。

2）在有可能分隔的场所，按照每个有可能分隔的场所分组。

3）电化教室、会议厅、多功能厅、报告厅等场所，按靠近或远离讲台分组。

4）除上述场所外，所控灯列与侧窗平行。

（4）在砖石结构中安装电气照明装置，应采用预埋吊钩、螺栓、螺钉、膨胀螺栓、尼龙胀栓等，严禁使用木楔。

（5）在危险性较大及特殊危险场所，若灯具距地面高度小于 2.4 m，应使用额定电压为 36 V 以下的照明灯具或采用保护措施。

四、各种灯具安装

（一）一般要求

（1）灯具安装。

1）在采用钢管做灯具吊杆时，钢管内径不应小于 10 mm，钢管壁厚不应小于 1.5 mm。

2）吊链灯具的灯线不应受拉力，灯线应与吊链编叉在一起。

3）软线吊灯的软线两端应做保护扣，两端芯线应搪锡。

4）同一室内或场所成排安装的灯具，其中心线偏差不应大于 5 mm。

5）荧光灯和高压汞灯及其附件应配套使用，安装位置应便于检修。

6）每个灯具固定用的螺钉或螺栓不少于两个，若绝缘台直径为 75 mm 以下，可采用一个螺栓或螺钉固定。

7）室内照明灯距地面高度不得低于 2.5 m，受条件限制时可减至 2.2 m，若低于此高度，应进行接地或接零，或用安全电压供电。

8）在安装室外照明灯时，一般高度不低于 3 m，对墙上灯具允许高度可减为 2.5 m，若不足以上高度，应加保护措施。

（2）螺口灯头的接线。

1）相线应接在中心触点的端子上，零线应接在螺纹的端子上。

2）灯头的绝缘外壳不应有裸露的金属部分。

3）对带开关的灯头，开关手柄不应有裸露的金属部分。

（3）36 V 以下照明变压器的安装。

1）电源侧应有短路保护，其熔体的额定电流不应大于变压器的额定电流。

2）外壳、铁芯和低压侧的任意一端或中性点，都应接地或接零。

3）变压器采用一、二次线圈分开的变压器，不允许用自耦变压器。

（4）其他。

1）根据灯具安装场所及用途，引向每个灯具的导线线芯最小截面积应符合表 15-1 中的规定。

表 15-1 导线线芯最小截面积

灯具安装场所及用途		线芯最小截面积/mm²		
		铜芯软线	铜线	铝线
灯头线	民用建筑室内	0.5	0.5	2.5
	工业建筑室内	0.5	0.8	2.5
	室外	1.0	1.0	2.5
移动用电设备的导线	生活用	0.4	—	—
	生产用	1.0	—	—

2）在变电所内，高压、低压配电设备及母线正上方，不应安装灯具。

3）固定在移动结构上的灯具，其导线应敷设在移动构架内侧，当移动构架活动时，导线不应受拉力及磨损。

4）当吊灯灯具重量超过 3 kg 时，应采用预埋吊钩或螺栓固定；当软线吊灯灯具重量超过 1 kg 时，应增设吊链。

5）投光灯的底座及支架应固定牢靠，枢轴应沿需要的光轴方向拧紧固定。

（二）软线吊灯安装

（1）将电源线留足维修长度后剪除余线并剥出线头。

（2）将导线穿过灯头底座，用连接螺钉将底座固定在接线盒后根据所需长度剪取一段灯线，在一端接上灯头，灯头内应系好保险扣，接线时区分相线与零线，对于螺口灯座中心簧片应接相线，不得混淆。

（3）多股线芯接头应搪锡，连接时应注意，接头均应按顺时针方向弯钩后压上垫片，用灯具螺钉拧紧。

（4）将灯线另一头穿入底座盖碗，灯线在盖碗内应系好保险扣，并与底座上的电源线用压接帽连接，旋上扣碗。

（三）白炽吊灯安装

白炽吊灯系指单灯罩吊灯，是以一个灯罩为主体的吊灯。

（1）灯具组装。一般情况下，单灯罩白炽灯的吊链或吊杆及其上下法兰和灯座，均为配套组装好的定型产品。其配线的长度应取决于吊链或吊杆的长度。灯具软线不受力，所以软线的两端不需打保护结。

（2）灯具安装。将灯具导线与电源连接并做好绝缘处理，将导线接头放在灯具的法兰内，将灯具上法兰固定在木（塑料）台上，并调整好软线与吊（杆）链的长度；软线不得绷紧,以免承受灯具的重量;灯具固定牢固后,组装灯泡,配上灯罩。

(四)普通吸顶灯安装

普通吸顶灯是一种直接安装在建筑物顶棚上的一种固定式灯具。

(1)将电源线留足维修长度后剪除余线并剥出线头。

(2)区分相线与零线,对于螺口灯座中心簧片应接相线,不得混淆。

(3)用连接螺钉将灯座安装在接线盒上。

(五)壁灯安装

壁灯是一种安装在建筑物墙、柱立面上的灯具。

(1)比照灯具底座画好安装孔的位置,打出塞孔,装入栓塞。

(2)将接线盒内电源线穿出灯具底座,用螺钉固定好底座。

(3)将灯内导线与电源线用压接帽可靠连接。

(4)用线卡或尼龙扎带固定导线以避开灯泡发热区。

(5)上好灯泡,装上灯罩并上好紧固螺钉。

(6)安装在室外的壁灯应有泄水孔,绝缘台与墙面之间应有防水措施。

(7)安装在装饰材料(木装饰或软包等)上的灯具与装饰材料间应有防火措施。

(六)荧光灯安装

(1)荧光灯(日光灯)组装的灯管、镇流器、起动器等的周波和电压应与电源一致。镇流器、起动器的瓦数应与灯管匹配。

(2)荧光灯安装的灯管、镇流器、起动器、灯管座(灯脚)、灯架(或灯箱)、灯罩及其附件必须匹配。

(3)荧光灯安装时应有防止灯脚松动、导致灯具跌落的技术措施。一般采用弹簧灯脚将灯管固定在灯架上。

(4)荧光灯安装方式分为吊链式、吊杆式及吸顶式。当采用吊链、钢管等吊装时,电源线不得受力,钢管内径不得小于 10 mm。

(七)吸顶式日光灯安装

(1)打开灯具底座盖板,根据图纸确定安装位置,将灯具底座贴紧建筑物表面,灯具底座应完全遮盖住接线盒,对着接线盒的位置开好进线孔。

(2)比照灯具底座安装孔用铅笔画好安装孔的位置,打出塞孔,装入栓塞(如为吊顶可在吊顶板上背木龙骨或轻钢龙骨用自攻螺钉固定)。

(3)将电源线穿出后用螺钉将灯具固定并调整位置以满足要求;用压接帽将电源线与灯内导线可靠连接,装上启辉器等附件;盖上底座盖板,装上日光灯管。

(八)吊链式日光灯安装

(1)根据图纸确定安装位置,确定吊链吊点。

(2)打出栓塞孔,装入栓塞,用螺钉将吊链挂钩固定牢靠。

(3)根据灯具的安装高度确定吊链及导线的长度(使电线不受力)。

(4)打开灯具底座盖板,将电源线与灯内导线可靠连接,装上启辉器等附件。

(5)盖上底座,装上日光灯管,将日光灯挂好。

(6)将导线与接线盒内电源线连接,盖上接线盒盖板并理顺垂下的导线。

（九）嵌入顶棚内的嵌装式灯具安装

（1）灯具应固定在专用的框架上，并有防火散热装置，电源线不得贴近灯具外壳并应加设阻燃软管护套管；灯线应留有余量；固定灯罩的边框、边缘应贴在顶棚上。

（2）矩形灯具的边缘应与顶棚面的装修直线平行，若灯具对称安装，纵横中心轴线要在同一条直线上，倾斜不大于 5 mm。

（3）日光灯组合的开启式灯具，排列应整齐，其金属或塑料间隔片不应有弯曲、扭斜等。

（十）吊顶花灯安装

（1）将预先组装好的灯具托起，用预埋好的吊钩挂住灯具内的吊钩。

（2）将灯内导线与电源线用压接帽可靠连接。

（3）把灯具上部的装饰扣碗向上推起并紧贴顶棚，拧紧固定螺钉。

（4）调整好各个灯口，上好灯泡，配上灯罩。

（十一）重型灯具安装

（1）重型灯具安装必须应用预埋件或螺栓固定。

（2）安装在公共场所内的大型灯具的玻璃罩，应设置防止碎裂落下伤人的防护措施（常规多采用透明尼龙丝编织的保护网）。

（3）固定大型花灯吊钩的圆钢直径，不应小于灯具的吊挂锁、钩的直径，且不应小于 6 mm。对大型、重型花饰灯具、吊装花灯的固定及悬吊装置，质量大于 10 kg 的灯具，固定装置及悬吊装置应按灯具重量的 5 倍恒定均布荷载做强度试验，且持续时间不得少于 15 min。

（十二）高压汞灯安装

（1）安装接线时一定要注意高压汞灯是外接镇流器还是自镇流，而带镇流器的高压汞灯必须使镇流器与汞灯相匹配。

（2）高压汞灯应垂直安装，若水平安装，其亮度要减少 7%，并容易自灭。

（3）由于高压汞灯外壳玻璃温度很高，必须使用散热良好的灯具。

（4）电源电压要尽量保持稳定，若电压降低 5%，灯泡就能自灭，而再次起动时间较长，因此高压汞灯不应接在电压波动较大的线路上。当作为路灯、厂房照明灯时，应采取调压或稳定措施。

（十三）庭院灯安装

（1）灯具安装。

1）按设计要求测量灯架安装高度，做好标记。

2）按设计要求找好照射角度，固定灯具。

3）立柱式、落地式、特种园艺等灯具与基础固定牢固，灯具接线盒防水密封完好。

4）灯具自动通、断电源控制装置动作准确。

（2）配接引下线。

1）每套灯具的导电部分对地绝缘电阻值大于 2 MΩ。

2）引下线与路灯干线连接点距杆中心应为 400～600 mm，且两侧对称。

3）引下线凌空段不应有接头，长度不应超过 4 m，超过时应加装固定点。

4）导线进出灯架处应有软塑料管，做好防水弯。

5）金属立柱及灯具可接近裸露导体接地或接零可靠。接地线单设干线，干线沿庭院灯布置位置形成环状，且不少于两处与接地装置引出线相连接。

第二节 工程施工监理

一、设备材料质量控制

（1）主要设备、材料、成品和半成品应进场验收合格，并应做好验收和验收资料归档。当设计有技术参数要求时，应核对其技术参数，并应符合设计要求。

（2）实行生产许可证或强制性认证（CCC认证）的产品，应有许可证编号或CCC认证标志，并应抽查生产许可证或CCC认证证书的认证范围、有效性及真实性。

（3）新型电气设备、器具和材料进场验收时应提供安装、使用、维修和试验要求等技术文件。

（4）灯具进场验收须进行现场抽样检测，同厂家、同材质、同类型的应抽检3%。

（5）因有异议送有资质的试验室进行抽样检测，同厂家、同材质、同类型的数量在500个（套）及以下时应抽检2个（套），但应各不少于1个（套），数量在500个（套）以上时应抽检3个（套）。

（6）对于由同一施工单位施工的同一建设项目的多个单位工程，当使用同一生产厂家、同材质、同批次、同类型的主要灯具设备时，其抽样比例应合并计算。

（7）进场验收须查验合格证，内容应齐全、完整，灯具材质应符合设计要求和产品标准要求。

（8）外观检查项目。

1）灯具涂层应完整、无损伤，附件应齐全，Ⅰ类灯具的外露可导电部分应具有专用的PE端子。

2）固定灯具带电部件及提供防触电保护的部位应为绝缘材料，且应耐燃烧和防引燃。

3）内部接线应为铜芯绝缘板导线，其截面积应与灯具功率相匹配，且不应小于0.5 mm²。

（9）绝缘性能检测：对灯具的绝缘性能进行现场抽样检测，灯具的绝缘电阻值不应小于2 MΩ，灯具内绝缘导线的绝缘层厚度不应小于0.6 mm。

二、安装程序控制

（1）灯具安装前，应确认安装灯具的预埋螺栓及吊杆、吊顶上嵌入式灯具用的专用支架等已完成，对需做承载试验的预埋件或吊杆经试验应合格。

（2）影响灯具安装的模板、脚手架应已拆除，顶棚和墙面喷浆、油漆或壁纸等及地面清理工作应已完成。

（3）灯具接线前，导线的绝缘电阻测试应合格。

（4）高空安装的灯具，应先在地面进行通断试验合格。

三、工程施工监理要点

（1）灯具安装牢固端正、位置正确，吊链日光灯的双链平行，平灯口、庭院灯、建筑物附属路灯固定可靠、排列整齐。

（2）导线进入灯具的绝缘保护良好，留有适当余量。连接牢固紧密，不伤线芯。压板连接时压紧无松动，螺栓连接时在同一端子上导线不得超过两根，吊链灯的引下线整齐美观。

（3）成排灯具安装的中心允许偏差 5 mm。

（4）灯具固定应符合下列规定：

1）灯具固定应牢固可靠，在砌体和混凝土结构上严禁使用木楔、尼龙塞或塑料塞固定。

2）质量大于 10 kg 的灯具，固定装置及悬吊装置应按灯具重量的 5 倍恒定均布荷载做强度试验，且持续时间不得少于 15 min。

（5）悬吊式灯具安装应符合下列规定：

1）带升降器的软线吊灯在吊线展开后，灯具下沿应高于工作台面 0.3 m。

2）质量大于 0.5 kg 的软线吊灯，灯具的电源线不应受力。

3）质量大于 3 kg 的悬吊灯具，固定在螺栓或预埋吊钩上，螺栓或预埋吊钩的直径不应小于灯具挂销直径，且不应小于 6 mm。

4）当采用钢管做灯具吊杆时，其内径不应小于 10 mm，壁厚不应小于 1.5 mm。

5）灯具与固定装置及灯具连接件之间采用螺纹连接的，螺纹啮合扣数不应少于 5 扣。

（6）吸顶或墙面上安装的灯具，其固定用的螺栓或螺钉不应少于两个，灯具应紧贴饰面。

（7）灯具安装完毕后，经绝缘测试检查合格后，方允许通电试运行。通电后应仔细检查和巡视，检查灯具的控制是否灵活、准确，开关与灯具控制顺序是否对应，灯具有无异常噪声，如发现问题应立即断电，查出原因并修复。

第三节　工程质量标准及验收

一、工程质量标准

（一）主控项目

（1）灯具固定应符合下列规定：

1）灯具固定应牢固可靠，在砌体和混凝土结构上严禁使用木楔、尼龙塞或塑料塞固定。

2）质量大于 10 kg 的灯具，固定装置及悬吊装置应按灯具重量的 5 倍恒定均布荷载做强度试验，且持续时间不得少于 15 min。

（2）悬吊式灯具安装应符合下列规定：

1）带升降器的软线吊灯在吊线展开后，灯具下沿应高于工作台面 0.3 m。

2）质量大于 0.5 kg 的软线吊灯，灯具的电源线不应受力。

3）质量大于 3 kg 的悬吊灯具，固定在螺栓或预埋吊钩上，螺栓或预埋吊钩的直径不应小于灯具挂销直径，且不应小于 6 mm。

4）当采用钢管做灯具吊杆时，其内径不应小于 10 mm，壁厚不应小于 1.5 mm。

5）灯具与固定装置及灯具连接件之间采用螺纹连接的，螺纹啮合扣数不应少于 5 扣。

（3）吸顶或墙面上安装的灯具，其固定用的螺栓或螺钉不应少于两个，灯具应紧贴饰面。

（4）由接线盒引至嵌入式灯具或槽灯的绝缘导线应符合下列规定：

1）绝缘导线应采用柔性导管保护，不得裸露。

2）柔性导管与灯具壳体应采用专用接头连接。

（5）普通灯具的 I 类灯具外露可导电部分必须采用铜芯软导线与保护导体可靠连接，连接处应设置接地标识，铜芯软导线的截面积应与进入灯具的电源线截面积相同。

（6）除采用安全电压以外，当设计无要求时，敞开式灯具的灯头对地面距离应大于 2.5 m。

（7）埋地灯安装应符合下列规定：

1）埋地灯的防护等级应符合设计要求。

2）埋地灯的接线盒应采用防护等级 IPX7 的防水接线盒，盒内绝缘导线接头应做防水绝缘处理。

（8）安装在公共场所的大型灯具的玻璃罩应采取防止玻璃罩向下溅落的措施。

（9）LED 灯具安装应符合下列规定：

1）灯具安装应牢固、可靠，饰面不应使用胶类粘贴。

2）灯具安装位置应有较好的散热条件，且不宜安装在潮湿场所。

3）灯具用的金属防水接头密封圈应齐全、完好。

4）当灯具的驱动电源、电子控制装置在室外安装时，应置于金属箱（盒）内；金属箱（盒）的 IP 防护等级和散热应符合设计要求，驱动电源的极性标记应清晰、完整。

5）室外灯具配线管路应按明配管敷设，且应具有防雨功能，IP 防护等级应符合设计要求。

（二）一般项目

（1）引向单个灯具的绝缘导线截面积应与灯具功率相匹配，绝缘铜芯导线的线芯截面积不应小于 1 mm²。

（2）灯具的外形、灯头及其接线应符合下列规定：

1）灯具及其配件应齐全，不应有机械损伤、变形、涂层剥落和灯罩破裂等缺陷。

2）软线吊灯的软线两端应做保护扣，两端线芯应搪锡；当装升降器时，应采用安全灯头。

3）除敞开式灯具外，其他各类容量在 100 W 及以上的灯具，引入线应采用瓷管、矿棉等不燃材料做隔热保护。

4）连接灯具的软线应盘扣、搪锡压线，当采用螺口灯头时，相线应接在螺口灯头中间端子上。

5）灯座的绝缘外壳不应破损和漏电；带有开关的灯座，开关手柄应无裸露的金属部分。

（3）当灯具表面及其附件的高温部位靠近可燃物时，应采取隔热、散热等防火保护措施。

（4）高低压配电设备、裸母线及电梯曳引机的正上方不应安装灯具。

（5）投光灯的底座及支架应牢固，枢轴应沿需要的光轴方向拧紧固定。

（6）聚光灯和类似灯具出光口面与被照物体的最短距离应符合产品技术文件要求。

（7）导轨灯的灯具功率和荷载应与导轨额定载流量和最大允许荷载相适配。

（8）露天安装的灯具应有泄水孔，泄水孔应设置在灯具腔体的底部。灯具及其附件、紧固件、底座和与其相连的导管、接线盒等应有防腐蚀和防御措施。

（9）安装于槽盒底部的荧光灯具应紧贴槽盒底部，并应固定牢固。

二、工程交接验收

（一）照明系统的测试工序交接确认

（1）电线绝缘电阻测试前电线的接续应完成。

（2）照明箱（盘）、灯具的绝缘电阻测试在就位前或接线前应完成。

（3）备用电源或事故照明电源做空载自动投切试验前应拆除负荷。空载自动投切试验合格，才能做有载自动投切试验。

（4）电气器具及线路绝缘电阻测试合格，才能通电试验。

（二）工程交接验收时的项目检查

（1）并列安装的相同型号灯具的中心轴线、垂直偏差、距地面高度。

（2）大型灯具的固定、防松、防震措施。

（3）回路绝缘电阻测试和灯具试亮及灯具控制性能。

（4）接地或接零。

（5）照明配电箱的安装及回路标号。

（三）形成资料和文件

设备材料进场验收记录；设备材料产品合格证；安装自检记录；试验记录（包括灯具程序控制记录和大型、重型灯具的固定及悬吊装置的过载试验记录）；电气绝缘电阻测试记录；电气器具通电安全检查记录；普通灯具安装质量验收记录；分项工程质量验收记录。

第四节　质量通病及防治

一、灯具进场材料质量通病及防治措施

（1）质量通病。

1）灯具内导线截面积偏小、无保护套管。

2）照明光源、灯具选择不符合节能及设计要求。

（2）防治措施。

1）查验合格证，新型气体放电灯具有随带技术文件。

2）外观检查灯具涂层完整，附件齐全。防爆灯具铭牌上有防爆标志和防爆合格证，

普通灯具有安全认证标志。

3）对成套灯具的绝缘电阻内部接线等性能进行现场抽样检测。灯具的绝缘电阻值不小于 2 MΩ，内部接线为铜芯绝缘电线的，其芯线截面积不小于 0.5 mm²，橡胶或聚氯乙烯 PVC 绝缘电线的绝缘层厚度不小于 0.6 mm。

4）若对游泳池和类似场所灯具、水下灯及防水灯具的密闭和绝缘性能有异议，按批抽样送有资质的试验室检测。

二、灯具安装质量通病及防治措施

（1）质量通病：灯位安装偏位不在中心点上。防治措施：安装灯具前应认真找准中心点及时纠正偏差。

（2）质量通病：成排灯具的水平度、直线度偏差较大。防治措施：按规范要求成排灯具安装的偏差不应大于 5 mm，因此在施工中需要拉线定位使灯具在纵向、横向、斜向以及主向水平均为一直线。

（3）质量通病：吊链日光灯链条不平行，引下的导线偏位。防治措施：日光灯的吊链应相互平直，不得出现八字形，导线引下应与吊链编在一起。

（4）质量通病：大型灯具没有预埋件，预埋件没做过载试验。防治措施：质量大于 10 kg 的灯具，固定装置及悬吊装置应按灯具重量的 5 倍恒定均布荷载做强度试验，且持续时间不得少于 15 min。

（5）质量通病：高度低于 2.4 m 灯具，其可接近裸露导体无可靠的接地（PE）或接零（PEN），无专用螺栓且无标志。防治措施：低于 2.4 m 的灯具必须按照规范要求接地或接零，并设置专用标识。

（6）质量通病：天花吊顶的筒灯开孔太大、不整齐。防治措施：天花吊顶的筒灯开孔要先定好坐标，除要求平直整齐和均等外，开孔的大小要符合筒灯的规格，不得太大，以保证筒灯安装时外圈牢固，紧贴吊顶不露缝隙。

（7）质量通病：灯罩太薄易破损、脱落。防治措施：从材料进场进行控制，严格按照说明书安装。

（8）质量通病：草坪灯、地灯的灯泡瓦数太大，使用时，灯罩温度过高易烫伤人，或者灯罩边角锋利易割伤人。防治措施：在低矮和保护罩狭小的地灯、草坪灯上，应安装功率小的节能灯，以免保护罩温度过高而烫伤人。

第十六章 >>>
专用灯具安装

第一节　专用灯具安装

一、作业条件

（1）在结构施工中做好预埋工作，大型灯具在混凝土楼板应预埋吊钩（杆），吊顶内应预下吊杆，并按规范要求做 2 倍灯具自重荷载试验。

（2）灯头盒口修好，塑料（木）台安装牢固。

（3）灯具配电线路穿线完毕，并摇测合格。

（4）对灯具安装有影响的脚手架等已拆除，门窗已安装。

（5）顶棚、墙面的抹灰工作，室内装饰浆活及地面清理工作均已结束。

二、工艺流程

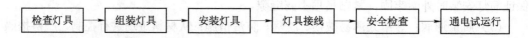

检查灯具 → 组装灯具 → 安装灯具 → 灯具接线 → 安全检查 → 通电试运行

三、手术台无影灯安装

手术台无影灯安装应符合下列规定：

（1）固定灯座的螺栓数量不少于灯具法兰底座上的固定数，且螺栓直径与底座孔径相适配；螺栓采用双螺母锁固。

（2）在混凝土结构上螺栓与主筋相焊接或将螺栓末端弯曲与主筋绑扎锚固。

（3）配电箱内装有专用的总开关及分路开关，电源分别接在两条专用的回路上，开关至灯具的电线采用定额电压不低于 750 V 的铜芯多股绝缘电线。

四、应急灯具安装

（1）消防应急照明灯具的安装位置应该在建筑物的下列部位：

1）封闭的楼梯间、防烟楼梯间及其前室，消防电梯及其前室。

2）配电室、消防控制室、自动发电机房，消防水泵房、防烟排烟控制室、供消防用电的蓄电池室、电话总机房以及在发生火灾时仍然需要停留在火灾环境中进行扑灭火情的其他房间。

3）观众厅每层超过 1500 m² 的展览厅、营业厅，建筑面积超过 2000 m² 的演播室，人员密集且建筑面积超过 300 m² 的地下室等。

4）公共建筑内的疏散走道（安全出口通道）和长度超过 20 m 的内走道等。

（2）双头消防应急照明灯，一般安装于疏散通道大门出口的门框上方，走廊、安全出口走道的墙壁上，距离地面约 2 m 以上的高度；大型的电子市场、购物中心等场所，双头应急灯可直接壁挂安装于立柱上面。

（3）消防应急灯的安装位置以不被物体撞击、遮挡为好；安装过高，会影响停电应急时光照亮度的光效作用，也不便于对应急灯具进行检修、调试。

（4）应急照明灯的电源除正常电源外，应有另一路供电线路供电，或由独立于正常电源的柴油发电机组供电，或由蓄电池柜供电，也可以选用自带电源型应急灯具。

（5）应急照明在正常电源断电后，其电源转换时间：疏散照明≤15 s；备用照明≤15 s（金融商店交易所为 1.5 s）；安全照明≤0.5 s。

（6）疏散照明应由安全出口标志灯和疏散标志灯组成，安全出口标志灯距地高度不应低于 2 m，安装在疏散出口和楼梯口里侧上方。

（7）疏散标志灯安装在安全出口的顶部；在楼梯间、疏散走道及其转角处，应将其安装在 1 m 以下的墙面上，不易安装的部位可安装在上部。疏散通道上的标志灯间距不大于 20 m（人防工程不大于 10 m）。

（8）疏散标志灯的设置，应不影响正常通行，并不应在其周围设置容易混同疏散标志灯的其他标志牌等。

（9）应急照明灯具、运行中温度大于 60 ℃ 的灯具，当靠近可燃物时，应采取隔热、散热等防火措施。当采用白炽灯、卤钨灯等光源时，不应直接安装在可燃装修材料或可燃物件上。

（10）应急照明线路在每段防火区应有独立的应急照明回路，穿越不同防火分区的线路应有防火隔离措施。

五、建筑物景观照明灯安装

（一）霓虹灯安装

霓虹灯由灯管和高压变压器组成，灯管由玻管、电极室组成，电极室由电极、云母片（或瓷环）和电极引线组成。玻管内充有工作气体，玻管内壁有的涂有荧光粉。高压变压器有漏磁式变压器和电子式变压器两种，它是点燃霓虹灯管必不可少的元件。

（1）霓虹灯的色泽应符合设计要求，灯管应完好，无破裂。

（2）变压器组初级侧应装有双极闸刀开关，每台变压器的初级侧应装设熔断器保护。

（3）变压器的铁芯和次级线圈的一端应与外壳连接后接地。

（4）变压器应安装在灯管附近便于检查的地方。其专用变压器所供灯管长度不应超过允许负载长度。变压器的安装高度应保证不低于 3 m，当因空间条件限制，必须安装在 3 m 以下，应采取防护措施，若在室外安装，还应有防水措施。将变压器安装于易燃结构附近，应控制与该结构的距离不小于 150 mm，如设置防火板，其距离可减少至 50 mm。

（5）灯管的固定必须采用专门的绝缘支架，支架还应牢固、可靠。专用支架为玻璃管制品，固定后灯管与建筑物或构筑物表面的最小距离不应小于 20 mm。

（6）变压器的二次导线和灯管间的连接线，应采用额定电压不低于 15 kV 的高压尼龙绝缘导线。二次导线与建筑物、构筑物表面的距离不应小于 20 mm。高压导线的线间及导线敷设面间的距离不应小于 50 mm；支点间的距离不应小于 400 mm。

（7）霓虹灯安装的金属结构架，必须设置有可靠的接地装置。

（8）霓虹灯应装有适应的电容器，功率因数应不小于 0.850。

（9）霓虹灯配电线路不得与其他照明设备共用一个回路。

（二）景观照明灯安装

（1）在离开建筑物地面安装泛光照明时，为了能得到较均匀的亮度，灯与建筑物的距离 D 与建筑物高度 H 之比不应小于 1/10。

（2）在建筑物本体上安装泛光灯时，投光灯凸出建筑物的长度应在 0.7～1 m 处，应使窗墙形成均匀光幕效果。

（3）在安装景观照明时，应使整个建筑物或构筑物受照面上半部的平均亮度为下半部的 2～4 倍。

（4）设置景观照明时，尽量不要在顶层设立向下的投光照明，因为投光灯要伸出墙一段距离，影响建筑物美观。

（5）对于顶层有旋转餐厅的高层建筑，若旋转餐厅外墙与主体建筑外墙不在一个面内，就很难从下部向上照到整个轮廓，因此，宜在顶层加辅助立面照明。

（三）节日彩灯安装

（1）固定安装的彩灯装置，其灯间距一般为 600 mm，每个灯泡功率不宜超过 15 W，节日彩灯每一单项回路不宜超过 100 个。

（2）彩灯装置的钢管应与避雷带进行连接，并应在建筑物上部将彩灯线路芯线与接地管路之间接以避雷器或留有放电间隙。

（3）节日彩灯应采用绝缘软铜线，干线、支线的最小截面积不应小于 2.5 mm²，灯头线不应小于 1 mm²。

（4）各个支路工作电流不应超过 10 A。

（5）节日彩灯除统一控制外，每个支路应有单独的控制开关保护。

（6）当彩灯对地面距离小于 2.5 m 时，应采用安全电压。

六、高压钠灯、金属卤化物灯安装

（一）金属卤化物灯安装

（1）灯具安装高度应大于 5 m，导线应经接线柱与灯具连接，并不得靠近灯具表面。

（2）灯管必须与触发器和限流器配套使用。

（3）落地安装的反光照明灯具应采取保护措施。

（4）无外玻璃壳的金属卤化物灯，悬挂高度不应低于 14 m。

（5）安装时必须认清方向标记，正确安装，与灯轴中心的偏离不应大于 ±15°。

（二）高压钠灯安装

（1）火线进镇流器的一接线端，另一接线端与灯座舌簧中心接线桩连接。

（2）触发器并接于灯座的两接线端。

（3）连接过程中不能出现露铜、压皮的现象。线路安装有两种电压等级，即 220 V 和 380 V，应根据灯具电压安装。

（4）电源线应经接线柱连接，且不得使电源线靠近灯具的表面。

（5）灯管必须与触发器和限流器配套使用。

七、太阳能灯具安装

太阳能灯具利用太阳能电池组件发电、蓄电池储电，控制器是控制蓄电池的充放电来工作的。

（一）太阳能灯具选址要求

（1）根据路向和灯具光源位置，选择灯具光源朝向，满足路面最大照射面积。

（2）太阳能灯具的电池板朝向和仰角调整应符合地区纬度，迎光面上应无遮挡物，电池板上方应无直射光源。

（3）当无法满足全天无遮挡时，要保证 9:30～15:30 无遮挡。

（4）太阳能灯具要尽量避免靠近热源，以防影响灯具使用寿命。

（5）环境使用温度为–20～60 ℃。在比较寒冷的环境下，应适当加大蓄电池容量。

（6）太阳能电池板上方不应有直射光源，以免使灯具控制系统误识别导致误操作。

（二）电气安装步骤

（1）根据接线图进行电池板串并联接线，确保正负极连接正确；检验电源线上电压输出是否正常，若不正常则检查接线是否有误。

（2）光源灯头、灯罩的组装、穿线、接线，确保正负极连接正确。

（3）验证光源和其线路是否有问题，如有问题查出原因及时解决。

（4）蓄电池安装，连线做好端子（插簧）、穿线、串并联接线，确保正负极连接正确。

（5）控制器接线，先接蓄电池后接电池板再接负载，确保正负极连接正确。

（6）系统调试，时控时间按设计时间调整。

（三）电池板接线

（1）检查电池组件背后铭牌，核对规格、型号、数量是否符合设计要求，若不符合，应立即调货更换，不能勉强施工。

（2）检查电池组件表面是否有破损、划伤，若有上述问题，应立即更换。

（3）接线前要详细检查正负极标识，确保正负极连接正确。

（4）按接线图进行串并联接线，不能私自改动连接方式。电线一般采用双芯护套铜软线，一般为红、黑两种颜色，红色作为正极，黑色作为负极；线芯为其他两种颜色的，深色的作为负极，另一个作为正极。

（5）接线后，将电池板朝向太阳，用万用表检测电源线输出端正负是否正确、开路电压是否在合理范围内。系统电压为 12 V 的，开路电压值应在 18～23 V 范围内（晴天时）；系统电压为 24 V 的，开路电压值应在 35～45 V 范围内（晴天时）。

（6）开路电压在合理范围内进行下一步，否则检测每一块电池组件输出是否正常、线路连接是否正确，直到正确为止。

（四）光源接线

（1）核对光源规格、型号、数量是否符合设计要求，若不符合，应立即调货更换，不能勉强施工。

（2）检查光源表面是否有划伤，灯管是否有裂纹、破损等现象，若有上述现象，应立即更换。

（3）接线前要详细检查镇流器正负极标识，确保正负极连接正确。

提示：不能用万用表测量镇流器输出端，以免输出的高频电压烧坏万用表。

（4）按接线图进行接线，不能私自改动连接方式。电线一般采用双芯护套铜软线，一般为红、黑两种颜色，红色作为正极，黑色作为负极；线芯为其他两种颜色的，深色的作为负极，另一个作为正极。

（5）接线后，检测光源是否完好、线路是否有问题。将光源引出线与蓄电池两端电极相接，点亮则代表线路正常，不亮则说明回路中有故障。

提示：正负极不要接反，电压等级要相互匹配。

（6）没问题则进行下一步，否则检验线路连接是否正确、光源是否损坏，直到正确为止。

（7）灯具安装好吊装以前，要用蓄电池再进行一次测试，检查灯具是否能够点亮，避免吊装完成后才发现问题，增加维修成本。

（五）蓄电池接线

（1）检查蓄电池标识，核对规格、型号、数量是否符合设计要求，若不符合，应立即调货更换。

（2）检查蓄电池表面是否有破损、划伤、漏液等情况，若有上述情况，应立即更换。

（3）接线前认准正负极标识，标有红色的为正，标有黑色的为负，确保正负极连接正确。建议再用万用表验证一下，以防标识出现错误。

验证方法：用数字万用表的红黑表笔，分别接触电池组件两个电极，显示为正值则红表笔对应电极为正，显示为负值则红表笔对应电极为负。其他正负极检验方法同此。

（4）按接线图进行串并联接线，不能私自改动连接方式。电线一般采用双芯护套铜软线，一般为红、黑两种颜色，红色作为正极，黑色作为负极；线芯为其他两种颜色的，深色的作为负极，另一个作为正极。

（5）接线后，电源线输出端要用绝缘胶布缠好，以免正负极接触短路放电，引发重大事故。确保无误再进行后面操作。

（六）控制器接线

（1）检查控制器标识，核对规格、型号、数量是否符合设计要求，若不符合，应立即调货更换，不能勉强施工。

（2）检查控制器表面是否有破损、划伤，若有上述现象，应立即更换。

（3）接线前要认准控制器上的太阳电池组件、蓄电池、负载三者的标识符号、接线位置和正负极符号。

（4）灯杆吊装完成后进行控制器的接线，接线顺序为蓄电池—太阳能电池组件—光源。

（5）按接线图进行串并联接线，不能私自改动连接方式。电线一般采用双芯护套铜软线，一般为红、黑两种颜色，红色作为正极，黑色作为负极；线芯为其他两种颜色的，深色的作为负极，另一个作为正极。

（6）接线通电后，按控制器说明书中指示，看控制器上显示（LED 或 LCD）是否正常，如有故障信息，按说明书提示排除故障。

（七）系统调试

（1）时控功能设置：根据设计方案中设计的每天亮灯时间，按说明书指示设置时间控制节点，每晚亮灯时间应不高于设计值，只能等于或小于设计值。

（2）光控开功能模拟：若是在白天，接线后，可用不透光物完全遮挡电池组件迎光面（或把控制器上电池组件接线卸下），根据说明书上提到的延时时间（一般为 5 分钟），看经过相应时间后，灯具是否能自动点亮，能点亮则说明光控开功能正常，不能点亮则说明光控开功能失效，需重新检查控制器设置情况。

（3）光控关功能模拟：接上述操作，去除太阳能电池组件上的遮挡物（或把控制器上电池组件电源线接好），光源能够自动熄灭，说明光控关功能正常。

（八）注意事项

（1）太阳能路灯的所有器件在安装过程中应勿划伤、磕碰。

（2）蓄电池在运输、安装过程中切勿倒置及放置在潮湿处和暴晒于太阳光下。

（3）各线路连接切勿短路（正负极接触）。

（4）系统接线顺序：蓄电池—电池板—负载。

（5）系统拆卸顺序：负载—电池板—蓄电池。

八、水下照明灯具安装

（1）水下照明灯具及配件的型号、规格和防水性能必须符合设计要求。

（2）水下照明设备安装必须采用防水电缆或导线。压力泵的型号、规格应符合设计要求。

（3）根据设计图纸的灯位，放线定位必须准确。确保投光的准确性。

（4）位于灯光喷水池或音乐灯光喷水池中的各种喷头的型号、规格，必须符合设计要求，并应有产品质量合格证。

（5）水下导线敷设应采用配管布线，严禁在水中有接头，导线必须甩在接线盒中。各灯具的引线应由水下接线盒引出，用软电缆相连。

（6）灯头应固定在设计指定的位置（是指已经完成管线及灯头盒安装的位置）。灯头线不得有接头，在引入处不受机械力。安装时应将专用防水灯罩拧紧。灯罩应完好，无碎裂。

（7）喷头安装按设计要求，控制各个位置上喷头的型号和规格。在安装时，必须采用与喷头相适应的管材，连接应严密，不得有渗漏现象。

（8）压力泵安装牢固，螺栓及防松动装置齐全。防水防潮电气设备的导线入口及接线盒盖等应做防水密闭处理。

1）接线供电相序与电动机端子相序相符，导线与端子连接必须牢固，组线排列整齐。接线盒内裸露导线间和导线对地间最小距离不应小于 8 mm，否则应采取绝缘防护措施。

2）压力泵的可接近导体必须做保护接地线。电动执行机构绝缘电阻值必须大于 0.5 MΩ。

提示：灯光喷水系统是由喷嘴、压力泵及水下照明灯组成。其中音乐灯光喷水的各种颜色灯光接音乐声控，随着音乐的音量起伏和节奏的变化迅速地闪亮和熄灭，喷出各种引人入胜的花样。

九、航空障碍灯安装

（1）障碍标志灯应安装在建筑物最高部位。当最高部位平面面积较大或为建筑群时，应在其外侧转角的顶端分别装设，最高端装设的障碍灯光源不应少于两个。障碍灯在同一建筑或建筑群灯具间的水平、垂直距离不应大于 45 m。

（2）在烟囱上装设障碍灯时，应安装在低于烟囱口 1.5～3 m 的部位并成三角形水平排列。

（3）障碍标志灯电源应按主体建筑中最高负荷等级要求供电，并应采用自动通断其电源的控制装置。

（4）灯具安装应牢固可靠，且设置维修及更换光源的设施。

十、照明设备接地与安全防护

凡是潮湿、高温、可燃、易燃、易爆炸的场所，或有导电尘埃的空间和导电地面，以及具有化工腐蚀性气体等特殊场所，均属于用电的危险环境。在危险环境中使用各种照明装置和设置，均应采用相应的安全防护措施。

（1）在各种危险环境中所使用的各种电气装置和设备，均需要采用具有相应防护功能的品种，如潮湿环境中采用安全灯座、易燃易爆炸环境中采用防爆开关和防爆灯具等。

（2）在各种危险环境中所使用的各种电气装置电器的金属外壳都必须进行可靠的接地。

（3）在各种危险环境中所使用的各种移动电具应采用 36 V 及以下的安全电源，并在严重潮湿、高温和导电等环境中，包括固定安装的电气装置和用电器具，都必须采用 36 V 及以下的安全电源。如果仅是导电地面，则不必拘泥于本项规定，只要把用电设备的金属外壳进行可靠的接地即可。

（4）在易燃易爆炸环境中，禁止使用会产生电弧和火花的电具或设备，如电钻、碰焊机以及各种开启式开关和熔断器等。

（5）用于各种环境中的导线，其安全载流量应适当减小，尤其是高温环境中使用的导线更应如此。

（6）水下照明灯具的安装位置应保证从灯具的上部边缘至正常水面不低于 0.5 m。面朝上的玻璃应有足够的防护，以防人体接触。

（7）对于浸在水中才能安全工作的灯具，应采取低水位断电措施。

（8）凡移动式照明，必须采用安全电压；地下室照明和潮湿现场的照明应采用 36 V

及以下安全电压。

（9）36 V 及以下照明变压器的安装应符合下列要求：

1）电源侧应有短路保护，其熔丝的额定电流不应大于变压器的额定电流。

2）外壳、铁芯和低压侧的任意一端或中性点均应接地或接零。

（10）危险性场所内安装照明设备等金属外壳，必须有可靠的接地装置，除按电力设备有关要求安装外，还应符合下列要求：

1）该接地可与电力专用接地装置共用。

2）采用电力设备的接地装置时，严禁与电力设备串联，应直接与专用接地干线连接，灯具安装于电气设备上且同时使用同一电源者除外。

3）不得采用单相二线式中的零线作为保护接地线。

4）如以上要求达不到，应另设专用接地装置。

第二节　工程施工监理

一、设备材料质量控制

（1）主要设备、材料、成品和半成品应进场验收合格，并应做好验收和验收资料归档。当设计有技术参数要求时，应核对其技术参数，并应符合设计要求。

（2）实行生产许可证或强制性认证（CCC 认证）的产品，应有许可证编号或 CCC 认证标志，并应抽查生产许可证或 CCC 认证证书的认证范围、有效性及真实性。

（3）新型电气设备、器具和材料进场验收时应提供安装、使用、维修和试验要求等技术文件。

（4）灯具进场验收须进行现场抽样检测，同厂家、同材质、同类型的应抽检 3%。

（5）因有异议送有资质的试验室而抽样检测，同厂家、同材质、同类型的数量在 500 个（套）及以下时应抽检 2 个（套），但应各不少于 1 个（套），数量在 500 个（套）以上时应抽检 3 个（套）。

（6）对于由同一施工单位施工的同一建设项目的多个单位工程，当使用同一生产厂家、同材质、同批次、同类型的主要灯具设备时，其抽样比例应合并计算。

（7）进场验收须查验合格证内容应齐全、完整，灯具材质应符合设计要求和产品标准要求。

（8）太阳能灯具的内部短路保护、过载保护、反向放电保护、极性反接保护等功能性试验资料应齐全，并应符合设计要求。

（9）外观检查项目。

1）灯具涂层应完整、无损伤，附件应齐全，Ⅰ类灯具的外露可导电部分应具有专用的 PE 端子。

2）固定灯具带电部件及提供防触电保护的部位应为绝缘材料，且应耐燃烧和防引燃。

3）消防应急灯具应获得消防产品型式试验合格评定，且具有认证标志。

4）疏散指示标志灯具的保护罩应完整、无裂痕。

5）游泳池和类似场所灯具（水下灯及防水灯具）的防护等级应符合设计要求，当对其密闭和绝缘性能有异议时，应按批抽样送有资质的试验室检测。

6）内部接线应为铜芯绝缘板导线，其截面积应与灯具功率相匹配，且不应小于 0.5 mm²。

（10）自带蓄电池的供电时间检测。对于自带蓄电池的应急灯具，应现场检测蓄电池最少持续供电时间，应符合设计要求。

（11）绝缘性能检测。对灯具的绝缘性能进行现场抽样检测，灯具的绝缘电阻值不应小于 2 MΩ，灯具内绝缘导线的绝缘层厚度不应小于 0.6 mm。

（12）各种标志灯的指示方向正确无误。

（13）应急灯必须灵敏、可靠。

（14）事故灯应有特殊标志。

（15）供局部照明的变压器必须是双圈的，初次级均应装有熔断器。

（16）携带式照明灯具用的导线，应采用橡胶套导线，接地或接零线应在同一护套内。

二、安装程序控制

（一）灯具检查

（1）根据灯具的安装场所检查灯具是否符合要求：

1）行灯变压器应为双圈变压器，其电源侧和负荷侧有熔断器保护。

2）水下灯及防水灯具的防水胶圈应完全有弹性。

3）手术台无影灯的镀膜反光罩应光洁、无变形，镀膜层应均匀、无损伤。

4）应急照明电源的蓄电装置应正常，无泄漏、腐蚀现象。

5）各类灯具的电光源的规格、型号应正确无误。

（2）检查制造厂的有关技术文件是否齐全。

（3）检查灯具外观是否正常，有无擦碰、变形、受潮及金属镀层剥落、腐蚀等现象。

（二）组装灯具

专用灯具一般已由制造厂家完成整体组装，现场只需检查接线即可。对于水下及防爆灯具应注意检查密封防水胶圈安装是否平顺、固定螺栓旋紧力矩是否均匀一致。

（三）灯具安装及接线

（1）灯具安装前，应确认安装灯具的预埋螺栓及吊杆、吊顶上嵌入式灯具用的专用支架等已完成，对需做承载试验的预埋件或吊杆经试验应合格。

（2）影响灯具安装的模板、脚手架应已拆除，顶棚和墙面喷浆、油漆或壁纸等及地面清理工作应已完成。

（3）灯具接线前，导线的绝缘电阻测试应合格。

（4）高空安装的灯具应先在地面进行通断试验合格。

（5）根据设计要求，比照灯具底座画好安装孔的位置，打出膨胀螺栓孔，装入膨胀螺栓。固定手术无影灯底座的螺栓应预先根据产品提供的尺寸预埋，其螺栓应与楼板结构主筋焊接。安装在专用吊件构架上的舞台灯具应根据灯具安装孔的尺寸制作卡具以固定灯具。在防爆灯具的安装位置应离开释放源，且不在各种管道的泄压口及排放口上下方安装灯具。温度大于 60 ℃的灯具，当靠近可燃物时应采取隔热、散热等防火措施。当采用白炽灯、卤钨灯等光源时，不得直接安装在可燃装修材料或可燃物件上。

（6）对于重要灯具（如手术台无影灯、大型舞台灯具等）的固定，螺栓应采用双螺母锁固。分置式灯具变压器的安装位置应避开易燃物品，通风、散热良好。

（7）灯具接线。

1）多股芯线接头应搪锡，与接线端子连接应可靠牢固。

2）行灯变压器外壳、铁芯和低压侧的任意一端或中性点接地（PE）或接零（PEN）应可靠连接。

3）水下灯具电源进线应采用绝缘导管与灯具连接，严禁采用金属或金属护层的导管，电源线、绝缘导管与灯具连接处应密封良好，如有可能应涂抹防水密封胶以确保防水效果。

4）防爆灯具开关与接线盒螺纹啮合扣数不得少于 5 扣，并在螺纹上涂以电力复合脂。

5）灯具内接线完毕后应用尼龙扎带整理固定，以避开可能的热源等危险位置。

三、工程施工监理要点

（1）灯具安装牢固端正、位置正确，疏散指示标志灯指示方向正确。

（2）安装的消防应急灯具应急时间不小于图纸设计要求。

（3）导线进入灯具的绝缘保护良好，留有适当余量。连接牢固紧密，不伤线芯。压板连接时，压紧无松动；螺栓连接时，在同一端子上导线不得超过两根。

（4）灯具安装完毕后，经绝缘测试检查合格后，方允许通电试运行，如有问题可断开回路分区测量直至找出故障点。通电后应仔细检查和巡视，检查灯具的控制是否灵活、准确，开关与灯具控制顺序是否对应，灯具有无异常噪声，如发现问题应立即断电，查出原因并修复。

第三节　工程质量标准及验收

一、工程质量标准

（一）主控项目

（1）专用灯具的 I 类灯具外露可导电部分必须用铜芯软导线与保护导体可靠连接，连接处应设置接地标识，铜芯软导线的截面积应与进入灯具的电源线截面积相同。

（2）手术台无影灯安装应符合下列规定：

1）固定灯座的螺栓数量不应少于灯具法兰底座上的固定孔数，且螺栓直径应与底座孔径相适配。螺栓应采用双螺母锁固。

2）无影灯的固定装置除符合《建筑电气工程施工质量验收规范》（GB 50303—2015）第 18.1.1 条第 2 款规定进行均布载荷试验外，还应符合产品技术文件的要求。

（3）应急灯具安装应符合下列规定：

1）消防应急照明回路的设置除符合设计要求外，还应符合防火分区设置的要求，穿越不同防火分区时应采取防火隔堵措施。

2）对于应急灯具、运行中温度大于60 ℃的灯具，当靠近可燃物时，应采取隔热、散热等防火措施。

3）EPS供电的应急灯具安装完毕后，应检验EPS供电运行的最少持续供电时间，并应符合设计要求。

4）安全出口指示标志灯设置应符合设计要求。

5）疏散指示标志灯安装高度及设置部位应符合设计要求。

6）疏散指示标志灯的设置不应影响正常通行，且不应在其周围设置容易混同疏散标志灯的其他标志牌等。

7）疏散指示标志灯工作应正常，并应符合设计要求。

8）消防应急照明线路在非燃烧体内穿钢导管暗敷时，暗敷钢导管保护层厚度不应小于30 mm。

（4）霓虹灯安装应符合下列规定：

1）霓虹灯灯管应完好、无破裂。

2）灯管应采用专用的绝缘支架固定，且牢固可靠；灯管固定后，与建（构）筑物表面的距离不应小于20 mm。

3）霓虹灯专用变压器应为双绕组式，所供灯管长度不应大于允许负载长度，露天安装的应采取防雨措施。

4）霓虹灯专用变压器的二次侧和灯管间的连接线应采用额定电压大于15 kV的高压绝缘导线，导线连接应牢固，防护措施应完好；高压绝缘导线与附着物表面距离不应小于20 mm。

（5）高压钠灯、金属卤化物灯安装应符合下列规定：

1）光源及附件应与镇流器、触发器、限流器配套使用，触发器与灯具本体的距离应符合产品技术文件的要求。

2）电源线应经接线柱连接，不应使电源线靠近灯具表面。

（6）景观照明灯具安装应符合下列规定：

1）在人行道等人员来往密集场所安装的落地式灯具，当无围栏防护时，灯具距地面高度应大于2.5 m。

2）金属构架及金属保护管应分别与保护导体采用焊接或螺栓连接，连接处应设置接地标识。

检查数量：全数检查。

检查方法：观察检查并用尺量检查，查阅隐蔽工程检查记录。

（7）航空障碍标志灯安装应符合下列规定：

1）灯具安装应牢固、可靠，且应有维修和更换光源的措施。

2）当灯具在烟囱顶上装设时，应安装在低于烟囱口1.5～3 m的部位且应呈正三角形水平排列。

3）对于安装在屋面接闪器保护范围以外的灯具，当需设置接闪器时，其接闪器应与屋面接闪器可靠连接。

检查数量：全数检查。

检查方法：观察检查，查阅隐蔽工程检查记录。

（8）太阳能灯具安装应符合下列规定：

1）太阳能灯具与基础固定应可靠，地脚螺栓有防松措施，灯具接线盒盖的防水密封垫应齐全、完整。

2）灯具表面应平整光洁、色泽均匀，不应有明显的裂纹、划痕、缺损、锈蚀及变形等缺陷。

（9）洁净场所灯具嵌入安装时，灯具与顶棚之间的间隙应用密封胶条和衬垫密封，密封胶条和衬垫应平整，不得扭曲、折叠。

（10）游泳池和类似场所灯具（水下灯及防水灯具）安装应符合下列规定：

1）当引入灯具的电源采用导管保护时，应采用塑料导管。

2）固定在水池构筑物上的所有金属部件应与保护联结导体可靠连接，并设置标识。

（二）一般项目

（1）手术台无影灯安装应符合下列规定：

1）底座应紧贴顶板，四周无缝隙。

2）表面应保持整洁、无污染，灯具镀、涂层应完整、无划伤。

（2）当应急电源或镇流器与灯具分离安装时，应固定可靠，应急电源或镇流器与灯具本体之间的连接绝缘导线应用金属柔性导管保护，导线不得外露。

（3）霓虹灯安装应符合下列规定：

1）当明装的霓虹灯变压器安装高度低于 3.5 m 时，应采取防护措施；室外安装距离晒台、窗口、架空线等不应小于 1 m，并应有防雨措施。

2）霓虹灯变压器应固定可靠，安装位置应方便检修，且应隐蔽在不易被非检修人触及的场所。

3）当橱窗内装有霓虹灯时，橱窗门与霓虹灯变压器一次侧开关应有联锁装置，开门时不得接通霓虹灯变压器的电源。

4）霓虹灯变压器二次侧的绝缘导线应采用高绝缘材料的支持物固定，对于支持点的距离，水平线段不应大于 0.5 m，垂直线段不应大于 0.75 m。

5）霓虹灯管附着基层及其托架应采用金属或不燃材料制作，并应固定可靠，室外安装应耐风压。

（4）高压钠灯、金属卤化物灯安装应符合下列规定：

1）灯具的额定电压、支架形式和安装方式应符合设计要求。

2）光源的安装朝向应符合产品技术文件的要求。

（5）建筑物景观照明灯具构架固定可靠、地脚螺栓拧紧、备帽齐全；灯具的螺栓应紧固、无遗漏。灯具外露的绝缘导线或电缆应有金属柔性导管保护。

（6）航空障碍标志灯安装位置应符合设计要求，灯具的自动通、断电源控制装置应动作准确。

（7）太阳能灯具的电池板朝向和仰角调整应符合地区纬度，迎光面上应无遮挡物，电池板上方应无直射光源。电池组件与支架连接应牢固可靠，组件的输出线不应裸露，并应用扎带绑扎固定。

二、工程交接验收

（一）照明灯具安装工序交接确认

（1）安装灯具的预埋螺栓、吊杆和吊顶上嵌入式灯具安装专用骨架等完成，按设计要求做承载试验合格，才能安装灯具。

（2）影响灯具安装的模板、脚手架拆除，顶棚和墙面喷浆、油漆或壁纸等及地面清理工作基本完成后，才能安装灯具。

（3）导线绝缘测试合格，才能灯具接线。

（4）高空安装的灯具，地面通、断电试验合格，才能安装。

（二）照明系统测试工序交接确认

（1）电线绝缘电阻测试前电线的接续应完成。

（2）照明箱（盘）、灯具的绝缘电阻测试在就位前或接线前应完成。

（3）备用电源或事故照明电源做空载自动投切试验前应拆除负荷。空载自动投切试验合格，才能做有载自动投切试验。

（4）电气器具及线路绝缘电阻测试合格，才能通电试验。

（三）工程交接验收时的项目检查

（1）并列安装的相同型号的灯具其中心轴线、垂直偏差、距地面高度。

（2）大型灯具的固定、防松、防震措施。

（3）回路绝缘电阻测试和灯具试亮及灯具控制性能。

（4）接地或接零。

（四）形成资料和文件

设备材料进场验收记录；设备材料产品合格证；安装自检记录；试验记录（包括灯具程序控制记录和大型、重型灯具的固定及悬吊装置的过载试验记录）；电气绝缘电阻测试记录；电气器具通电安全检查记录；专用灯具安装质量验收记录；分项工程质量验收记录。

第四节 质量通病及防治

（1）质量通病：疏散安全出口标志灯和疏散标志灯标高不符合规范要求。防治措施：用卷尺进行测量，疏散安全出口标志灯安装高度符合要求。

（2）质量通病：防爆灯具吊管与开关与接线盒螺纹啮合安装时达不到规范要求。防治措施：施工时螺纹啮合扣数不少于 5 扣，螺纹加工光滑、完整、无锈蚀，并在螺纹上涂以电力复合脂或导电性防锈脂。

（3）质量通病：疏散标志灯指示方向不正确。防治措施：检查疏散标志灯箭头方向是否正确。

（4）质量通病：成排灯具中心线偏差超出允许范围。防治措施：在确定成排灯具的位置时，必须拉线，最好拉十字线。

（5）质量通病：法兰盘、吊盒、平灯口不在塑料（木）台的中心上，其偏差超过 1.5 mm。防治措施：安装时应先将法兰盘、吊盒、平灯口的中心对正塑料（木）台的中心。

（6）灯具照射角度不准确。灯架安装固定不牢固，使灯臂横向位移或下倾。防治措施：当采用木结构明（暗）装灯具时，导线接头应放在灯头盒内或器具内，塑料导线应改用护套线进行敷设，或放在阻燃型塑料线槽内进行明配线。

第十七章 >>>

开关、插座、风扇安装

第一节 开关、插座、风扇安装

一、开关、插座安装

（一）作业条件

（1）各种管路、盒子已经敷设完毕，损坏的盒子已换掉。

（2）盒子缩进装饰面超过 20 mm 的已加套盒，且套盒与原盒有可靠的措施，拔插时不能将套盒与面板一起拔出。

（3）盒子缩进装饰面不够 20 mm 的已用高强度水泥砂浆将外口抹平齐、内口抹方正。

（4）线路的导线已穿完，并已对各支路完成绝缘摇测。

（5）墙面抹灰、油漆及壁纸等内装修工作均已完成。

（6）为防止土建施工污染插座面板，水泥地面、铺砖地面、水磨石地面、大理石地面等的清理工作应已完成。

（二）工艺流程

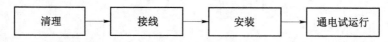

| 清理 | → | 接线 | → | 安装 | → | 通电试运行 |

（三）开关、插座安装

（1）开关安装规定。

1）安装在同一建筑物、构筑物内的开关，应采用同一系列的产品；开关的位置应与灯位相对应；同一单位工程，其跷板开关的开、关方向应一致，且操作灵活、接触可靠。

2）开关安装的位置应便于操作，开关边缘距门框的距离为 0.15～0.2 m；若设计无特殊要求，扳把开关下底距地面高度为 1.3 m，拉线开关距地面高度为 2～3 m，且拉线出口应垂直向下。

3）并列安装的拉线开关的相邻间距不应小于 20 mm。

4）相线应经开关控制，民用住宅严禁装设床头开关。

5）为了安全和使用方便，任何场所的窗、镜箱、吊柜上方及管道背后、单扇门后均不应装有控制灯具的开关。

6）多尘潮湿场所和户外应选用防水瓷质拉线开关或加装保护箱；在易燃易爆和特别潮湿的场所，开关应分别采用防爆型、密闭型或安装在其他场所控制。

（2）插座安装规定。

1）插座的安装高度应符合设计的规定，当设计无规定时，应符合下列要求：暗装和工业用插座距地面不应低于 0.3 m，特殊场所暗装插座不应小于 0.15 m。在儿童活动场所应采用安全插座，当采用普通插座时，其安装高度不应低于 1.8 m。

2）当插座上方有暖气管时，其间距应大于 0.2 m；当插座下方有暖气管时，其间距应大于 0.3 m，不符时应移位或采取技术处理。

3）为避免交流电源对电视信号的干扰，电视馈线线管、插座与交流电源线管、插座之间应有 0.5 m 以上的距离。

4）落地插座应具有牢固、可靠的保护盖板。

5）在潮湿场所应采用密封良好的防水防溅插座，在有易燃、易爆气体及粉尘的场所应装设专用插座。

（3）开关、插座安装。

1）暗装：按接线要求，将盒内甩出的导线与开关、插座的面板连接好，将开关或插座推入盒内，对正盒眼，用机螺丝固定牢固。固定时要使面板端正，并与墙面平齐。面板安装孔上有装饰帽的应一并装好。

2）明装：先将从盒内甩出的导线由塑料台的出线孔中穿出，再将塑料台紧贴于墙面用螺丝固定在盒子或木砖上，如果是明配线，木台上的隐线槽应先顺对导线方向，再用螺丝固定牢固。塑料台固定后，将甩出的相线、地（零）线按各自的位置从开关、插座的线孔中穿出，按接线要求将导线压牢，然后将开关或插座贴于塑料台上，对中找正，用木螺丝固定牢，最后再把开关、插座的盖板上好。

（4）通电试运行。

1）开关、插座安装完毕，送电试运行前再按系统、按单元、按户摇测一次线路的绝缘电阻并做好记录。

2）各支路的绝缘电阻摇测合格后通电试运行，通电后仔细检查和巡视，检查漏电开关是否掉闸，插座接线是否正确，面板是否水平、是否被污染等。在检查插座时，最好用验电器，逐个检查，如有问题，断电后及时进行修复，并做好记录。

二、风扇安装

（一）作业条件

（1）在结构施工中做好预埋工作，混凝土楼板应预埋螺栓，吊顶内应预下吊杆。

（2）盒子口修好，木台、木板油漆完。

（3）对灯具安装有影响的模板、脚手架已拆除。

（4）顶棚、墙面的抹灰工作，室内装饰浆活及地面清理工作均已结束。

（二）工艺流程

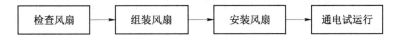

检查风扇 → 组装风扇 → 安装风扇 → 通电试运行

（三）风扇安装

（1）组装风扇。

1）严禁改变扇叶角度。

2）扇叶的固定螺钉应有防松装置。

3）吊杆之间、吊杆与电动机之间、螺纹连接的啮合长度不得小于 20 mm，并且必须有防松装置。

（2）安装风扇。将风扇托起，并用预埋的吊钩将风扇的耳环挂牢。然后接好电源接头，注意多股软铜导线盘圈涮锡后进行包扎严密，向上推起吊杆上的扣碗，将接头扣于其内，紧贴建筑物表面，拧紧固定螺丝。

（3）通电试运行。风扇安装完毕，且各条支路的绝缘电阻摇测合格后，方允许通电试运行。通电后应仔细检查和巡视，检查风扇的控制是否灵活、准确，开关是否与风扇控制顺序相对应，风扇的转向及调速开关是否正常，如果发现问题必须先断电，然后查找原因进行修复。

第二节　工程施工监理

一、设备材料质量控制

（一）开关插座材料控制

（1）各类开关、插座的规格、型号必须符合设计要求，并应有出厂合格证、"CCC"认证标志和认证证书复印件。合格证、认证证书复印件同规格、同型号应各备一张。

（2）塑料（台）板应具有足够强度，应平整、无弯翘变形等现象，并有产品合格证。

（3）木制（台）板的厚度应符合设计要求和施工验收规范的规定；其板面应平整，无劈裂和弯翘变形现象，油漆层完好无脱落。

（4）进口的电工产品和设备等应有商检证明（国家认证委员会公布的强制性认证"CCC"产品除外）、中文版的质量证明文件、性能检测报告以及中文版的安装、维修、使用、试验要求等技术文件。

（二）风扇材料控制

其型号、规格必须符合设计要求，扇叶不得有变形现象，有吊杆时应考虑吊杆长短、平直度问题，并有产品合格证。

（三）进场验收

（1）查验合格证，防爆产品有防爆标志和防爆合格证号，实行安全认证制度的产品有安全认证标志。

（2）外观检查：开关、插座的面板及接线盒盒体完整、无碎裂，零件齐全，风扇无损坏，涂层完整，调速器等附件适配。

（3）对开关、插座的电气和机械性能进行现场抽样检测。检测规定如下：

1）不同极性带电部件间的电气间隙和爬电距离不小于 3 mm。

2）绝缘电阻值不小于 5 MΩ。

3）用自攻锁紧螺钉或自切螺钉安装的，螺钉与软塑固定件旋合长度不小于 8 mm，软塑固定件在经受 10 次拧紧退出试验后，无松动或掉渣，螺钉及螺纹无损坏现象。

4）金属间相旋合的螺钉螺母，拧紧后完全退出，反复 5 次仍能正常使用。

（4）当对开关、插座、接线盒及其面板等塑料绝缘材料阻燃性能有异议时，按批抽样送有资质的试验室检测。

二、安装程序控制

（1）开关、插座、风扇安装。顶棚和墙面的喷浆、油漆或壁纸等应基本完成，才能安装开关、插座和风扇。

（2）盒子内残存的灰块及其他杂物清理干净，并将盒内灰尘清理干净方可安装开关、插座。

（3）风扇的吊钩或壁扇的预埋件预埋完成，并验收合格后方可进行风扇安装。

（4）电线绝缘测试合格后方可接线。

（5）开关、插座、风扇安装完毕，且各条支路的绝缘电阻摇测合格后，方允许通电试运行。

三、工程施工监理要点

（一）开关、插座监理要点

（1）插座连接的保护接地线措施及相线与中性线的连接导线位置必须符合施工验收的规范有关规定。

（2）插座使用的漏电开关动作应灵敏、可靠。

（3）开关、插座的安装位置正确。盒子内清洁、无杂物，表面清洁、不变形，盖板紧贴建筑物的表面。

（4）检查单相插座接线位置、三相插座相序，不同插座间接地线是否正确，不同电压等级或交流、直流的插座规格是否区别开。

（5）检查开关是否控制相线、通断位置是否接触可靠。开关距门边距离、高度是否符合设计要求。

（6）当明装开关、插座的底板和暗装开关、插座的面板并列安装时，开关、插座的高度差允许为 0.5 mm。

（7）同一场所的高度差为 5 mm，面板的垂直允许偏差为 0.5 mm。

（二）风扇监理要点

（1）风扇的规格、型号及使用场所必须符合设计要求和施工规范的规定。

（2）风扇必须预埋吊钩或螺栓，预埋件必须牢固可靠。

（3）风扇的防松装置齐全、可靠，扇叶距地不应小于 2.5 m。

（4）风扇安装牢固、端正，位置正确，器具清洁干净。

（5）导线进入风扇处的绝缘保护良好，留有适当余量。连接牢固紧密，不伤线芯。压板连接时，压紧无松动；螺栓连接时，在同一端子上导线不超过两根，风扇的防松垫圈等配件齐全。

第三节　工程质量标准及验收

一、工程质量标准

（一）主控项目

（1）当交流、直流或不同电压等级的插座安装在同一场所时，应有明显的区别，插座不得互换。配套的插头应按交流、直流或不同电压等级区别使用。

（2）不间断电源插座及应急电源插座应设置标识。

（3）插座接线应符合下列规定：

1）对于单相两孔插座，面对插座的右孔或上孔应与相线连接，左孔或下孔应与中性导体（N）连接；对于单相三孔插座，面对插座的右孔应与相线连接，左孔应与中性导体（N）连接。

2）单相三孔、三相四孔及三相五孔插座的保护接地导体（PE）应接在上孔，插座的保护接地导体端子不得与中性导体端子连接；同一场所的三相插座，其接线的相序应一致。

3）保护接地导体（PE）在插座之间不得串联连接。

4）相线与中性导体（N）不应利用插座本体的接线端子转接供电。

（4）照明开关安装应符合下列规定：

1）同一建（构）筑物的开关应采用同一系列的产品，单控开关的通断位置应一致，且应操作灵活、接触可靠。

2）相线应经开关控制。

3）紫外线杀菌灯的开关应有明显标识，并应与普通照明开关的位置分开。

（5）温控器接线应正确，显示屏指示应正常，安装标高应符合设计要求。

（6）吊扇安装应符合下列规定：

1）吊扇挂钩安装应牢固，吊扇挂钩的直径不应小于吊扇挂销直径，且不应小于 8 mm；挂钩销钉应有防震橡胶垫，挂销的防松零件应齐全、可靠。

2）吊扇扇叶距地高度不应小于 2.5 m。

3）吊扇组装不应改变扇叶角度，扇叶的固定螺栓防松零件应齐全。

4）吊杆间、吊杆与电动机间螺纹连接，其啮合长度不应小于 20 mm，且防松零件应齐全、紧固。

5）吊扇应接线正确，运转时扇叶应无明显颤动和异常声响。

6）吊扇开关安装标高应符合设计要求。

（7）壁扇安装应符合下列规定：

1）壁扇底座应采用膨胀螺栓或焊接固定，固定应牢固、可靠；膨胀螺栓的数量不应少于 3 个，且直径不应小于 8 mm。

2）防护罩应扣紧、固定可靠，当运转时扇叶和防护罩应无明显颤动和异常声响。

（二）一般项目

（1）暗装的插座盒或开关应与饰面平齐，盒内干净整洁、无锈蚀，绝缘导线不得裸露在装饰层内；面板应紧贴饰面，四周无缝隙，安装牢固，表面光滑，无碎裂、划伤，装饰帽（板）齐全。

（2）插座安装应符合下列规定：

1）插座安装高度应符合设计要求，同一室内相同规格并列安装的插座高度应一致。

2）地面插座应紧贴饰面，盖板应固定牢固、密封良好。

（3）照明开关安装应符合下列规定：

1）照明开关安装高度应符合设计要求。

2）开关安装位置应便于操作，开关边缘距门框边缘的距离应为 0.15～0.20 m。

3）相同型号并列安装高度应一致，并列安装的拉线开关的相邻间距不宜小于 20 mm。

（4）温控器安装高度应符合设计要求；同一室内并列安装的温控器高度应一致，且控制有序、不错位。

（5）吊扇安装应符合下列规定：

1）吊扇涂层应完整、表面无划痕、无污染，吊杆上、下扣碗安装应牢固到位。

2）同一室内并列安装的吊扇开关高度宜一致，并应控制有序、不错位。

（6）壁扇安装应符合下列规定：

1）壁扇安装高度应符合设计要求。

2）涂层应完整，表面无划痕、无污染，防护罩应无变形。

（7）换气扇安装应紧贴饰面、固定可靠。无专人管理场所的换气扇应设置定时开关。

二、工程交接验收

（一）检查验收

（1）开关、插座的面板不平整，与建筑物表面之间有缝隙，应调整面板后再拧紧固定螺丝，使其紧贴建筑物表面。

（2）开关未断相线，插座的相线、零线及地线压接混乱，应按要求进行改正。

（3）多灯或多风扇房间开关与控制灯具顺序不对应。在接线时应仔细分清各路灯具的导线，依次压接，并保证开关方向一致。

（4）固定面板的螺丝不统一（有一字和十字螺丝）。为了美观，应选用统一的螺丝。

（5）同一房间的开关、插座的安装高度之差超出允许偏差范围，应及时更正。

（6）铁管进盒护口脱落或遗漏。在安装开关、插座接线时，应注意把护口带好。

（7）开关、插座面板已经上好，但盒子过深（大于 2.5 cm），未加套盒处理，应及时补上。

（8）开关、插销箱内拱头接线，应改为鸡爪接导线总头，再分支导线接各开头或插座端头。或者采用 1C 安全型压线帽压接总头后，再分支进行导线连接。

（二）资料文件

（1）各型开关、插座及绝缘导线产品合格证。

（2）开关、插座、风扇安装工程预检、自检、互检记录。

（3）设计变更洽商记录、竣工图。

（4）电气绝缘电阻测试记录。

（5）开关、插座、风扇安装检验批验收记录。

（6）开关、插座、风扇安装分项工程质量检验评定记录。

第四节　质量通病及防治

一、质量通病

（1）线盒预埋太深，标高不统一，面板与墙体间有缝隙，面板有涂料污染、不平直。

（2）金属盒生锈腐蚀，预埋盒内有不干净的灰渣，预埋盒周边抹灰不齐整。

（3）开关、插座的相线、零线、PE 线有串接现象。

（4）暗开关、插座芯安装不牢固。

（5）开关、插座的导线线头裸露，固定螺栓松动，盒内导线余量不足。

（6）插座左零右火及接地接线错误，开关插座接线头不打反扣，导线在孔内松动。

（7）风扇的吊钩用螺纹钢加工，成型差。接线盒外露。

二、原因分析

（1）预埋盒时没有固定牢固，模板胀模，安装时坐标不准确。

（2）各种金属预埋盒出厂时没有做好防腐、防锈处理，或防腐、防锈处理质量较差；抹灰时，只注意大面积的平直，忽视盒子的修整；抹罩面石膏时，常未加以修整。

（3）工序颠倒使开关板、插座板、电器具被涂料弄脏。

（4）电工开关插座接线不明白施工工艺，不懂规范标准要求，所以将线接错，插座线进孔不打扣。

（5）施工人员责任心不强，对电气的使用安全重要性认识不足，贪图方便，对现行的施工及验收规范、质量检验评定标准不熟悉。

（6）存在不合理的节省材料思想。

三、预防措施

（1）与土建专业密切配合，准确固定线盒。

（2）安装面板前先清理干净盒内的杂物，安装时应横平竖直，应用水平仪调校水平，保证安装高度的统一，另外安装完毕后，要填补缝隙，做好面板的清洁保护。

（3）加强管理监督，确保开关、插座、风扇的相线、零线、PE 线接线正确，不能串联。

（4）剥线时应统一尺寸，保证线头整齐统一，同时为了压紧导线，单芯电线在入线孔时应拧成双股，用紧固螺丝拧紧。

（5）开关、插座、风扇盒内的导线应留有一定的余量，一般以 100～150 mm 为宜。

（6）在预埋风扇挂钩时，应按设计要求的材料及规格进行预埋并与基础内钢筋固定在一起，不得使用螺纹钢。

第十八章 >>>

建筑物照明通电试运行

第一节　建筑物照明通电试运行

一、试运行具备条件

（1）施工图纸及技术资料齐全。

（2）灯具、开关、插座的安装已按批准的设计施工完毕，并且安装质量已符合现行施工及验收规范中的有关规定。

（3）照明配电箱的安装已按批准的设计施工完毕，并且安装质量已符合现行施工及验收规范中的有关规定。

（4）各回路绝缘摇测符合要求。

（5）已审批的照明通电试运行方案。

（6）调试人员已进行了技术交底及安全交底。

（7）整个试运行的照明系统全线无障碍，能够满足送电要求。

二、试运行程序控制

（1）电线绝缘电阻测试前电线的连接完成。

（2）照明箱（盘）、灯具、开关、插座的绝缘电阻测试在就位前或接线前完成。

（3）备用电源或事故照明电源做空载自动投切试验前拆除负荷，空载自动投切试验合格，才能做有载自动投切试验。

（4）电气器具及线路绝缘电阻测试合格，才能通电试验。

（5）照明全负荷实验必须在上述（1）、（2）、（4）完成后进行。

三、分回路试通电

（1）各回路灯具等用电设备开关全部置于断开位置。

（2）逐次合上各分回路电源开关。

（3）分回路逐次合上灯具等的控制开关，检查开关与灯具控制顺序是否对应、风扇的转向及调速开关是否正常。

（4）用试电笔检查各插座相序连接是否正确，带开关插座的开关是否能正确关断相线。

四、系统通电连续试运行

公用建筑照明系统通电连续试运行时间应为 24 h，民用住宅照明系统通电连续试运行时间应为 8 h。所有照明灯具均应开启，且每 2 h 记录运行状态 1 次，连续试运行时间内无故障。

五、试运行中注意事项

（1）复查总电源开关至各照明回路进线电源开关接线是否正确；检查各插座相序连接是否正确，带开关插座的开关是否能正确断开相线；检查灯具的控制是否灵活、准确，开关与灯具控制顺序是否对应，风扇的转向及调速开关是否正常，扇叶转动是否平稳。

（2）公共建筑照明系统通电连续试运行时间应为 24 h，住宅照明系统通电连续试运行时间应为 8 h。所有照明灯具均应同时开启，且应每 2 h 按回路记录运行参数。

（3）检查漏电保护器接线是否正确，严格区分工作零线（N）与专用保护零线（PE），专用保护零线严禁接入漏电开关。

（4）连续试运行时间内无故障，建设方、监理方认可后，由专人指挥断电。

（5）发现问题应及时排除，不得带电作业。对检查中发现的问题应采取分回路隔离排除法予以解决。

（6）对开关送电后漏电保护器跳闸的现象重点检查工作零线与保护零线是否混接、导线是否绝缘不良。

第二节　工程施工监理

一、通电试运行前检查

（1）复查总电源开关至各照明回路进线电源开关接线是否正确。

（2）照明配电箱及回路标识应正确一致。

（3）检查漏电保护器接线是否正确，严格区分工作零线（N）与地线（PE），地线严禁接入漏电开关。

（4）检查开关箱内各接线端子连接是否正确并连接可靠。

（5）断开各回路分电源开关，合上总进线开关，检查漏电测试按钮是否灵敏有效。

二、工程施工监理要点和检验方法

（1）电气线路的绝缘电阻、保护地线（PE）连接牢固可靠，开关插座的接线正确，漏电保护器的动作电流和时间、接地电阻和照度满足设计要求和规范规定。

（2）每一回路的线路绝缘电阻不小于 0.5 MΩ，关闭该回路上的全部开关，测量调试电压值是否符合要求。符合要求后，选用经试验合格的 5~6 A 漏电保护器接电逐一测试，通电后应仔细检查和巡视。检查灯具的控制是否灵活、准确，开关与灯具控制顺序是否对应，电扇的转向及调速开关是否正常，如果发现问题必须先断电，然后查找原因进行修复，合格后再接通正式电路试亮。

（3）全部回路灯具试验合格后方可进行照明系统通电试运行。

（4）公共建筑的照明工程负荷大、灯具多，且可靠性要求严格，要做连续负荷试验，以检查整个照明工程的发热稳定性和安全性。

（5）若有照明照度自动控制系统，则试灯时可检测照度随着开启多少回路而变化的规律是否符合设计的自动控制要求。

（6）照度检测应着重对公共建筑和建筑公共部分的照明进行检测。

（7）照明系统通电连续试运行时间满足国家质量验收规范的规定。

（8）照明系统通电试运行检验方法：

1）灯具、导线、电缆和继电保护系统的调整试验结果，查阅试验记录或试验时旁站。

2）空载试运行和负荷运行结果，查阅试运行记录或试运行时旁站。

3）绝缘电阻和接地电阻的测试结果，查阅测试记录或测试时旁站或用适配仪表进行抽测。

4）漏电保护器动作数据值和插座接线位置准确性测定，查阅测试记录或用适配仪表进行抽测。

三、试运行安全措施

（1）低压配电柜前面铺一层厚 5 mm 以上、宽 1 m 的橡胶板，以保证试验合闸安全，单独开关柜门前放一块干燥的木板，合闸时双脚踩在木板上，操作电工必须穿绝缘鞋。

（2）调整房间内的开关与灯具的对应次序时，严禁带电作业；检修个别线路及插座时，必须关闭电源，严禁带电作业。

（3）经测量发现某开关端子温度很高，必须关闭其前级电源开关，并在前级开关上挂"禁止合闸"牌，然后用试电笔复核此开关无电后，才能开始查找原因检修。

（4）已送电的开关要挂"已送电"字样的标识牌，配电室禁止非操作人员进入。

（5）送电调试所剩的电线头及绝缘层等零碎物不得随地乱丢，应分类收集放于指定地点。

第三节　工程质量验收标准

一、工程质量标准

（1）灯具回路控制应符合设计要求，且应与照明控制柜、箱（盘）及回路的标识一致；开关应与灯具控制顺序相对应，风扇的转向及调速开关应正常。

（2）公共建筑照明系统通电连续试运行时间应为 24 h，住宅照明系统通电连续试运行时间应为 8 h。所有照明灯具均应同时开启，且应每 2 h 按回路记录运行参数，连续试运行时间内应无故障。

（3）对设计有照度测试要求的场所，试运行时应检测照度，并应符合设计要求。

二、工程交接验收

（一）质量验收

（1）电气线路的绝缘电阻、保护地线（PE）连接牢固、可靠，开关插座的接线正确，漏电保护器的动作电流和时间、接地电阻和照度满足设计要求和规范规定。

（2）照明系统通电连续试运行时间满足国家质量验收规范的规定。

（3）建筑物照明通电试运行检验批的划分以每层（区域）为单位进行各系统全数检查。

（4）检验批质量验收记录采用当地政府建设主管部门要求的"建筑物照明通电试运行检验批质量验收记录表"。

（二）资料文件

（1）设计变更洽商记录、竣工图。

（2）通电试运行方案。

（3）电气绝缘电阻测试记录。

（4）通电试运行测试记录，每两小时记录一次。

第四节 质量通病及防治

（1）质量通病：灯具不亮。防治措施：检查灯具是否损坏或灯头线接线不合格。

（2）质量通病：配电箱合不上闸或打火。防治措施：检查电缆绝缘损坏导致短路；试运行前未进行试合闸操作；敷设电缆后未进行绝缘电阻测试。

（3）质量通病：灯具照度不够。防治措施：电压不足，通电前测试电压是否符合设计要求。

第十九章 >>>

接地装置安装

第一节　接地装置安装

一、接地形式及基本要求

（一）TN 系统

（1）TN-S 系统：整个系统中的中性线（N）与保护线（PE）是分开的。

（2）TN-C 系统：整个系统中的中性线（N）与保护线（PE）是合一的。

（3）TN-C-S 系统：系统中前一部分线路的中性线与保护线是合一的。

（二）TT 系统

电力系统有一点直接接地，受电设备的外露可导电部分通过保护线接至与电力系统接地点无直接关联的接地极。

（三）IT 系统

电力系统的带点部分与大地间无直接连接（或有一点经足够大的阻抗接地），受电设备的外露可导电部分通过保护线至接地极。

（四）基本要求

（1）在 TN 系统的接地形式中，所有的受电设备的外露可导电部分必须用保护线（或公用中性线，即 PEN 线）与电力系统的接地点相连，且必须将能同时触及的外露可导电部分接至同一接地装置上。

（2）当采取 TN-C-S 系统时，保护线与中性线从某一点（一般为进户处）分开后就不能再合并，且中性线绝缘水平应与相线相同。

（3）在 TT 系统中，共用同一接地保护装置的所有外露可导电部分，必须用保护线与这些部分公用的接地极连在一起（或与保护接地母线、总接地端子相连）。

当接地装置的接地电阻满足单相接地时，在规定时间内切断供电的要求，或使接触电压限制在 50 V 以下。

TT 系统配电线路的接地故障保护应采用漏电电流保护方式。当采用多级漏电电流动作保护时，不宜超过三级。其电源侧漏电保护电器动作可返回时间应大于负荷侧漏电保护电器的全分断时间，但电源侧保护电器最大分断时间不宜超过 1 s。当采用多级保护时，各级应有各自的接地极。

（4）在 IT 系统中的任何带电部位严禁直接接地，系统中的电源系统对地应保持良好的绝缘。在正常情况下，从各相测得的对地短路电流值均不得超过 70 mA（交流有效值）。当以连续供电为主要目的时，应以不损害设备为限度，可适当放宽此值。所有设备的外露可导电部分均应通过保护线与接地极（或保护接地母线、总接地端子）连接。

IT 系统必须装设绝缘监视及接地故障报警或显示装置。在无特殊要求时，IT 系统不应引出中性线。

二、保护接地

（一）电气设备接地的一般原则

（1）为保证设备和人身安全，电气设备应接地或接零，三相制直流回路的中性点应直接接地。

（2）应尽量利用一切金属管及金属构架作为自然接地体，但输送易燃易爆物质的金属管道除外。

（3）不同用途和不同电压的电气设备，一般应使用一个总的接地体，而接地电阻要以其中要求最小的电阻为准。

（4）若受条件限制，电气设备实施接地困难，可设置操作和维护电气设备的绝缘台，并考虑操作者站在台上工作不至于偶然触及周围物体。

（5）低压电网的中性点可直接接地或不接地，但 380/220 V 低压电网的中性点必须直接接地。

（6）中性点直接接地的低压电网应装设能迅速自动切除接地短路故障的保护装置。

（7）1 kV 以下中性点接地的架空线路，下列情况均应重复接地：① 每隔 1000 m 的地方；② 分支线的终端杆；③ 进户线入口附近。

（8）人工接地体不宜装设在车间内，离车间门及通道 5 m，但不得小于 2.5 m，以减少跨步电压。

（9）避雷器与放电间隙应与设备外壳共同接地。

（10）架空线路的避雷线可与管型避雷器共同接地。

（11）接地线圆钢直径为 10 mm，扁钢为 25 mm×4 mm。

（12）在中性点接地的低压电网中，电气设备的外壳应进行保护接零；由同一发电机、同一变压器或同一母线供电的低压线路，不宜同时采用接零、接地两种保护方式；在低压电网中，当全部电气设备都进行保护接零有困难时，可同时采用接零和接地两种保护方式，但不接零的设备或线段应装设能自动切除接地故障的装置；在潮湿场所或条件特别恶劣的供电网中，电气设备的外壳应进行保护接零；在中性点直接接地的低压电网及高、低压线路同杆架设的电网中，钢筋混凝土杆的钢筋和铁横担及金属塔应与零线连接。

（二）各种设备的接地

（1）变、配电所的接地。变压器、开关设备和电流互感器的金属外壳，配电柜、控制保护盘、金属构架、防雷设备及电缆头、金属遮栏等电气设备必须接地。

1）变、配电所的接地装置、接地体应水平敷设。室内角钢基础及支架要用截面不小于 25 mm×4 mm 的扁钢相连做成接地干线，而室内接地部分可共用一组接地装置，并与户外接地相连。

2）接地体应距变、配电所外墙 3 m 以上，接地体长度应为 2.5 m，两根接地体间距 5 m 为宜。

3）接地网应为闭合环形接地网，当接地电阻不能满足要求时，应附加外引式接地体。

4）接地网的外缘应闭合，外缘各角应做成圆弧形，其半径不应小于均压带间距的一半；接地网的埋设深度不应小于 0.6 m，并敷设水平均压带。

5）变压器中性点的工作接地和保护接地线应分别与人工接地网连接。

6）避雷针应设置单独的接地装置。

7）整个接地网的接地电阻不应大于 4 Ω。

（2）电缆电线路的接地。

1）若电缆在地下敷设，两端均应接地。

2）低压电缆线路除在特别危险的场所（潮湿、腐蚀性气体、导电尘埃）需要接地外，其他正常环境不必接地。

3）高压电缆在任何情况下均应接地。

4）金属外皮的电缆，其支架可不接地，但若电缆外皮为非金属材料及电缆与支架间有绝缘层，支架必须接地。

5）截面积为 16 mm^2 的单芯电缆，若未消除涡流，外皮的一端应接地。

6）当两根单芯电缆平行敷设时，为限制产生过高的感应电压，应在多处接地。

（3）易燃易爆场所电气接地。

1）易燃易爆场所电气设备、机械设备、金属管道和建筑物的金属结构都应接地，并在管道接头处敷设跨接线。

2）接地或接零的导线应有足够大的截面，在 1 kV 以下中性点接零线路中，当线路用熔断器保护时，保护装置的动作安全系数不应小于 4；当线路用断路器保护时，保护装置的动作安全系数不应小于 2。

3）对电动机、电器和其他电气设备的接线头、导线和电缆芯线的电气连线应进行压接，并保证接触良好。

4）在不同方向上的接地和接零干线与接地体的连接点不少于两个，并在建筑物两端分别与接地体相连。

5）为防止测量接地电阻时发生火花而引起事故，应在无爆炸危险的地方进行测量，或将测量用的端钮引至易燃易爆场所以外进行测量。

（4）照明器具的外壳接地。

1）当照明线路的工作中性线上安装断路器时，中性线不能作为零线用，必须另设专用零线，并接到熔断器前面的零线上。

2）若照明线路的工作中性线上没有熔断器，中性线可同时作为接地线用。

3）照明灯具的外壳接地方法如下：照明灯具与距最近支架上的中性线相连，但不能将照明器具的外壳与支架的工作中性线相连，而每个外壳都应以单独的接地支线与中性线相连，绝不能将几个外壳接地支线串联。

照明器具的供电线路是在套管中，而导线由专门线孔穿入照明器具的外壳，可利用工作中性线作为接地支线。

（5）照明设备的接地与接零的其他要求与动力设备相同。

三、保护接零

（一）适用范围

在中性点接地的 1000 V 以上供电系统中，下列设备必须接零：

（1）电动机、变压器、断路器及其他电气设备的金属外壳或底座。

（2）电气设备的传动装置。

（3）互感器的二次线圈。

（4）配电盘、保护盘及控制盘的金属框架。

（5）交、直流电力及控制电缆的金属外皮，电力电缆接头的金属外壳及穿线钢管等。

（6）带电设备的金属护网、遮栏。

（7）配电线路塔杆的配电装置、开关、电容等金属外壳。

（二）接地装置的要求

（1）三相四线制 380/220 V 电源的中性点必须有良好的接地，接地电阻不得大于 4 Ω，并将零线重复接地，否则零线一旦发生短路，容易出现安全事故。

（2）零线截面在符合最小截面的前提下，应保证在任何一点发生短路时，其短路电流为熔体额定电流的 4 倍，或断路器断开电流的 1.5 倍。当电气设备发生碰壳短路时，必须要求保护设备立即动作切断电源，否则仍可能发生触电。

（3）在同一低压电网中，一般只能采用同一种保护方法，不允许将一部分电气设备采用保护接地，而另一部分电气设备采用保护接零，否则当接地设备发生碰壳故障时，会使零线电位升高，其接触电压可达到相电压，增大触电危险性。

（4）在采用保护接零时，零线是否要装设熔断器和开关，可按以下规定：

1）当零线同时作为供电和保护时，原则上不允许在零线上装设开关和熔断器。

2）当单相线路中有保护接零时，其相线和零线相对固定下来。线路电源开关应使用双投开关，以保证相线和零线同时切断或联通。

3）各设备的保护零线不允许串接，应各自与零线的干线直接连接。

4）零线干线不允许装设开关和熔断器。

四、接地装置的安装

（一）人工接地体（极）的安装要求

（1）人工接地体（极）的安装应符合以下规定：

1）人工接地体（极）的最小尺寸应符合规范中的要求。

2）接地体的埋设深度其顶部不应小于 0.6 m，角钢及钢管接地体应垂直配置。

3）垂直接地体长度不应小于 2.5 m，其相互之间间距一般不应小于 5 m。

4）接地体埋设位置距建筑物不应小于 1.5 m；遇到垃圾、灰渣等在埋设接地体时，应换土，并分层夯实。

5）当接地装置必须埋设在距建筑物出入口或人行通道下深度小于 1 m 时，应采取均压带做法或在其上方敷设 50～90 mm 厚度沥青层，其宽度应超过接地装置 2 m。

6）接地体（线）的连接应采用焊接，焊接处焊缝应饱满并有足够的机械强度，不得有夹渣、咬肉、裂纹、虚焊、气孔等缺陷，焊接处的药皮敲净后，刷沥青做防腐处理。

7）在采用搭接焊时，其焊接长度如下：

①镀锌扁钢不小于其宽度的 2 倍，不少于三面施焊（当扁钢宽度不同时，搭接长度以宽的为准）。敷设前扁钢须调直，煨弯不得过死，直线段上不应有明显弯曲，并应立放。

②镀锌圆钢焊接长度为其直径的 6 倍，并应双面施焊（当直径不同时，搭接长度以直径大的为准）。

③镀锌圆钢在与镀锌扁钢连接时，其长度为圆钢直径的 6 倍。

④镀锌扁钢在与镀锌钢管（或角钢）焊接时，为了连接可靠，除应在其接触部位两侧进行焊接外，还应直接将扁钢本身弯成弧形（或直角形）与钢管（或角钢）焊接。

⑤除埋设在混凝土中的焊接接头外，其他应有防腐措施。

8）当接地线遇有白灰焦渣层而无法避开时，应用水泥砂浆全面保护。

9）当采用化学方法降低土壤电阻率时，所用材料应符合下列要求：

①对金属腐蚀性弱。

②水溶性成分含量低。

10）所有金属部件应镀锌，操作时应注意保护镀锌层。

（2）人工接地体（极）安装。

1）接地体的加工。根据设计要求的数量、材料规格进行加工，材料一般采用钢管和角钢切割，长度不应小于 2.5 m。若采用钢管打入地下，应根据土质加工成一定的形状，当遇松软土壤时，可切成斜面形，为了避免打入时受力不均使管子歪斜，也可加工成扁尖形；当遇土质很硬时，可将尖端加工成锥形，如图 19-1 所示。若选用角钢，应采用不小于 40 mm×40 mm×4 mm 的角钢，切割长度不应小于 2.5 m，角钢的一端应加工成尖头形状，如图 19-2 所示。

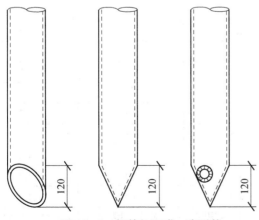

图 19-1　钢管加工成一定形状

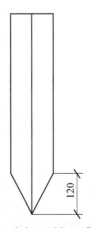

图 19-2　角钢一端加工成尖头形状

2）挖沟。根据设计图要求，对接地体（网）的线路进行测量弹线，在此线路上挖掘深为 0.8～1 m、宽为 0.5 m 的沟，沟上部稍宽，底部如有石子应清除。

3）安装接地体（极）。沟挖好后，应立即安装接地体和敷设接地扁钢，防止土方坍塌。先将接地体放在沟的中心线上，打入地中，一般采用手锤打入，一人扶着接地体，一人用大锤敲打接地体顶部。为了防止将接地钢管或角钢打劈，可加一护管帽套入接地体管端，角钢接地可采用短角钢（约 10 cm）焊在接地角钢上。使用手锤敲打接地体时要平稳，锤击接地体正中，不得打偏，应与地面保持垂直，当接地体顶端达到设计要求深度时停止打入。

4）接地体间的扁钢敷设。扁钢敷设前应调直，然后将扁钢放置于沟内，依次将扁钢与接地体用电焊（气焊）焊接。扁钢应侧放而不可平放，侧放时散流电阻较小。扁钢与钢管连接的位置距接地体最高点约 100 mm。焊接时应将扁钢拉直，焊好后清除药皮，刷沥青做防腐处理，并将接地线引出至需要的位置，留有足够的连接长度，以待使用，如图 19-3 所示。

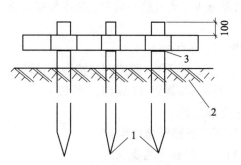

图 19-3 接地体间的扁钢敷设

1—接地体；2—沟底；3—焊接处

5）接地模块安装。按设计图要求确定安装位置及标高，模块间距不应小于其本身长度的 3～5 倍，埋设模块的基坑宽度一般为其外形尺寸的 1.2～1.4 倍；模块应垂直或水平就位，不应倾斜设置，保持与原土层接触良好；模块间采用与模块引出线相同材质的接地干线，并联焊接成一个环路，引出线不应少于两处。

6）核验接地体（线）。接地体连接完毕后，应及时请质检部门进行隐检，接地体材质、位置、焊接质量以及接地体（线）的截面规格等均应符合设计及施工质量验收规范要求，经检验合格后方可进行回填，分层夯实［将接地电阻摇测数值乘土壤季节系数作为测试结果填写在隐检记录上，土壤季节系数如表 19-1 所示（该表只作参考，不作强制规定）］。

表 19-1 土壤季节系数

土壤性质	深度/m	土壤季节系数		
		ϕ_1	ϕ_2	ϕ_3
黏 土	0.5～0.8	3	2	1.5
	0.8～3	2	1.5	1.4
陶 土	0～2	2.4	1.4	1.2
砂砾盖于陶土	0～2	1.8	1.2	1.1
园 地	0～3	—	1.3	1.2
黄 沙	0～2	2.4	1.6	1.2
杂以黄沙的砂砾	0～2	1.5	1.3	1.2
泥 炭	0～2	1.4	1.1	1.0
石灰石	0～2	2.5	1.5	1.2

注：ϕ_1，测量前数天下过较长时间的雨，土壤很潮湿时用之；ϕ_2，测量时土壤较潮湿，具有中等含水量时用之；ϕ_3，测量时土壤干燥或测量前降雨不大时用之。

（二）自然基础接地装置安装

（1）接地干线的安装应符合以下规定：

1）接地干线在穿墙时，应加套管保护；若跨越伸缩缝，应做煨弯补偿。

2）接地干线应按设计要求位置设有为测量接地电阻而预备的测试点（断接卡子），一般采用暗盒装入，且必须设置在地面以上，同时加装盒盖并做接地标记。

（2）自然基础接地体安装。

1）利用无防水底板钢筋或深基础做接地体：按设计图尺寸位置要求标好位置，将底板钢筋搭接焊好。再将柱主筋（每处不少于两根）底部与底板筋搭接焊好，并在室外地面以下将该处两根主筋焊接连通，清除焊渣，并将两根主筋做好标记，以便引出和检查，并应及时请质检部门进行隐检，同时做好隐检记录。

2）利用柱形桩基及平台钢筋做接地体：按设计图尺寸位置，找好桩基组数位置，把每组桩基四角钢筋搭接封焊，再与柱主筋（每处不少于两根）焊好，甩出备用外接点，清除焊渣，并将两根主筋做好标记，便于引出和检查，并应及时请质检部门进行隐检，同时做好隐检记录。

（三）弱电系统接地装置安装

（1）各种接地装置分开安装时的要求。由于工作接地装置的接地电阻直接影响通信质量，而且弱电设备的灵敏度较高，容易受到干扰，所以工作接地装置力争减少干扰；而保护接地上往往由于市电网特点会有交变电流流动，若与工作接地合设，就有可能引起整个通话杂音的提高，或引起报警信号紊乱，以及音频、视频信号的干扰等。因此，在场地允许的情况下，三种接地装置应分开设置。

1）各种接地体之间一般要求相距 20 m 以上；在影响不大的情况下，可适当缩短到不小于 6～10 m。

2）接地装置与建筑物之间的距离一般以 3～5 m 为宜。

3）工作接地电阻应两组同时并联使用，这两组间的距离同上。每组的接地电阻一般做成相等的，若不相等，也不应超过另一组的一倍，两组并联后的总电阻应符合规定。

电话站的工作接地不允许与广播站合用。

弱电系统工作接地，一般不利用其他接地体，如金属上下水管、暖气管、建筑物构架等。弱电设备的工作接地电阻为 4Ω。

（2）接地装置埋设要求：

1）接地体一律应埋设在冰冻层以下，且顶部距地面不小于 1 m。

2）各接地网的引入线埋地深度不应小于 0.5 m，并应缠以麻布条后浸蘸或涂抹沥青两次以上，在敷设时各引入线不宜在室外交叉。

3）地线在引出地面或引入建筑物时，应选择不易受到机械损伤的地方，并加以适当保护。

4）地线在室外各处的接头都必须使用电焊或气焊，在特殊情况下（如电缆外绝缘皮）允许用锡焊或卡箍。

5）接地装置的任何部分都不应和其他导体发生电气接触，必要时应进行绝缘保护处理。

6）接地引线用的导线必须使用中间没有接头的整线。

7）接地施工中所有的回填土应分层夯实。

8）弱电系统的接地利用建筑物的复合接地体，其接地线在与接地体连接点之间应与地绝缘，接地电阻应小于 1 Ω。

五、电气装置的接地

（一）一般规定

（1）电气装置的下列金属部分应接地或接零：

1）电动机、变压器、电器、携带式或移动式用电器具等的金属底座和外壳。

2）电气设备的传动装置。

3）屋内外配电装置的金属或钢筋混凝土框架以及靠近带电部分的金属遮栏和金属门。

4）配电、控制、保护用屏（柜、箱）及操作台等的金属框架的底座。

5）交、直流电力电缆的接头盒、终端头和膨胀器的金属外壳和电缆的金属护层，可触及的电缆金属保护管和穿线的钢管。

6）电缆桥架、支架，装有避雷线的电力线路塔杆，装在配电线路杆上的电力设备。

7）在非沥青地面的居民区内，无避雷线的小接地电流架空电力线路的金属塔杆和钢筋混凝土塔杆。

8）电除尘器的构架、封闭母线的外壳及其他裸露的金属部分。

9）六氟化硫封闭式组合电器和箱式变电站的金属箱体。

10）电热设备的金属外壳、控制电缆的金属保护层。

（2）电气装置的下列金属部分可不接地或接零：

1）在木质、沥青等不良导电地面的干燥房间内，交流额定电压为 380 V 以下及直流额定电压为 440 V 以下的电气设备的外壳；对有可能同时触及上述电气设备外壳和接地的其他物体，仍应接地。

2）在干燥场所，交流额定电压为 127 V 以下或直流额定电压为 110 V 以下的电气设备的外壳。

3）安装在配电屏、控制屏和配电装置上的电气测量仪表、继电器和其他低压电器等的外壳，以及当发生绝缘损坏时，在支持物上不会引起危险电压的绝缘子的金属底座等。

4）安装在已接地金属构架上的设备，如穿墙套管等。

5）额定电压为 220 V 以下的蓄电池内金属支架。

6）由发电厂、变电所和工业、企业区域内引出的铁路轨道。

7）与已接地的机床、机座之间有可靠电气接触的电动机和电器的外壳。

（3）直流系统的接地装置应符合以下要求：

1）能与地构成闭合回路，并经常流过电流的接地线应沿绝缘垫板敷设，不得与金属管道、建筑物和设备的构件有金属连接。

2）在土壤中含有电解时能产生腐蚀性物质的地方，不宜敷设接地装置，必要时可采取外引式接地装置或改良土壤的措施。

3）直流电力回路专用的中性线和直流两线制正极接地体、接地线不得与自然接地体有金属连接。当无绝缘隔离装置时，相互距离不得小于 1 m。

4）三相制直流回路的中性线应直接接地。

（二）接地装置的选择

（1）交流电气设备的接地。

1）接地可利用下列自然接地体：埋设在地下的金属管道，但不包括有可燃或爆炸物的管道、金属井盖、与大地有可靠连接的建筑物金属结构、木工构筑物及其他类似的构筑物的金属管、桩。

2）接地线可利用下列接地体：建筑物的金属结构（梁、柱等）及设计规定的混凝土结构内部钢筋；生产用的起重机轨道、配电装置的外壳、走廊、平台、电梯竖井、起重机与升降机的构架、运输传送带的钢梁、电除尘器的构架等；配线的钢管。

（2）接地体和接地线的最小规格。

1）接地装置的人工接地体，导体截面应符合稳定、均压和机械强度的要求，还应考虑腐蚀的影响，一般不小于表 19-2 和表 19-3 中所列规格。

表 19-2　钢接地体最小规格

种类、规格及单位		地上		地下	
		室内	室外	交流回路	直流回路
圆钢直径/mm		6	8	10	12
扁钢	截面积/mm²	60	100	100	100
	厚度/mm	3	4	4	6
角钢厚度/mm		2	2.5	4	6
钢管管壁厚度/mm		2.5	2.5	3.5	4.5

注：电力线路杆塔的接地体引出线的截面不应小于 50 mm²，引出线应热镀锌。

表 19-3　铜接地体的最小规格

种类、规格及单位	地上	地下
铜棒直径/mm	4	6
铜排截面积/mm²	10	30
铜管管壁厚度/mm	2	3

注：裸铜绞线一般不作为小型接地装置的接地体用，当作为接地网的接地体时，截面应满足设计要求。

2）低压电气设备地面上外露的铜接地线的最小截面积应符合表 19-4 中的规定。

表 19-4　低压电气设备地面上外露的铜接地线的最小面积

名称	铜/mm²
明敷的裸导体	4
绝缘导体	1.5
电缆的接地芯与相线包在同一保护外壳内的多芯导线的接地芯	1

（3）不得用下列导体做接地或接地线：

1）不得采用铝导体作为接地体或接地线。当采用扁铜带、铜绞线、铜带、铜包钢、铜包钢绞线、钢镀铜、铅包铜等材料做接地装置时，其连接应符合规定。

2）不得利用蛇皮管、管道保温层的金属外皮或金属网、低压照明网络的导线铅皮以及电缆金属保护层做接地线。蛇皮管两端应采用自固接头或软接头，且两端应采用软铜线连接。

（4）降阻剂材料选择及施工工艺应符合下列要求：

1）材料的选择应符合设计要求。

2）应选用长效防腐物理性降阻剂。

3）使用的材料必须符合国家现行技术标准，通过国家相应机构对降阻剂进行检验测试，并有合格证件。

4）降阻剂的使用，应该因地制宜地用在高电阻率地区、深井灌注、小面积接地网、射线接地极或接地网外沿。

5）严格按照生产厂家使用说明书规定的操作施工。

（三）接地装置的敷设

（1）埋设接地体。

1）接地体顶面埋设深度应符合设计规定，若无规定，不宜小于 0.6 m，角钢及钢管接地体应垂直配置。除接地体外，接地体引出线的垂直部分和接地装置焊接部位应进行防腐处理，在防腐处理前，表面必须除锈并去掉残留焊药。

2）垂直接地体的间距不宜小于其长度的 2 倍，水平接地体的间距应符合设计要求。若无设计要求，不宜小于 5 m。

3）接地体敷设后的土沟及其回填土内不应加有石块和建筑垃圾等，外取的土壤不得有较强的腐蚀性，回填时分层夯实。

（2）明敷接地线。

1）明敷接地线安装要求。

①敷设位置应便于设备的拆卸和检修。

②支持件之间的距离，在水平直线部分应为 0.5～1.5 m，垂直部分应为 1.5～3 m，转弯部分应为 0.3～0.5 m。

③接地线应按水平或垂直敷设，也可与建筑物倾斜结构平行敷设，在直线段部分，不应有高低起伏及弯曲等状况。

④当接地线沿建筑物墙壁间水平敷设时，离地面距离应为 250～300 mm；接地线与建筑物墙面间的间隙应为 10～15 mm。

⑤在接地线跨越建筑物伸缩缝、沉降缝时，应设补偿装置，补偿装置可用接地线本身弯成弧状代替。

2）明敷接地线表面应涂以 15～100 mm 宽度相等的绿色和黄色相间的条纹。在每个导体的全部长度上或只在每个区间或每个可接触到的部位上应做出标识。当使用胶带时，应使用双色胶带。中性线应涂淡蓝色标识。

3）在接地线引向建筑物的入口处和检修用临时接地点处，都应刷白色底漆并标以黑色接地符号。

（3）连接注意事项。

1）接地干线应在不同两点及以上与接地网相连接，自然接地体应在不同两点及以上与接地干线或接地网相连接。每个接地装置的接地应以单独的接地线与接地干线相连，不得在一个接地线中串接几个需要接地的电气装置。

2）当电缆穿过零序电流互感器时，电缆头的接地线应通过零序电流互感器后接地，由电缆头至穿过零序电流互感器的一段电缆金属保护层和接地线应对地绝缘。

3）直接接地或经消弧线圈接地的变压器、旋转电动机的中性点与接地体或接地干线的连接，应采用单独的接地线。变电所、配电所的避雷器应用最短的接地线与主接地网连接。

4）全封闭组合电器的外壳应按生产厂家规定接地，法兰片间应采用跨接线连接。高压配电间隔和静止补偿装置的栅栏门铰链处，应用软铜线连接。

5）接地装置由多个分接地装置部分组成时，应按设计要求设置便于分开的断线卡，自然接地体与人工接地体连接处应有便于分开的断线卡，断线卡应有保护措施。当扩建接地网时，新、旧接地网连接应通过接地并多点连接。

6）在检修时，在断路器室、配电间、母线分段处，发电机引出线等需要临时接地的地方，应引入接地干线，并应设有专供连接临时接地线用的接线板和螺栓。

7）接地线应该防止发生机械损伤和化学腐蚀。

8）当电缆桥架、支架由多个区域联通时，在区域联通处电缆桥架、支架接地线应设置便于分开的断接卡，并有明显标识。

9）保护屏应接有接地端子，并用截面积不小于 $4\ mm^2$ 的多股铜线和接地网直接连通。装有静态保护的保护屏，应装设连接控制电缆屏蔽层的专用接地铜排，各盘的接地铜排互相连接成环，与控制室接地屏蔽网相连。

10）防雷引下线与暗管敷设的电、光缆最小平行距离应为 1.0 m，最小垂直交叉距离应为 0.3 m；保护地线与暗管敷设的电、光缆最小平行距离应为 0.05 m，最小垂直交叉距离应为 0.02 m。

（四）接地体（线）的连接

（1）接地体（线）的连接应采用焊接，焊接必须牢固、无虚焊。接至电气设备上的接地线，应用镀锌螺栓连接，当有色金属接地线不能采用焊接时，可用螺栓连接。

（2）接地体（线）的焊接应采用搭接焊，其搭接长度应符合下列规定：

1）扁钢的搭接长度为宽度的 2 倍，三面施焊。

2）圆钢的搭接长度为直径的 6 倍。

3）圆钢与扁钢连接时其长度为圆钢直径的 6 倍。

4）扁钢与钢管和角钢焊接时，为了连接可靠，除应在其接触部位两侧进行焊接外，还应焊以由钢带弯成的弧形卡子或直接由钢带本身弯成弧形与钢管或角钢焊接。

（3）利用各种金属构件、金属管道等作为接地线时，应保证其全长为完好的电气通路。利用串联的金属构件、金属管道做接地线时，应在串接部位焊接金属跨接线。

（五）避雷针（线、带、网）的接地

（1）避雷针（线、带、网）的接地除符合上述有关规定外，还应遵循以下规定：

1）避雷针（带）与引下线之间的连接应采用焊接。

2）避雷针（带）的引下线及接地装置使用的紧固件，都应是镀锌制品。若采用非镀锌制品，应采取防锈措施。

3）当建筑上的防雷设施采用多根引下线时，应在各引下线距地面 1.5～1.8 m 处设置断接卡，并在断接卡处增加保护措施。

4）装有避雷针的金属筒体，当厚度不小于 4 mm 时，可做避雷针的引下线。筒体底部应有两处与接地体对称连接。

5）独立避雷针（线）应设置独立的集中接地装置。若有困难，可与接地网连接，但避雷针与主接地网的地下连接点至 35 kV 及以下设备与主接地网的地下连接点之间的距离不得小于 15 m。

6）独立避雷针及其接地装置与道路或建筑物的出入口等的距离应大于 3 m。当小于 3 m 时，应采取均压措施或铺设沥青路面。

7）独立避雷针的接地装置与接地网的地中距离不应小于 3 m。

8）配电装置的构架或屋顶上的避雷针应与接地网连接，并应在其附近装设集中接地装置。

（2）建筑物上的避雷针或防雷金属网应和建筑物顶部的其他金属物体连接成一个整体。

（3）装有避雷针的构架上的照明灯电源线，必须采用直埋于土壤中的带金属保护层的电缆或穿入金属管的导线，电缆的金属保护层或金属管必须接地。埋入土壤中的长度应在 10 m 以上，才能与配电装置的接地网相连或与电源线、低压配电装置相连。

（4）发电厂和变电站的避雷线挡内不得有接头。

（5）避雷针及其接地装置，应采用自下而上的施工程序。首先安装集中接地装置，然后安装引下线，最后安装接闪器。

第二节　工程施工监理

一、设备材料质量控制

（1）镀锌钢材应根据设计要求，选用冷镀锌或热镀锌材料，材料应有材质检验证明及产品出厂合格证。

（2）镀锌层应覆盖完整，表面无锈斑，金具配件齐全、无沙眼。

（3）人工接地装置的导体截面的最小允许规格应符合表 19-2 中的规定。

（4）低压电气设备上的外露接地线截面积不应小于表 19-5 所列的数值。

表 19-5　低压电气设备地面上外露接地线的最小截面积

名　　称	铜/mm²	铝/mm²	钢/mm²
明敷的裸导体	4	6	12
绝缘导体	1.5	2.5	
电缆的接地芯线与相线包在同一保护外壳内的多芯导线的接地芯线	1	1.5	

（5）不得使用金属软管、保温管的金属外皮或金属网以及金属护层做接地线。

二、安装程序控制

（1）建筑物基础接地体。底板钢筋敷设完成，按设计要求进行接地施工，经检查确认，才能支模或浇筑混凝土。

（2）人工接地体。按设计要求位置开挖沟槽，经检查确认，才能打入接地极和敷设地下接地干线。

（3）接地模块。按设计位置开挖模块坑，并将地下接地干线引到模块上，经检查确认，才能相互焊接。

（4）装置隐蔽。检查验收合格，才能覆土回填。

三、工程施工监理要点

（一）接地体安装

（1）接地体、埋地接地线必须采用镀锌件，垂直接地体的间距为接地体长度的 2 倍。直流电力回路专用中线、接地体以及接地线不得与自然接地体有金属连接；若无绝缘隔离装置，相互间的距离不应小于 1 m。

（2）垂直接地体一般采用∠50 mm×50 mm×5 mm 的镀锌角钢或直径大于 40 mm、壁厚大于 3.5 mm 的镀锌钢管，长度一般为 2.5 m。

（3）接地体顶面埋设深度不应小于 0.6 m。角钢及钢管接地体应垂直配置，接地体与建筑物的距离不宜小于 1.5 m。

（4）接地体（线）的焊接应采用搭接焊，其搭接长度应符合下列规定：

1）扁钢的搭接长度为宽度的 2 倍，三面施焊。

2）圆钢的搭接长度为直径的 6 倍。

3）圆钢与扁钢连接时其长度为圆钢直径的 6 倍。

4）扁钢与钢管和角钢焊接时，为了连接可靠，除应在其接触部位两侧进行焊接外，还应焊以由钢带弯成的弧形卡子或直接由钢带本身弯成弧形与钢管或角钢焊接。

（5）接地体的连接必须牢固、无虚焊。除接地体外，接地体引出线应做防腐处理，若使用镀锌扁钢，引出线的焊接部分补刷防腐漆。

（二）接地干线安装

（1）接地线穿过墙壁时应通过明孔、钢管或其他坚固的保护管道进行保护。在接地线跨越建筑物伸缩缝、沉降缝时，应加设补偿器。

（2）当接地线沿建筑物墙壁水平敷设时，离地面应保持 250～300 mm 的距离，接地线与建筑物墙面应有 10～15 mm 的间隙。接地线支持件的间距要求：水平直线部分为 1～1.5 m，垂直部分为 1.5～2 m，转弯部分或分支处为 0.5 m。

接至电气设备上的接地线应用螺栓连接，有色金属接地线若不能采用焊接，也可用螺栓连接。

（3）接地干线至少应在不同的两点处与接地网相连接，自然接地体至少应在不同的两点与接地干线相连接；电气装置的每个接地部分应以单独的接地线与接地干线相连接，不得在一个接地线中串接几个需要接地的部分；接零保护回路中不得串接熔断器、开关等设备，并应有重复接地；当接地线明敷时，应水平或垂直敷设，但应与建筑物倾斜结构平行，在直线段不应有高低起伏及弯曲的情况；在同一供电系统中，不允许部分电气设备采用保护接零，另一部分电气设备采用保护接地。

第三节　工程质量标准及验收

一、工程质量标准

（一）主控项目

（1）接地装置在地面以上部分，应按照设计要求设置测试点，测试点不应被外墙饰面遮蔽，且应有明显标识。

（2）接地装置的接地电阻值应符合要求。

（3）接地装置的材料规格、型号应符合设计要求。

（4）当接地电阻达不到设计要求需采取降低接地电阻时，应符合下列规定：

1）采用降阻剂时，降阻剂应为同一品牌产品，调制降阻剂的水应无污染和杂物。降阻剂应均匀灌注于垂直接地体周围。

2）采取换土或将人工接地体外延至土壤电阻率较低处时，应掌握有关的地质结构资料和地下土壤电阻率的分部，并应做好记录。

3）采用接地模块时，接地模块的顶面埋深不应小于 0.6 m，接地模块间距不应小于模块长度的 3～5 倍。接地模块埋设基坑应为模块外形尺寸的 1.2～1.4 倍，且应详细记录开挖深度内的地层情况。接地模块应垂直或水平就位，并应保持与无涂层处接触良好。

（二）一般项目

（1）当设计无要求时，接地装置顶面埋设深度不应小于 0.6 m，且应在冻土层以下。圆钢、角钢、钢管、铜棒、铜管等接地极应垂直埋入地下，间距不应小于 5 m。人工接地体与建筑物的外墙或基础之间的水平距离不宜小于 1 m。

（2）接地装置的焊接应采用搭接焊，除埋设在混凝土中的焊接接头外，应采取防腐措施，焊接搭接长度应符合下列规定：

1）扁钢与扁钢搭接不应小于扁钢宽度的 2 倍，且应至少三面施焊。

2）圆钢与圆钢搭接不应小于圆钢直径的 6 倍，且应双面施焊。

3）圆钢与扁钢搭接不应小于圆钢直径的 6 倍，且应双面施焊。

4）扁钢与钢管、扁钢与角钢焊接，应紧贴角钢外侧两面或紧贴 3/4 钢管表面，上下两侧施焊。

（3）当接地极为铜材和钢材组成，且铜与铜或铜与钢材连接采用热剂焊时，接头应无贯穿性的气孔且表面平滑。

（4）采用降阻措施的接地装置应符合下列规定：

1）接地装置应被降阻剂或低电阻率土壤所包覆。

2）接地模块应集中引线，并应采用干线将接地模块并联焊接成一个环路，干线的材质应与接地模块焊接点的材质相同，钢制的采用热镀锌材料引出线不应少于两处。

二、工程交接验收

（一）验收检查

（1）整个接地网外露部分连接可靠，接地线规格正确，防腐层完好，标志齐全明显。

（2）供连接临时接地线用的连接板的数量和安装位置应符合设计要求。

（3）工频接地电阻值及设计时要求的其他设计参数应符合设计规定，雨后不应立即测量接地电阻。

（二）资料和文件

（1）实际施工的竣工图。

（2）变更设计的证明文件。

（3）安装技术记录（包括隐蔽工程记录等）。

（4）测试记录。

第四节　质量通病及防治

（1）质量通病：接地装置埋深或间隔距离不够。防治措施：按设计要求执行。

（2）质量通病：焊接面不够，焊渣清理不干净，防腐处理不好。防治措施：焊接面按质量要求进行纠正，将焊渣敲净，做好防腐处理。

（3）质量通病：利用基础、梁柱钢筋搭接面积不够。防治措施：应严格按质量要求去做。

第二十章 >>>

防雷引下线和变配电室接地干线敷设

第一节 防雷引下线和变配电室接地干线敷设

一、防雷引下线敷设

除利用混凝土中钢筋做引下线的以外，引下线应镀锌，焊接处应涂防腐漆。在腐蚀性较强的场所，引下线还应适当加大截面或采取其他的防腐措施。

引下线应沿建筑物外墙并经最短路径接地，建筑艺术要求较高者也可暗敷，但截面应加大一级。引下线不宜敷设在阳台附近及建筑物的出入口和人员较易接触到的地点。

由于建筑物防雷等级不同，防雷引下线的设置也不相同。一级防雷建筑物专设引下线时，其根数不应少于两根，间距不应大于 18 m；二级防雷建筑物引下线的数量不应少于两根，间距不应大于 20 m；三级防雷建筑物，为防雷装置专设引下线时，其引下线数量不应少于两根，间距不应大于 25 mm。

（一）引下线支架埋设

当确定引下线位置后，明装引下线支持卡子应随着建筑物主体施工预埋，一般在距室外护坡 2 m 高处，预埋第一个支持卡子，在距第一个卡子正上方 1.5~2 m 处，用线坠吊直第一个卡子的中心点，埋设第二个卡了，依此向上逐个埋设，其间距应均匀相等，支持卡子露出长度应一致，突出建筑外墙装饰面 15 mm 以上。

（二）引下线敷设

（1）明敷设引下线必须调直后方可敷设。其支持件间距应均匀，水平部分为 0.5~1.5 m，垂直部分为 1.5~3 m，弯曲部分为 0.3~0.5 m。具体要求如下：

1）引下线路径尽可能短而直。

2）当通过屋面挑檐板等处而需要弯折时，不应构成锐角转折，应做成曲径较大的慢弯，弯曲部分线段的总长度应小于拐弯开口处距离的 10 倍。

（2）当引下线沿砖墙或在混凝土构造柱内暗设时，暗设引下线一般应使用截面不小于 ϕ12 mm 镀锌圆钢或 25 mm×4 mm 镀锌扁钢。通常将钢筋调直后先与接地体（或断接卡子）连接好，由下至上展放（或一段段连接）钢筋，敷设路径应尽量短而直，可直接通过挑檐

214

板或女儿墙与避雷带焊接。

（三）利用建筑物钢筋做防雷引下线

（1）当利用建筑物钢筋混凝土中的钢筋做引下线时，引下线间距应符合下列规定：

1）一级防雷建筑物引下线间距应不大于 18 m。

2）二级防雷建筑物引下线间距应不大于 20 m。

3）三级防雷建筑物引下线间距应不大于 25 m。

以上一、二、三级建筑防雷施工，建筑物外廓各个角上的柱筋均应被利用。

（2）利用建筑物钢筋混凝土中的钢筋作为防雷引下线时，还需遵守下列规定：

1）当钢筋直径为 16 mm 及以上时，应利用两根钢筋（绑扎或焊接）作为一级引下线。当钢筋直径为 10 mm 及以上时，应利用四根钢筋（绑扎或焊接）作为一级引下线。

2）引下线的上部（屋顶上）应与防雷装置焊接，下部在室外地坪下 0.8～1 m 处焊出一根 ϕ12 mm 或 40 mm×4 mm 镀锌扁钢，伸向室外距外墙皮的距离不宜小于 1 m。

3）每根引下线在距地面 0.2 m 以下的面积总和，对第一级防雷建筑物不应少于 4.24K_c（m²）（K_c 为引下线穿 PVC 绝缘管的最小管壁厚），对第二三级防雷建筑物不应少于 1.89K_c（m²）。若建筑物为单根引下线，K_c=1；若为两根引下线及防雷装置不成闭合环的多根引下线，K_c=0.66；若为防雷装置成闭合环路或网状的多根引下线，K_c=0.44。

利用建筑物钢筋混凝土基础内的钢筋作为接地装置，应在与防雷引下线相对应的室外埋深 0.8～1 m 处，由作为引下线的钢筋上焊出一根 ϕ12 mm 或 40 mm×4 mm 镀锌圆钢或扁钢，并伸向室外，距外墙皮的距离不应小于 1 m。

4）引下线在施工时，应配合土建施工按设计要求找出全部钢筋位置，用油漆做好标记，保证每层钢筋上、下进行贯通性连接（绑扎或焊接），随着钢筋专业逐层串联焊接（或绑扎）至顶层。

5）引下线其上部（层顶上）与防雷装置相连的钢筋必须焊接，不应做绑扎连接，焊接长度不应小于钢筋直径的 6 倍，并应在两面进行焊接。

6）如果钢筋因钢种含碳量或含锰量高，焊接易使钢筋变脆或强度变低，可绑扎连接，也可改用直线不小于 ϕ16 mm 的副筋或不受力的构造筋，或者单独另设钢筋。

7）利用建筑物钢筋混凝土基础内的钢筋作为接地装置，每根引下线处的冲击电阻不宜大于 5Ω。

8）在建筑结构完成后，必须通过测试点测试接地电阻，若达不到设计要求，可在柱（或墙）、在室外 0.8～1 m 处、预留导体处加接外附人工接地体。

（四）断接卡子制作安装

断接卡子有明装和暗装两种。断接卡子可利用不小于 40 mm×4 mm 或 25 mm×4 mm 的镀锌扁钢制作，断接卡子应用两根镀锌螺栓拧紧，圆钢与断接卡子的扁钢应采用搭接焊，搭接长度不应小于圆钢直径的 6 倍，且应在两面焊接。

（五）保护设施

在易受机械损坏和防人身接触的地方，地下 1.7 m 至地面上 0.3 m 的一段接地线应采取暗敷或镀锌角钢、耐阳光晒的改性塑料管或橡胶管等保护措施。

为减小雷击接触电压电击的概率，可采取以下措施：

（1）减小 K_c 值，即增加引下线根数来缩短引下线之间的距离。

（2）对引下线施以适当的绝缘，如穿聚氯乙烯（PVC）管（见表 20-1）。

表 20-1　引下线穿 PVC 绝缘管的最小壁厚　　　　单位：mm

建筑物类别	K_c		
	1	0.66	0.44
第一类防雷建筑物	3	2	1.5
第二类防雷建筑物	2	1.5	1
第三类防雷建筑物	1.5	1	0.7

（3）地面采用绝缘材料以增加地表层的电阻率。

二、变配电室接地干线安装

（一）室内明敷设接地干线

用螺栓连接或焊接方法固定在距地 250～300 mm 的支持卡子上，支持件的间距应符合下列要求：

（1）水平直线部分为 1～1.5 m，转弯或分支处为 0.5 m。

（2）垂直部分为 1.5～2 m，转弯处间距为 0.5 m。

（二）支持卡子

在房间内，干线与墙面应有 10～15 mm 的距离。卡子预留长度应比接地干线宽度多 5 mm。

（三）接地干线过建筑物沉降缝和伸缩缝

接地干线过伸缩缝处，应留有伸缩余量（做成"Ω"形），并分别在距伸缩缝（或沉降缝）两端各 100 mm 加以固定。

（四）接地干线穿墙或楼板

接地干线在穿过墙壁时，应通过明孔、钢管或其他坚固的保护套。

多层建筑物电气层安装，接地干线又须穿楼板时，应留洞或预埋钢管。接地干线安装后，在墙洞或钢管两端用沥青棉纱封严。

（五）接地干线由室内引向室外接地网

由室内干线向室外接地网引的接地线，至少应有两处。

（六）利用自然接地体的接地安装

（1）交流电气设备的接地线应充分利用下列自然接地体：

1）埋在地下的金属管道（但可燃或有爆炸介质的金属管道除外）。

2）金属井管。

3）与大地有可靠连接的建筑物及构筑物的金属结构。

4）木工构筑物及类似构筑物的金属桩。

（2）交流电气设备的接地线可利用：

1）建筑物的金属结构（起重机轨道、配电装置的外壳、走廊、平台、电梯竖井、起重机与升降机的构架、运输传送带的钢梁等）。

2）配电的钢管。钢管配线可用钢管做接地线，在管接头和接线盒处都要用跨接线连接。

3）利用电缆金属构架，即利用电缆的铅皮作为接地线。

第二节　工程施工监理

一、设备材料质量控制

（一）引下线

（1）明敷引下线。引下线应采用圆钢或扁钢，应优先采用圆钢，圆钢直径不应小于 8 mm；扁钢截面积不应小于 48 mm²，其厚度不应小于 4 mm。当钢、烟囱上的专设引下线采用圆钢时，其直径不应小于 12 mm；当采用扁钢时，其截面积不应小于 100 mm²，厚度不应小于 4 mm。

（2）暗敷引下线。引下线采用圆钢时，其直径不应小于 10 mm；引下线采用扁钢时，其截面积不应小于 80 mm²。

（二）接地干线

不得使用金属软管、保温管的金属外皮或金属网以及金属护层做接地线。

二、安装程序控制

（1）利用建筑物柱内主筋做引下线，在柱内主筋绑扎后，按设计要求施工，经检查确认，才能支撑。

（2）直接从基础接地体或人工接地体暗敷埋入粉刷层内的引下线，经检查确认不外露，才能贴面砖或刷涂料等。

（3）直接从基础接地体或人工接地体引出明敷的引下线，先埋设或安装支架，经检查确认，才能敷设引下线。

三、工程施工监理要点

（一）防雷引下线

（1）每一个建筑物的防雷引下线不应少于两条，防雷引下线不宜经过门口、走道和人员经常经过的地方；利用建筑物钢筋做防雷引下线时，最少要有四根柱子，每根柱子不少于两根钢筋，直径不应小于 16 mm。当钢结构简体壁厚大于 4 mm 时，可作为接地引下线，但法兰处应加焊跨接线，简体底部应有对称两处与接地体相连。

（2）引下线应沿建筑物外墙敷设，并经最短路径接地。若建筑物的具体情况不可能直接引下，也可以弯曲，但应注意弯曲开口处的距离不得等于或小于弯曲部分线段实际长度的 0.1 倍，引下线固定支持点间距离不应大于 2 m，敷设引下线时应保持一定松紧度。

（3）防雷引下线距地面 1.5～1.8 m 处，应设置断接卡以便于测量接地电阻及引下线和接地线的连接状况。若用螺栓连接，接地线的接触面、螺栓、螺母和垫圈均应镀锌，出地坪处应有保护管，钢管口应与引下线点焊成一体，以防止涡流，并封口保护。

（4）建筑物高于 30 m 以上的部位，每隔 3 层沿建筑物四周敷设一道避雷带或利用圈梁两根主筋并与各根引下线相焊接。

（二）变配电室内明敷设接地干线安装

（1）敷设位置应不妨碍设备的拆卸与检修。

（2）沿建筑物墙壁水平敷设距地面高度、与建筑物墙面的间隙，以及接地线跨越建筑物变形缝时，均应符合接地干线安装的要求。

（3）接地线表面沿长度方向，每隔 15～100 mm 分别涂以黄色和绿色相间的条纹。

（4）变压器室、高压配电室的接地干线上应设置不少于两个供临时接地用的接线柱或接地螺栓。

第三节 工程质量标准及验收

一、工程质量标准

（一）主控项目

（1）暗敷在建筑物抹灰层内的引下线应有卡钉分段固定；明敷的引下线应平直、无急弯，与支架焊接处应刷油漆防腐，且无遗漏。

（2）变压器室、高低压开关室内的接地干线应有不少于两处与接地装置引出干线连接。

（3）当利用金属构件、金属管道做接地线时，应在构件或管道与接地干线间焊接金属跨接线。

（二）一般项目

（1）钢制接地线的焊接连接应符合《建筑电气工程施工质量验收规范》（GB 50303—2015）的规定，最小允许规格、尺寸应符合《建筑电气工程施工质量验收规范》（GB 50303—2015）的规定。

（2）明敷接地引下线及室内接地干线的支持件间距应均匀，水平直线部分为 0.5～1.5 m，垂直直线部分为 1.5～3 m，弯曲部分为 0.3～0.5 m。

（3）接地线在穿越墙壁、楼板和地坪处应加钢套管或其他坚固的保护套管，钢套管应与接地线做电气连通。

（4）变配电室内明敷接地干线安装应符合下列规定：

1）便于检查，敷设位置不妨碍设备的拆卸与检修。

2）当沿建筑物墙壁水平敷设时，距地面高度为 250～300 mm，与建筑物墙壁间的间隙为 10～15 mm。

3）当接地线跨越建筑物变形缝时，设补偿装置。

4）接地线表面沿长度方向，每隔 15～100 mm，分别涂以黄色和绿色相间的条纹。

5）变压器室、高压配电室的接地干线上应设置不少于两个供临时接地用的接线柱和接地螺栓。

（5）当电缆穿过零序电流互感器时，电缆头的接地线应通过零序电流互感器后接地；由电缆头至穿过零序电流互感器的一段电缆金属护层和接地线应对地绝缘。

（6）配电间隔和静止补偿装置的栅栏门及变配电室金属门铰链处的接地连接，应采用纺织铜线。变配电室的避雷器应用最笨的接地线与接地干线连接。

（7）设计要求接地的幕墙金属框架和建筑物的金属门窗，应就近与接地干线连接可靠，连接处不同金属间应有防电化腐蚀措施。

二、工程交接验收

（一）验收检查

（1）所有镀锌材料应符合设计要求。

（2）采用搭接焊时，焊接长度应符合规定。

（二）资料和文件

（1）产品出厂合格证。

（2）安装技术数据记录。

（3）隐蔽工程验收记录。

（4）接地电阻测试记录。

第四节　质量通病及防治

一、接地体

（1）质量通病：接地体埋深或间隔距离不够。防治措施：按设计要求执行。

（2）质量通病：焊接面不够，药皮处理不干净，防腐处理不好。防治措施：焊接面按质量要求进行纠正，将药皮敲净，做好防腐处理。

（3）质量通病：利用基础、梁柱钢筋搭接面积不够。防治措施：应严格按质量要求去做。

二、防雷引下线暗（明）敷设

（1）质量通病：焊接面不够，焊口有夹渣、咬肉、裂纹、气孔及药皮处理不干净等现象。防治措施：应按规范要求修补更改。

（2）质量通病：漏刷防锈漆。防治措施：应及时补刷。

（3）质量通病：主筋错位。防治措施：应及时纠正。

（4）质量通病：引下线不垂直，超出允许偏差。防治措施：引下线应横平竖直，超差应及时纠正。

三、接地干线安装

（1）质量通病：扁钢不平直。防治措施：应重新进行调整。

（2）质量通病：接地端子漏垫弹簧垫。防治措施：应及时补齐。

（3）质量通病：焊口有夹渣、咬肉、裂纹、气孔及药皮处理不干净等现象。防治措施：应按规范要求修补更改。

第二十一章 >>>

防雷装置安装

第一节　防雷装置安装

一、避雷针安装

（一）制作要求

避雷针一般用镀锌圆钢或焊接钢管制成，圆钢截面积不得小于 100 mm²，钢管厚度不得小于 3 mm，其直径不应小于下列数值：

（1）当针长在 1 m 以下时，圆钢为 12 mm，钢管为 20 mm。

（2）当针长在 1～2 m 时，圆钢为 16 mm，钢管为 25 mm。

（3）烟囱顶上的针，圆钢为 20 mm，钢管为 25 mm。其烟囱避雷针的选用如表 21-1 所示。

表 21-1　烟囱避雷针选用

烟囱结构	顶部外直径/m	高度/m	针数/根	针高露出顶面/m
砖结构	<2.3	15～20	1	1.8
	2.3～2.5	20～35	1	2.2
	2.5～2.7	35～45	2	2.2
	2.7～4.0	45～60	3	2.2
钢筋混凝土结构	≤2.5	≤100	2	1.8
	2.5～3.5	100～150	3	2.2
	3.5～5.0	≤100	4	2.2
	3.5～5.0	100～150	5	2.2
	5.0～7.0	≤100	5	2.2
	5.0～7.0	100～150	6	2.2

（4）水塔顶上的针，圆钢为 20 mm，钢管为 25 mm。

（二）避雷针安装

（1）所有金属部件必须镀锌，操作时注意保护镀锌层。

（2）避雷针一般安装在支柱（电杆）上或其他构架、建筑物上。避雷针下端必须经引下线与接地体相连，可靠接地，接地电阻不大于 10 Ω。

（3）砖木结构的房屋，可将避雷针敷设在山墙顶部或屋脊上，用抱箍或对锁螺栓固定在梁上，固定部位的长度约为针高的 1/3。避雷针插在砖墙内的部分约为针高的 1/3，插在水泥墙的部分约为针高的 1/5～1/4。

（4）利用木杆做避雷针的支持物时，针尖的高度必须超过木杆 300 mm。也可利用大树作为支持物，但针尖应高出树顶。

（5）避雷针在屋面安装时，可先将避雷针组装好，在避雷针支座底板上相应的位置焊上一块肋板，再把避雷针立起，找直、找正后再进行点焊，然后加以校正，焊上三块肋板。

（6）避雷针安装要牢固，并与引下线焊接牢固。

（7）避雷针应垂直安装，其允许偏差不应大于顶端针杆的直径，一般垂直度允许偏差为 3/1000。

（8）设有标志灯的避雷针，灯具应完整，显示清晰。

二、避雷网安装

（1）避雷线应平直、牢固，不应有高低起伏及弯曲现象，距离建筑物应一致，平直度每 2 m 检查段允许偏差为 3‰，但全长不得超过 10 mm。

（2）避雷线弯曲度不得小于 90°，弯曲半径不得小于圆钢直径的 10 倍。

（3）避雷线若用扁钢，截面积不得小于 48 mm²；若为圆钢，直径不得小于 8 mm。

（4）网格的密度应根据建筑物的重要程度来确定。重要建筑物可使用 10 m×10 m 的网格，一般建筑物采用 20 m×20 m 的网格。若设计有特殊要求应照设计图施工。

（5）安装时先将避雷线调直，用大绳提升到顶部，顺直、敷设、卡固，焊接连成一体，同引下线焊好，并刷防锈漆和银粉。若建筑物屋顶上有突出物，这些部位的金属导体必须与避雷网焊接到一起。顶层的烟囱应做避雷带或避雷针，在建筑物的变形缝外应做防雷跨越处理。

三、避雷带安装

（1）避雷带明敷时距屋顶面或女儿墙面的高度为 100～200 mm，其支点间距不应大于1.5 m。在建筑物的沉降缝处应多留出 100～200 m。

（2）当铝制门窗与防雷装置连接时，应按要求甩出 300 mm 的铝带或镀锌扁钢两处。若超过 3 m，就需 3 处连接，以便进行压接或焊接。

（3）利用结构圈梁里的主筋或腰筋与预先准备好的约 200 mm 的连接钢筋头焊接，并与柱筋中引下线焊接牢固。

（4）圈梁处各点引出钢筋头，焊完后，用圆钢或扁钢敷设在四周，圈梁内焊接好各点，并与周围各引下线连接后形成环形。同时在建筑物外沿金属门窗、金属栏杆处预留 300 mm

长、直径为 12 mm 的镀锌圆钢备用。

（5）外沿金属门、窗、栏杆、扶手等金属部件的预埋焊接点不应少于两处，与避雷带预留的圆钢焊接牢固。

（6）避雷带暗敷在建筑物表面的抹灰层中，或直接利用结构钢筋，并应与暗敷的避雷网或楼板钢筋焊接。

四、避雷线安装

（1）避雷线角钢支架应有燕尾，其埋入深度不小于 100 mm；扁钢和圆钢支架埋深不小于 80 mm。

（2）防雷装置的各种支架顶部一般距建筑物表面 100 mm；接地干线支架的顶部应距墙面 20 mm。

（3）支架水平间距不大于 1 m（混凝土支座不大于 2 m），垂直间距不大于 1.5 m。各间距应均匀，允许偏差为 30 mm。转角处两边的支架转角中心不大于 250 mm。

（4）支架应平直，水平度每 2 m 检查段允许偏差为 3/1000，垂直度每 3 m 检查段允许偏差为 2/1000，但全长偏差不得大于 10 mm。

（5）所有支架必须牢固，灰浆饱满，横平竖直，且铁件均应做防腐处理。

第二节 工程施工监理

一、设备材料质量控制

（一）避雷针

（1）避雷针一般用镀锌圆钢或焊接钢管制成，圆钢截面积不得小于 100 mm²，钢管厚度不得小于 3 mm，其直径不应小于下列数值：

1）当针长在 1 m 以下时，圆钢为 12 mm，钢管为 20 mm。

2）当针长在 1～2 m 时，圆钢为 16 mm，钢管为 25 mm。

3）烟囱顶上的针，圆钢为 20 mm，钢管为 25 mm。

4）水塔顶上的针，圆钢为 20 mm，钢管为 25 mm。

（2）3～12 m 长的避雷针采用组装形式，其各节尺寸如表 21-2 所示。

表 21-2 避雷针采用组装形式的各节尺寸

避雷针高度/m	1	2	3	4	5	6	7	8	9	10	11	12
第一节尺寸/mm	1000	2000	1500	1000	1500	1500	2000	1000	1500	2000	2000	2000
第二节尺寸/mm			1500	1500	1500	2000	2000	1000	1500	2000	2000	2000
第三节尺寸/mm				1500	2000	2500	3000	2000	2000	2000	2000	2000
第四节尺寸/mm								4000	4000	4000	5000	6000

（二）避雷带（网）

避雷带（网）一般用圆钢或扁钢制成，其尺寸不应小于下列数值：圆钢直径为 8 mm；扁钢截面积为 48 mm²，厚度为 4 mm。

（三）避雷环

避雷环一般用圆钢或扁钢制成，其尺寸不应小于下列数值：圆钢直径为 12 mm；扁钢截面积为 100 mm²，厚度为 4 mm。

（四）避雷线

避雷线一般由钢线制成，其钢线截面积不应小于 35 mm²。

（五）镀锌钢材

镀锌钢材应根据设计要求，选用冷镀锌或热镀锌材料，材料应有材质检验证明及出厂合格证。

二、安装程序控制

防雷装置安装应在接地装置和引下线施工完成后进行，且与引下线可靠连接。

三、工程施工监理要点

（1）避雷针安装，针体垂直偏差不大于顶端针杆的直径；独立避雷针及其接地装置与道路或建筑物出入口等的距离应大于 3 m，独立避雷针、线应设置独立的接地装置，土壤电阻率不大于 100 Ω·m，其接地电阻不宜超过 10 Ω；接地线与避雷针的接地线距离不应小于 3 m。

（2）避雷针、带与引下线之间的连接采用焊接，构架上的避雷针应与接地网连接，并应在其附近装设集中接地装置；避雷针与接地网的连接点至变压器或 35 kV 及以下设备与接地网的地下连接点，沿接地体的长度不得小于 15 m；屋顶上装设的防雷金属网和建筑物顶部的避雷针及其他金属物体连成一个整体的电气道路。

（3）避雷带安装应预埋扁钢支架或预制混凝土支座，将避雷带与扁钢支架焊为一体。避雷带水平敷设支架间距为 1～1.5 m，转角处为 0.5 m。避雷带一般高出重点保护部位 0.1 m 以上。

（4）防雷装置安装完成，整个防雷接地系统连成回路，进行系统测试。

第三节　工程质量标准及验收

一、工程质量标准

（一）主控项目

建筑物顶部的避雷针、避雷带等必须与顶部外露的其他金属物体连成一个整体的电气通路，且与防雷引下线连接可靠。

（二）一般项目

（1）避雷针、避雷带应位置正确，焊接固定的焊缝饱满、无遗漏，螺栓固定的备帽等防松零件齐全，焊接部分补刷防腐漆完整。

（2）避雷带应平正顺直，固定支点支持件间距均匀、固定可靠，每个支持件应能承受大于49 N的垂直拉力。

二、工程交接验收

（一）检查验收

（1）防雷装置的安装位置及高度符合设计要求。

（2）当采用搭接焊接时，焊接长度应符合规定。

（二）资料和文件

（1）产品出厂合格证。

（2）安装技术数据记录。

（3）隐蔽工程验收记录。

（4）接地电阻测试记录。

第四节 质量通病及防治

一、支架安装

（1）质量通病：支架松动，混凝土支座不稳固。防治措施：找出支架松动的原因，然后固定牢靠；混凝土支座放平稳。

（2）质量通病：支架间距（或预埋铁件）间距不均匀，直线段不直，超出允许偏差。防治措施：重新修改好间距，将直线段校正平直，不得超出允许偏差。

（3）质量通病：焊口有夹渣、咬肉、裂纹、气孔等缺陷现象。防治措施：重新补焊，不允许出现上述缺陷。

（4）质量通病：焊接处药皮处理不干净，漏刷防锈漆。应将焊接处药皮处理干净，补刷防锈漆。

二、避雷网敷设

（1）质量通病：焊接面不够，焊口有夹渣、咬肉、裂纹、气孔及药皮处理不干净等现象。防治措施：应按规范要求修补更改。

（2）质量通病：防锈漆不均匀或有漏刷处。防治措施：应刷均匀，漏刷处补好。

（3）质量通病：避雷线不平直，超出允许偏差。防治措施：调整后应横平竖直，不得超出允许偏差。

（4）质量通病：卡子螺丝松动。防治措施：应及时将螺丝拧紧。

（5）质量通病：变形缝处未做补偿处理。防治措施：应补做。

三、避雷带与均压环安装

（1）质量通病：焊接面不够，焊口有夹渣、咬肉、裂纹、气孔等。防治措施：应按规范要求修补更改。

（2）质量通病：钢门窗、铁栏杆接地引线遗漏。防治措施：应及时补上。

（3）质量通病：圈梁的接头未焊。防治措施：应进行补焊。

四、避雷针制作与安装

（1）质量通病：焊接处不饱满，焊药处理不干净，漏刷防锈漆。防治措施：应及时予以补焊，将药皮敲净，刷上防锈漆。

（2）质量通病：针体弯曲，安装的垂直度超出允许偏差。防治措施：应将针体重新调直，符合要求后再安装。

（3）质量通病：独立避雷针及其接地装置与道路或建筑物的出入口保护距离不符合规定。防治措施：其距离应大于 3 m；若小于 3 m，应采取均压措施或铺设卵石或沥青地。

第二十二章 >>>

建筑物等电位联结

第一节　建筑物等电位联结

一、等电位联结的种类

（一）总等电位联结

总等电位联结能降低建筑物内间接接触电击的接触电压和不同金属部件的电位差,并消除自建筑物外经电气线路和各种金属管道引入的危险故障电压的危害。它通过进线配电箱近旁的总等电位联结端子板（接地母排）将下列导电部分互相连通:

（1）进线配电箱的 PE（PEN）母排。

（2）共用设施的金属管道,如上下水、热力、煤气等管道。

（3）若有可能,应包括建筑物金属结构。

（4）如有人工接地,也包括其接地极引线。

（5）建筑物每个电源进线均应做总等电位联结,各个总等电位联结端子板应相互连通。

（二）辅助等电位联结

辅助等电位联结是将两导电部分用导线直接做等电位联结,使故障接触电压降至接触电压限值以下。对下列情况须做辅助等电位联结:

（1）电源网络阻抗过大,使自动切断电源时间过长,不能满足防电击要求时。

（2）自 TN 系统同一配电箱供给固定式和移动式两种电气设备,而固定式设备保护电器切断电源时间不能满足移动式设备防电击要求时。

（3）为满足浴室、游泳池、医院手术室等场所对防电击的特殊要求时。

（三）局部等电位联结

当须在某一局部场所范围内做多个辅助等电位联结时,可通过局部等电位联结端子板将下列部分相互连通:

（1）PE 母线或 PE 干线。

（2）公用设施的金属管道。

（3）若有需要,包括建筑物金属结构。

二、等电位联结的一般规定

（1）建筑物等电位联结干线应从与接地装置有不少于两处直接连接的接地干线或总等电位箱引出，等电位联结干线或局部等电位箱间的连接线形成环形网路，环形网路应就近与等电位联结干线或局部等电位箱连接。支线间不应串联连接。

（2）等电位联结的线路最小允许截面积应符合表 22-1 中的规定。

表 22-1　等电位联结的线路最小允许截面积

材料	截面积/mm^2		材料	截面积/mm^2	
	干线	支线		干线	支线
铜	16	6	钢	50	16

（3）等电位联结的可接近裸露导体或其他金属部件、构件与支线连接应可靠，熔焊、钎焊或机械紧固应导通正常。

（4）需等电位联结的高级装修金属部件或零件，应有专用接线螺栓与等电位联结支线连接，且有标识，连接处螺帽紧固，防松零件齐全。

三、等电位联结的安装

（一）等电位联结线的选择

（1）等电位联结线的截面积如表 22-2 所示。

（2）等电位联结端子板的截面积不得小于所接等电位联结线截面积。

表 22-2　等电位联结线截面积要求

取值	总等电位联结线	局部等电位联结线	辅助等电位联结线	
一般值	不小于 0.5×进线 PE（PNE）线截面积	不小于 0.5×PE 线截面积	两电气设备外露导电部分间	1×较小 PE 线截面积
			电气设备与装置外可导电部分	0.5×PE 线截面积
最小值	6 mm^2 铜线或相同导线值导线	有机械保护时	有机械保护时	2.5 mm^2 铜线或 4 mm^2 铝线
		无机械保护时	无机械保护时	4 mm^2 铜线
	热镀锌钢：圆钢ϕ8 mm，扁钢 25 mm×4 mm	热镀锌钢：圆钢ϕ8 mm，扁钢 20 mm×4 mm	热镀锌钢：圆钢ϕ8 mm，扁钢 20 mm×4 mm	
最大值	25 mm^2 铜线或相同电导值导线			

（二）等电位联结的安装要求

（1）金属管道的连接处一般不需加接跨接线。

（2）给水系统的水表需加跨接线，以保证水管的等电位联结和接地的有效。

（3）装有金属外壳的排风机、空调器的金属门、窗框，或靠近电源插座的金属门、窗框以及距外露可导电部分伸臂范围内的金属栏杆、顶棚龙骨等金属体须做等电位联结。

（4）为避免用煤气管道做接地极，煤气管道入户后应插入一绝缘段（如在法兰盘间插入绝缘板）与户外埋地的煤气管隔离。为防雷电流在煤气管道内产生电火花，在此绝缘段两端应跨接火花放电间隙。

（5）一般场所离人站立处不超过 10 m 的距离内，若有地下金属管道或结构，即可认为满足地面等电位的要求，否则应在地下加埋等电位带。游泳池之类特殊电击危险场所须增大地下金属导电密度。

（6）等电位联结内导体间的连接可采用焊接，焊接处不应有夹渣、咬边、气孔及未焊透情况；也可采用螺栓连接，此时应注意接触面的光洁，有足够的接触压力和面积；也可采用熔接，在腐蚀性场所应采取防腐措施，如热浸镀锌或加大导线截面积等。等电位联结端子板应采取螺栓连接，以便拆卸进行定期检测。

（7）当等电位联结线采用钢材焊接时，应采用搭接焊并应满足以下要求：

1）扁钢的搭接长度不应小于其宽度的 2 倍，三面施焊。

2）圆钢的搭接长度不应小于其直径的 6 倍，双面施焊。

3）圆钢与扁钢连接时，其搭接长度不应小于圆钢直径的 6 倍。

4）扁钢与钢管（或角钢）连接时，除应在其接触部位两侧进行焊接外，还应焊以由扁钢弯成的弧形面（或直角形）与钢管（或角钢）连接。

（8）等电位联结线采用不同材质的导体连接时，既可采用熔接法进行连接，也可采用压接法，压接时，压接处应进行搪锡处理。

（9）等电位联结用的螺栓、垫圈、螺母等应进行热镀锌处理。

（10）等电位联结线应有黄绿相间的色标，在等电位联结端子板上应刷黄色底漆并标以黑色记号，其符号为"V"。

（11）对暗敷的等电位联结线及其联结处，电气施工人员应做隐蔽验收记录及检测报告。对隐蔽部分的等电位联结线及其联结处，应在施工图上注明其实际走向和部位。

（12）为保证等电位联结的顺利施工和安全运行，电气、土建、水、暖等施工和管理人员应密切配合。在管道检修时，应由电气人员在断开管道前预先接通跨线，以保证等电位联结的稳定性。

第二节　工程施工监理

一、设备材料质量控制

（1）等电位联结线和等电位联结端子板应采用铜质材料。

（2）等电位联结端子板的截面积不得小于所接等电位联结线的截面积。

（3）等电位联结用的螺栓、垫圈、螺母等应进行镀锌处理。

（4）等电位联结线应有黄绿相间的色标，在等电位联结端子板上应刷黄色底漆并标黑色记号。

（5）材料应有材质检验证明及产品出厂合格证。

二、安装程序控制

（1）总等电位联结：检查确认可做导电接地体的金属管道入户处和供总等电位联结的接地干线的位置后，才能安装焊接总等电位联结端子板，按设计要求进行总等电位联结。

（2）辅助等电位联结：检查确认供辅助等电位联结的接地母线位置后，才能安装焊接辅助等电位联结端子板，按设计要求做辅助等电位联结。

（3）对特殊要求的建筑金属屏蔽网箱，网箱施工完成，经检查确认，才能与接地线连接。

三、工程施工监理要点

等电位联结线施工，监理人员应注意以下几点：

（1）采用搭接焊时，扁钢的搭接长度应不小于其宽度的 2 倍，三面施焊；圆钢的搭接长度不应小于其直径的 6 倍，双面施焊。扁钢与钢管（或角钢）连接时，除应在其接触部位两侧进行焊接外，还应焊以由扁钢弯成的弧形面（或直角形）与钢管（或角钢）连接。

（2）等电位联结线采用不同材质的导体连接时，可采用熔接法进行连接，也可采用压接法，压接时压接处应进行热镀锌处理。

（3）等电位联结内各导体间的连接可采用焊接，焊接处不应有夹渣、咬边、气孔及未焊透现象，也可采用熔焊，在腐蚀性场所应采取防腐措施。

（4）金属管道的连接处一般不需加跨接线。

（5）水系统的水表需加跨接线，以保证水管的等电位联结和接地的有效性。

（6）装有金属外壳的排风机、空调器的金属门、窗框，或靠近电源插座的金属门、窗框以及距外露可导电部分伸臂范围内的金属栏杆、顶棚龙骨等金属体须做等电位联结。

（7）为避免用煤气管道做接地极，煤气管道入户后应插入一绝缘段与户外埋地的煤气管隔离。为防雷电流在煤气管道内产生电火花，在此绝缘段两端应跨接火花放电间隙。

第三节　工程质量标准及验收

一、工程质量标准

（一）主控项目

（1）建筑物等电位联结干线应从与接地装置不少于两处直接连接的接地干线或总等电位箱引出，等电位联结干线或局部等电位箱间的连线形成环形网路，环形网路就近与等电位联结干线或局部等电位箱连接。支线间不应串联连接。

（2）等电位联结的线路最小允许截面积应符合表 22-3 中的规定。

表22-3　线路最小允许截面积

材料	最小允许截面积/mm²	
	干线	支线
铜	16	6
钢	50	16

（二）一般项目

（1）等电位联结的可接近裸露导体或金属部件、构件与支线连接应可靠，熔焊、钎焊或机械紧固应导通正常。

（2）需等电位联结的高级装修金属部件或零件，应有专用连接螺栓与等电位联结支线连接，且有标识。

二、工程交接验收

（一）检查验收

（1）等电位联结内各连接导体间的连接采用焊接时，焊接处不应有夹渣、咬边、气孔及未焊透情况。

（2）等电位联结内各连接导体间的连接采用螺栓连接时，应注意接触面光洁，有足够的接触压力和接触面积。

（3）等电位联结内各连接导体间采用熔焊连接时，在腐蚀性场所应采取防腐措施。

（4）等电位联结端子板应采取螺栓连接，以便拆卸检修。

（二）资料和文件

（1）隐蔽验收记录和测试报告。

（2）导通性测试记录。等电位测试用电源可采用空载电压为4～24 V的直流或交流电源，测试电流不应小于0.2 A，等电位电阻不得超过3 Ω。

第四节　质量通病及防治

（1）质量通病：焊口有夹渣、咬肉、裂纹、气孔等缺陷现象。防治措施：重新补焊，不允许出现上述缺陷。

（2）质量通病：焊接处药皮处理不干净，漏刷防锈漆。防治措施：应将焊接处药皮处理干净，补刷防锈漆。

（3）质量通病：卡子螺丝松动。防治措施：应及时将螺丝拧紧。

（4）质量通病：局部等电位敷线未采用PVC管作为套管。防治措施：应改为合格的PVC套管。

第二十三章 >>>

电梯安装

第一节　电梯安装

电梯作为重要的建筑特种设备，其总装配是在施工现场完成的，电梯安装工程质量对于提高工程的整体质量水平至关重要。电梯安装应具有完善的验收标准、安装工艺及施工操作规程，具有健全的安装过程控制制度。

电梯工程安装质量好是电梯能够正常、安全、可靠地投入运行的重要保证。

一、电梯的分类和技术参数

（一）电梯的分类

根据《电梯主参数及轿厢、井道、机房的型式与尺寸　第1部分：Ⅰ、Ⅱ、Ⅲ、Ⅳ类电梯》（GB/T 7025.1—2008），规定电梯类型分类如下：

（1）Ⅰ类，为运送乘客而设计的电梯。

（2）Ⅱ类，主要为运送乘客也可以为运送货物而设计的电梯。

（3）Ⅲ类，为运送病床（包括病人）及医疗设备而设计的电梯。

（4）Ⅳ类，主要为运送通常由人伴随的货物而设计的电梯。

（5）Ⅴ类，杂物电梯。

（6）Ⅵ类，为适应交通流量和频繁使用而特别设计的电梯，如速度为 2.5 m/s 以及更高速度的电梯。

（二）电梯的主要参数

电梯的主要参数包括额定载重量和额定速度。

（1）额定载重量是指电梯正常运行的允许重量，单位为 kg。电梯的额定载重量主要有以下几种：320、400、600、650、760、800、1000、1050、1150、1275、1350、1600、1800、2000、2500。

（2）额定速度是指电梯设计所规定的轿厢运行速度，单位为 m/s。电梯的额定速度常见的有以下几种：0.4、0.5/0.63/0.75、1.0、1.5/1.6、1.75、2.0、2.5、3.0、3.5、4.0、5.0、6.0。

速度在 0.5～6.0 m/s 的为常用电力驱动电梯，速度在 0.4～1.0 m/s 的为常用液压电梯。

（三）电梯的基本构成

（1）从空间占位看，电梯一般由机房、井道、轿厢、层站四大部分组成。

（2）从系统功能看，电梯通常由曳引系统、导向系统、轿厢系统、门系统、重量平衡系统、驱动系统、控制系统、安全保护系统八大系统构成。

（四）电梯安装工程组成

电梯安装工程是建筑安装工程的一个分部工程，它是由电力驱动的曳引式或强制式电梯安装、液压电梯安装和自动扶梯、自动人行道安装三个子分部工程组成。

二、电梯安装前应履行的手续

（1）电梯安装的施工单位应当在施工前将拟进行的电梯情况书面告知直辖市或者设区的市的特种设备安全监督管理部门，告知后即可施工。

（2）办理告知需要的材料一般包括"特种设备开工告知申请书"一式两份、电梯安装资质证原件、电梯安装资质证复印件加盖公章、组织机构代码证复印件加盖公章等。

（3）安装单位应当在履行告知后、开始施工前向规定的检验机构申请监督检验。待检验机构审查电梯制造资料完毕，并且获悉检验结构为合格后，方可实施安装。

三、电梯安装的施工程序

电梯安装的施工程序主要介绍常见的曳引式电梯安装和自动扶梯（人行道）的安装程序。

（一）曳引式电梯安装施工程序

（1）对电梯井道、机房土建工程进行检测鉴定，应确定其位置尺寸是否符合电梯所提供的土建布置图和其他要求。

（2）在电梯安装前，建设单位（监理单位）、土建施工单位、电梯安装单位应共同对电梯井道和机房进行检查，对电梯安装条件进行确认。

（3）对层门的预留孔洞设置防护栏杆，机房通向井道的预留孔设置临时盖板。防护栏杆的设置要符合安全规定，一般要设两层，底下一层为 500～600 mm，上面一层应不小于 1200 mm。

（4）井道放基准线后安装导轨等。在导轨安装时，首先要确定导轨支架的安装位置，再安装导轨支架和导轨，最后对导轨进行调整，满足产品技术文件和规范的要求。

（5）机房设备安装，井道内配管配线。

（6）轿厢组装后安装层门等相关附件。

（7）通电空载试运行合格后负载试运行，并检测各安全装置动作是否正常、准确。

（8）整理各项记录，准备申报准用。

（二）无机房电梯安装施工程序

（1）对井道验收、测量、放基准线。

（2）对层门的预留孔洞设置防护栏杆。

（3）安装导轨、曳引装置和限位装置。

（4）安装无机房控制柜、松闸装置、检修安全销。

（5）安装轿厢及对重、厅门、井道机械设备、电气安装装置等。

（6）通电空载试运行合格后负载适应性，并检测各安全装置动作是否正常、准确。

（7）整理各项记录，准备申报准用。

（三）超高速曳引式电梯安装施工程序

（1）超高速电梯采用吊笼法安装。超高速电梯是指额定速度大于 6.0 m/s 的电梯，它的显著特点是行程大、速度快，需用大容量电动机，以及高性能减震技术和安全设施。超高速曳引式电梯与快速、高速曳引式电梯结构形式基本一致，安装方法仍然可以参照快速、高速曳引式电梯施工工艺，但是，针对超高速曳引式电梯特点，采用吊笼法安装超高速电梯，有助于提高施工效率和保证施工质量。

（2）吊笼应有完备的手续。吊笼组装结束后应检查合格后才能使用。检查内容至少包括吊笼承载力、动力、照明、操作正常、限期开关、锁紧装置有效。

（四）自动扶梯及自动人行道安装施工程序

（1）建设单位（监理单位）、土建单位、安装单位对土建工程共同验收，并办理交接手续。现场有土建单位提供的明确的标高基准点；扶梯或自动人行道上下支撑面预埋钢板符合设计要求；基坑内必须清理干净，基坑周边和运输线路周围不得堆放物品。

（2）桁架、导轨等安装。

（3）扶手、扶手带、裙板及内外盖板、梯级链等的安装。

（4）电梯配管配线。

（5）梯级梳齿板、安全装置安装。

（6）通电空载试运行合格后负载试运行，并检测各安全装置动作是否正常、准确。

（7）整理各项记录，准备申报准用。

第二节　曳引式电梯安装

本节内容适用于额定载重量 5000 kg 以下、额定速度 3 m/s 及以下各类国产曳引驱动电梯导轨安装工程。

一、导轨支架和导轨安装

（一）作业条件

（1）梯井墙面施工完毕，其宽度、深度（进深）、垂直度符合施工要求。底坑要按设计标高要求打好地面。

（2）电梯施工用脚手架既要符合有关的安全要求，承载能力≥2.5 kPa（≈250 kg·f/m²），又要符合安装轨道支架和安装轨道的操作要求。

（3）井道施工要用 36 V 以下的低压电照明。每部电梯井道要单独供电（用单独的开关控制），且光照亮度要足够大。

（4）上、下通信联络设备要调试好。

（5）厅门口、机房、脚手架上、井道壁上无杂物，厅门口、机房孔洞要用相应的防护措施，以防止物体坠落梯井。

（6）要在无风和无其他干扰情况下作业。

（二）工艺流程

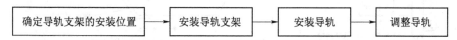

确定导轨支架的安装位置 → 安装导轨支架 → 安装导轨 → 调整导轨

1. 确定导轨支架的安装位置

（1）没有导轨支架预埋铁的电梯井壁，要按照图纸要求的导轨支架间距尺寸及安装导轨支架的垂线来确定导轨支架在井壁上的位置。

（2）当图纸上没有明确规定最下一排导轨支架和最上一排导轨支架的位置时，应按以下规定确定：最下一排导轨支架安装在底坑装饰地面上方 1000 mm 的相应位置；最上一排导轨支架安装在井道顶板下面不大于 500 mm 的相应位置。

（3）在确定导轨支架位置的同时，还要考虑导轨连接板（接道板）与导轨支架不能相碰，错开的净距离不小于 30 mm（见图 23-1）。

（4）若图纸没有明确规定，则以最下层导轨支架为基点，往上每隔 2000 mm 为一排导轨支架。个别处（如遇到接道板）间距可适当放大，但不应大于 2500 mm。

（5）长为 4 m 以上（包含 4 m）的轿厢导轨，每根至少应有两个导轨支架。3～4 m 长的轿厢导轨可不受此限，但导轨支架间距不得大于 2 m。如厂方图纸有要求则按其要求施工。

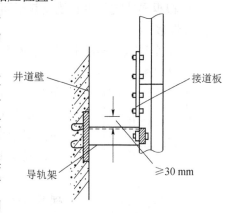

图 23-1　确定导轨支架位置

（井道壁、接道板、导轨架、≥30 mm）

2. 安装导轨支架

根据每部电梯的设计要求及具体情况选用下述方法中的一种。

（1）电梯井壁有预埋铁。

1）清除预埋铁表面混凝土。若预埋铁打在混凝土井壁内，则要从混凝土中剔出。

2）按安装导轨支架垂线核查预埋铁位置，若其位置偏移，达不到安装要求，可在预埋铁上补焊铁板。铁板厚度 $\delta \geqslant 16$ mm，长度一般不超过 300 mm。当长度超过 200 mm 时，端部用不小于 $\phi16$ 的膨胀螺栓固定于井壁。加装铁板与原预埋铁搭接长度不小于 50 mm，要求三面满焊（见图 23-2）。

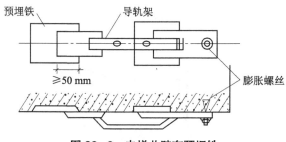

图 23-2　电梯井壁有预埋铁

（预埋铁、导轨架、≥50 mm、膨胀螺丝）

3）安装导轨支架。

a. 安装导轨支架前，要复核由样板上放下的基准线（基准线距导轨支架平面 1～3 mm），两线间距一般为 80～100 mm，其中一条是以导轨中心为准的基准线，另一条是安装导轨支架辅助线（见图 23-3）。

b. 测出每个导轨支架距墙的实际高度，并按顺序编号进行加工。

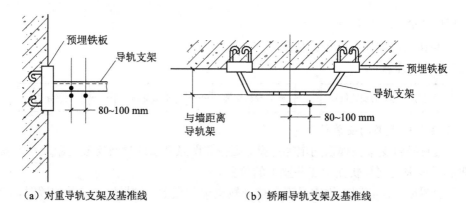

（a）对重导轨支架及基准线　　　　　（b）轿厢导轨支架及基准线

图 23-3　安装导轨支架的基准线

　　c. 根据导轨支架中心线及其平面辅助线，确定导轨支架位置，进行找平、找正，然后进行焊接。

　　d. 整个导轨支架不平度应不大于 5 mm。

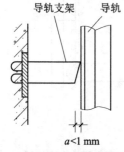

图 23-4　支架端面垂直误差

　　e. 为保证导轨支架平面与导轨接触面严实，支架端面垂直误差小于 1 mm（见图 23-4）。

　　f. 导轨支架与预埋铁接触面应严密，焊接采取内外四周满焊，焊接高度不应小于 5 mm。焊肉要饱满，且不能夹渣、咬肉、气孔等。

　　（2）使用膨胀螺栓固定导轨支架。混凝土电梯井壁没有预埋铁的情况多使用膨胀螺栓直接固定导轨支架的方法。使用的膨胀螺栓规格要符合电梯厂图纸要求，若厂家没有要求，膨胀螺栓的规格不小于 $\phi16$ mm。

　　1）打膨胀螺栓孔，位置要准确且要垂直于墙面，深度要适当。一向以膨胀螺栓被固定后，护套外端面和墙壁表面相平为宜（见图 23-5）。

　　2）若墙面垂直误差较大，可局部剔修，使之和导轨支架接触面间隙不大于 1 mm，然后用薄垫片垫实（见图 23-6）。

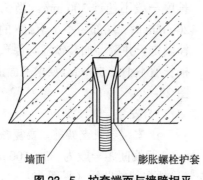

图 23-5　护套端面与墙壁相平

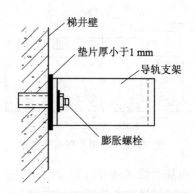

图 23-6　加垫片修复墙面垂直误差

3）导轨支架编号加工。

4）导轨支架就位，并打正、找平，将膨胀螺栓紧固。

（3）使用穿钉螺栓固定导轨支架。

1）若电梯井壁较薄，不宜使用膨胀螺栓固定导轨支架，且又没有预埋铁，可采用井壁打透眼，用穿钉固定铁板（$\delta \geqslant 16$ mm）。穿钉处，井壁外侧靠墙壁要加 100 mm×100 mm×12 mm 的垫铁，以增加强度（见图 23–7），将导轨支架焊接在铁板上。

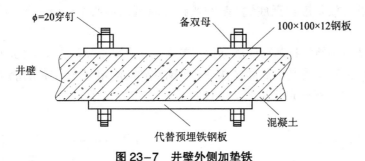

图 23–7　井壁外侧加垫铁

2）加工及安装导轨支架的方法和要求完全同有预埋铁的情况。

（4）使用混凝土筑导轨支架。梯井壁是砖结构，一般采用剔导轨支架孔洞、用混凝土筑导轨支架的方法。

1）导轨支架孔洞应剔成内大外小，深度不小于 130 mm（见图 23–8）。

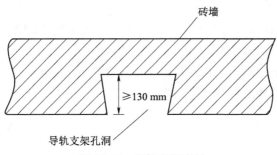

图 23–8　导轨支架孔洞

2）导轨支架编号加工，且入墙部分的端部要劈开燕尾（见图 23–9）。

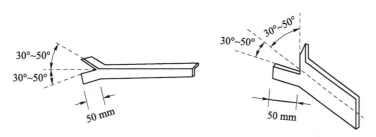

图 23–9　劈燕尾

3）用水冲洗孔洞内壁，使尘渣被冲出，洞壁被洇湿。

4）筑导轨支架用的混凝土用水泥、砂子、豆石按 1 : 2 : 2 的体积比加入适量的水搅拌均匀制成。筑导轨支架时要用此混凝土将孔洞填实，支架埋入墙内的深度不小于120 mm，且要找平、找正。

5）导轨支架稳筑后不能碰撞，常温下经过 6～7 d 养护，达到规定强度后，才能安装导轨（轨道）。

6）对于导轨支架的水平误差要求同前。

3. 安装导轨

（1）从样板上放基准线至底坑（基准线距导轨端面中心 2～3 mm），并进行固定（见图 23-10）。

（2）底坑架设导轨槽钢基础座必须找平垫实，其水平误差不大于 1/1000。槽钢基础座位置确定后，用混凝土将其四周灌实抹平。槽钢基础两端用来固定导轨角钢架，先用导轨基准线找正后，再进行固定（见图 23-11）。

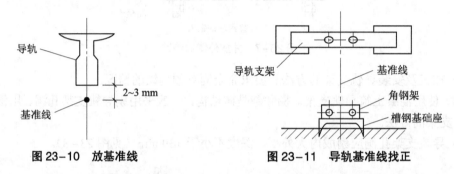

图 23-10　放基准线　　　　　　　　图 23-11　导轨基准线找正

（3）若导轨下无槽钢基础座可在导轨下边垫一块厚度 $\delta \geq 12$ mm、面积为 200 mm×200 mm 的钢板，并与导轨用电焊点焊（见图 23-12）。

（4）对用油润滑的导轨，须在立基础导轨前将其下端距地平 40 mm 高的一段工作面部分锯掉，以留出接油盒的位置（见图 23-13）。

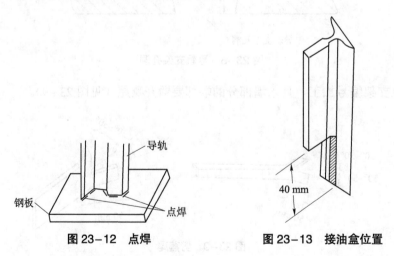

图 23-12　点焊　　　　　　　　　图 23-13　接油盒位置

（5）在梯井顶层楼板下挂一滑轮并固定牢固。在顶层厅门口安装并固定一台 0.5 t 的卷扬机（见图 23-14）。

（6）吊装导轨时要采用双钩钩住导轨连接板（见图23-15）。

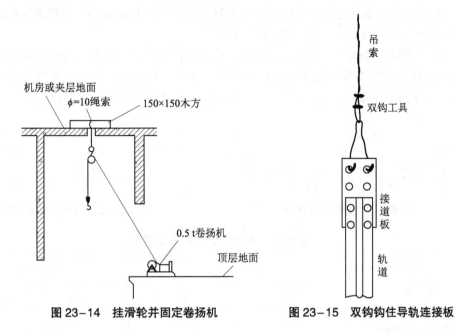

图 23-14 挂滑轮并固定卷扬机　　　图 23-15 双钩钩住导轨连接板

（7）若导轨较轻且提升高度不大，可采用人力，使用$\phi\geqslant16$尼龙绳代替卷扬机吊装导轨。若采用人力提升，须由下而上逐根立起。若采用小型卷扬机提升，可将导轨提升到一定高度（能方便地连接导轨），连接另一根导轨。采用多根导轨整体吊装就位的方法，要注意吊装用具的承载能力，一般吊装总重不超过 3 kN（≈300 kg），整条轨道可分几次吊装就位。

4. 调整导轨（轨道）

（1）用钢板尺检查导轨端面与基准线的间距和中心距离，若不符合要求，应调整导轨前后距离和中心距离，然后再用找道尺进行细找。

（2）用找道尺检查、找正导轨（见图23-16）。

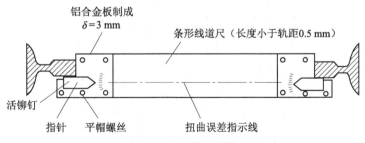

图 23-16 找正导轨

1）扭曲调整：将找道尺端平，并使两指针尾部侧面和导轨侧工作面贴平、贴严，两端指针尖端指在同一水平线上，说明无扭曲现象。若贴不严或指针偏离相对水平线，说明有扭曲现象，则用专用垫片调整导轨支架与导轨之间的间隙（垫片不允许超过三片）使之符合要求。为了保证测量精度，用上述方法调整以后，将找道尺反向180°，用同一方法再进行测量调整，直至符合要求。

2）调整导轨垂直度和中心位置：调整导轨位置，使其端面中心与基准线相对，并保持规定间隙（如规定 3 mm），如图 23-17 所示。

3）找间距：操作时，在找正点处将长度较导轨间距 L 小 0.5～1 mm 的找道尺端平，用塞尺测量找道尺与导轨端面间隙，使其符合要求（找正点在导轨支架处及两支架中心处）。两导轨端面间距 L（见图 23-18），其偏差在导轨整个高度上应符合表 23-1 的要求。

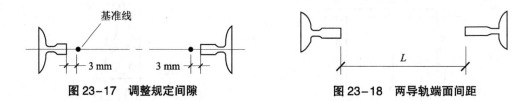

图 23-17　调整规定间隙　　　　　图 23-18　两导轨端面间距

表 23-1　两导轨端面间距的偏差要求

电梯速度	2 m/s 以上		2 m/s 以下	
轨道用途	轿厢	对重	轿厢	对重
偏差不大于/mm	+1 0	+2 0	+2 0	+2 0

上述三条必须同时调整，使之达到要求。

（3）修正导轨接头处的工作面。

1）导轨接头处，导轨工作面直线度可用 500 mm 钢板尺靠在导轨工作面，用塞尺检查 a、b、c、d 处（见图 23-19），均应不大于表 23-2 中的规定（接头处对准钢板尺 250 mm 处）。

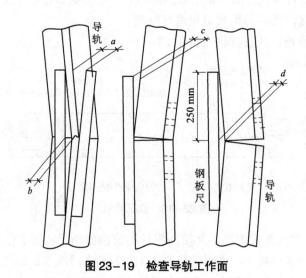

图 23-19　检查导轨工作面

表 23-2 导轨工作面直线度允许偏差

导轨连接处	a	b	c	d
不大于/mm	0.15	0.06	0.15	0.06

2）导轨接头处的全长不应有连续缝隙，局部缝隙不大于 0.5 mm（见图 23-20）。

3）两导轨的侧工作面和端面接头处的台阶应不大于 0.05 mm（见图 23-21）。

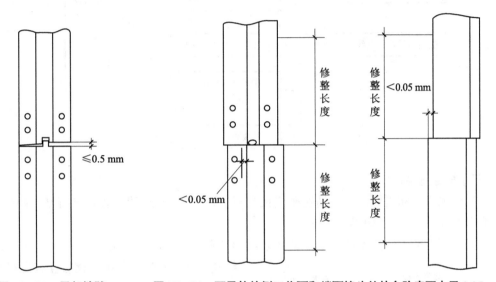

图 23-20 局部缝隙　　图 23-21 两导轨的侧工作面和端面接头处的台阶应不大于 0.05 mm

4）对台阶应沿斜面用手砂轮或油石进行磨平，磨修长度应符合表 23-3 中的要求。

表 23-3 台阶磨修长度

电梯速度	3 m/s 以上	3 m/s 以下
修整长度/mm	300	200

二、电气设备安装

（一）作业条件

（1）机房、井道施工要用 36 V 以下的低压电照明。每部电梯井道要单独供电（用单独的开关控制），且光照亮度要足够大。

（2）开慢车进行井道内安装工作时各层厅门关闭，门锁良好、可靠，厅门不能用手扒开。

（二）工艺流程

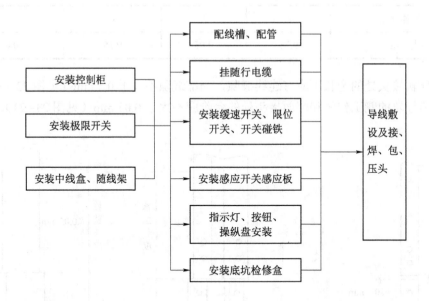

（三）安装控制柜

（1）根据机房布置图及现场情况确定控制柜位置。一般应远离门窗，与门窗、墙的距离不小于 600 mm，并考虑维修方便。

（2）控制柜的过线盒要按安装图的要求用膨胀螺栓固定在机房地面上。若无控制柜过线盒，则要制作控制柜型钢底座或混凝土底座（见图 23–22）。

控制柜与型钢底座采用螺丝连接固定；控制柜与混凝土底座采用地脚螺丝连接固定。

（3）控制柜安装固定要牢固。当多台柜并排安装时，其间应无明显缝隙且柜面应在同一平面上。

（4）小型的励磁柜安装在距地面高1200 mm 以上的金属支架上（以便调整）。

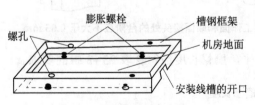

（a）用型钢制作的控制柜底座

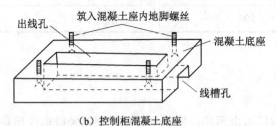

（b）控制柜混凝土底座

图 23–22　控制柜底座

（四）安装极限开关

（1）根据布置图，若极限开关选用墙上安装方式时，要安装在机房门入口处，要求开关底部距地面高度 1.2～1.4 m。

当梯井极限开关钢丝绳位置和极限开关不能上下对应时，可在机房顶板上装导向滑轮，导向滑轮位置应正确，动作灵活、可靠（见图 23–23）。

极限开关、导向滑轮支架分别用膨胀螺栓固定在墙上和楼板上。

钢丝绳在开关手柄轮上应绕 3～4 圈，其作用力方向应保证使闸门跳开，切断电源。

（2）根据布置图位置，若在机房地面上安装极限开关时，要按开关能和梯井极限绳上下对应来确定安装位置。

极限开关支架用膨胀螺栓固定在梯房地面上。极限开关盒底面距地面 300 mm（见图 23-24）。将钢丝绳按要求进行固定。

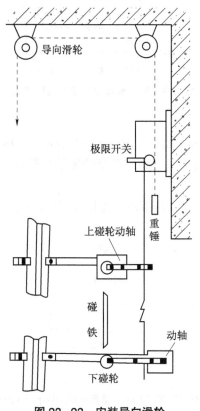

图 23-23　安装导向滑轮

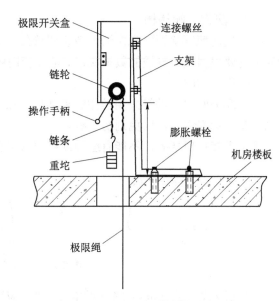

图 23-24　极限开关盒位置

（五）安装中间接线盒、随缆架

（1）中间接线盒设在梯井内，其高度按下式确定：

高度（最底层厅门地坎至中间接线盒底的垂直距离）=1/2 电梯行程+1500 mm+200 mm

若中间接线盒设在夹层或机房内，其高度（盒底）距夹层或机房地面不低于 300 mm。

（2）中间接线盒水平位置要根据随缆既不能碰轨道支架又不能碰厅门地坎的要求来确定。

若梯井较小，轿门地坎和中间接线盒在水平位置上的距离较近，要统筹计划，其间距不得小于 40 mm（见图 23-25）。

（3）中间接线盒用膨胀螺栓固定在墙壁上。在中间接线盒底面下方 200 mm 处安装随缆架。固定随缆架要用不小于 $\phi16$ 的膨胀螺栓两条以上（视随缆重量而定），以保证其牢度（见图 23-26）。

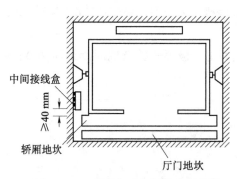

图 23-25　地坎与中间接线盒的间距

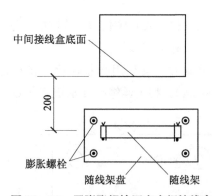

图 23-26　用膨胀螺栓固定中间接线盒

（六）配管、配线槽

（1）机房配管除图纸规定沿墙敷设明管外，均要敷设暗管，梯井允许敷设明管。电线管的规格要根据敷设导线的数量决定。电线管内敷设导线总面积（包括绝缘层）不应超过管内净面积的 40%。

（2）配 $\phi20$ 以下的管采用丝扣管箍连接，$\phi25$ 以上的管可采用焊接连接。管子连接口、出线口要用钢锉锉光，以免划伤导线。

管子焊接接口要齐，不能有缝隙或错口（见图 23-27）。

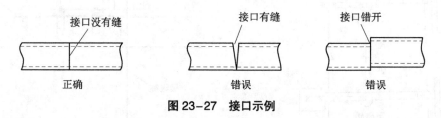

图 23-27　接口示例

（3）进入落地式配电箱（柜）的电线管路，应排列整齐，管口高于基础面不小于 50 mm。

（4）明配管以下各处须设支架：直管每隔 2～2.5 m，横管不大于 1.5 m，金属软管不大于 1 m，拐弯处及出入箱盒两端为 150 mm。每根电线管不少于两个支架，支架可直埋墙内或用膨胀螺栓固定。

（5）钢管进入接线盒及配电箱，暗配管可用焊接固定，管口露出盒（箱）小于 5 mm，明配管应用锁紧螺母固定，露出锁母的丝扣为 2～4 扣。

（6）钢管与设备连接，要把钢管敷设到设备外壳的进线口内，如有困难，可采用下述两种方法：

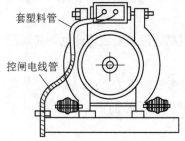

图 23-28　抱闸配管

1）在钢管出线口处加软塑料管引入设备，但钢管出线口与设备进线口距离应在 200 mm 以内。

2）设备进线口和管子出线口用配套的金属软管和软管接头连接，软管应用管卡固定。

（7）设备表面上的明配管或金属软管应随设备外形敷设，以求美观，如抱闸配管（见图 23-28）。

（8）在井道内敷设电线管时，各层应装分支接线盒

244

（箱），并根据需要加端子板。

（9）管盒要用开孔器开孔，孔径不大于管外径 1 mm。

（10）机房配线槽除设计选定的厚线槽外，均应沿墙、梁或梯板下面敷设，线槽敷设应横平竖直。

（11）梯井线槽到每层的分支导线较多时，应设分线盒并考虑加端子板。

（12）由线槽引出分支线，如果距指示灯、按钮盒较近，可用金属软管敷设，若距离超过 2 m，应用钢管敷设。

（13）线槽应有良好的接地保护，线槽接头应严密并做跨接地线（见图 23-29）。

（14）切断线槽须用手锯操作（不能用气焊），拐弯处不允许锯直口，应沿穿线方向弯成 90°保护口，以防伤线（见图 23-30）。

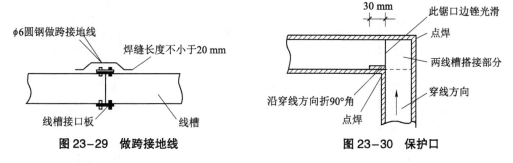

图 23-29　做跨接地线　　　　　　　图 23-30　保护口

（15）线槽采用射钉或膨胀螺栓固定。

（16）线槽安装完后补刷沥青漆一道，以防锈蚀。

（七）挂随行电缆

（1）随行电缆的长度应根据中线盒及轿厢底接线盒实际位置，加上两头电缆支架绑扎长度及接线余量确定，保证在轿厢蹲底或撞顶时不使随缆拉紧，在正常运行时不蹭轿厢和地面。蹲底时随缆距地面 100～200 mm 为宜。

（2）轿底电缆支架和井道电缆支架的水平距离不小于：8 芯电缆为 500 mm，16～24 芯电缆为 800 mm。

（3）挂随缆前应将电缆自由悬垂，使其内应力消除。多根随缆不宜绑扎成排。

（4）用塑料绝缘导线（BV1.5 mm^2）将随缆牢固地绑扎在随缆支架上（见图 23-31）。

（5）电缆入接线盒应留出适当余量，并应压接牢固、排列整齐。

（6）当承缆距导轨支架过近时，为了防止承缆损坏，可自底坑沿导轨支架焊 $\phi 6$ 圆钢至高于井道中部 1.5 m 处，或设保护网。

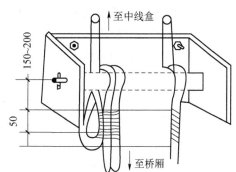

图 23-31　导线随缆绑扎

（八）安装缓速开关、限位开关及其碰铁

（1）碰铁应无扭曲、变形，安装后调整其垂直偏差不大于长度的 1/1000，最大偏差不大于 3 m（碰铁的斜面除外）。

（2）缓速开关、限位开关的位置按下述要求确定：

1）一般交流低速电梯（1 m/s 及以下），开关的第一级作为强迫减速，将快速转换为慢速运行。第二级应作为限位用，当轿厢因故超过上下端站 50~100 mm 时，即切断顺方向控制电路。

2）端站强迫减速装置有一级或多级减速开关，这些开关的动作时间略滞后于同级正常减速动作时间。当正常减速失效时，装置按照规定级别进行减速。

（3）开关安装应牢固，安装后要进行调整，使其碰轮与磁铁可靠接触，开关触点可靠动作，碰轮略有压缩余量。碰轮距碰铁边不小于 5 mm（见图 23-32）。

（4）开关碰轮的安装方向应符合要求，以防损坏（见图 23-33）。

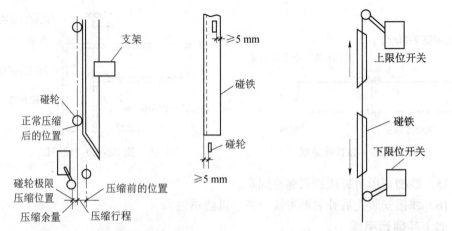

图 23-32　碰轮距碰铁的距离　　　　图 23-33　开关碰轮安装方向

（九）安装感应开关和感应板

（1）无论装在轿厢上的平层感应开关及开门感应开关，还是装在轨道上的选层、截车感应开关（这种是没有选层器的电梯），其形式基本相同。安装应横平竖直，各侧面应在同一垂直面上，其垂直偏差不大于 1 mm。

（2）感应板安装应垂直，插入感应器时应位于中间（见图 23-34），若感应器灵敏度达不到要求，可适当调整感应板，但与感应器内各侧间隙不小于 7 mm。

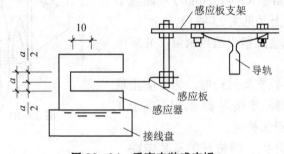

图 23-34　垂直安装感应板

（3）感应板应能上下、左右调节，调节后螺栓应可靠锁紧，电梯正常运行时不得与感应器产生摩擦，严禁碰撞。

（十）指示灯、按钮、操纵盘安装

（1）指示灯盒、按钮盒、操纵盘箱安装应横平竖直，其误差应不大于 4/1000。指示灯盒中心与门中线偏差不大于 5 mm（见图 23-35）。

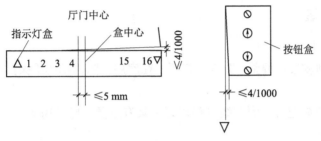

图 23-35　指示灯盒位置

（2）指示灯、按钮、操纵盘的面板应盖平，遮光罩良好，不应有漏光和串光现象。

（3）按钮及开关应灵活、可靠，不应有阻塞现象。

（十一）安装底坑检修盒

（1）底坑检修盒的安装位置应选择在距线槽或接线盒较近、操作方便、不影响电梯运行的地方。如图 23-36 所示的安装为检修盒安装在靠线槽较近一侧的地坑下面。

（2）底坑检修盒用膨胀螺栓固定在井壁上。检修盘、电线管、线槽之间都要跨越接地线。

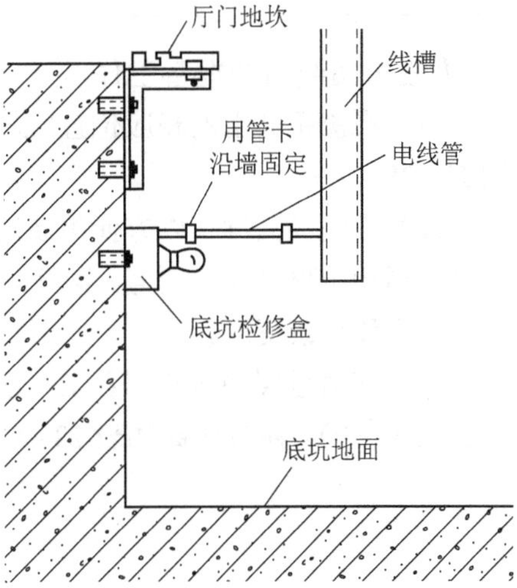

（十二）导线敷设及接、焊、包、压头

（1）穿线前将钢管或线槽内清扫干净，不得有积水、污物。

图 23-36　底坑检修盒

（2）根据管路的长度留出适当余量进行断线，穿线时不能出现损伤线皮、扭结等现象，并留出适当备用线（10～20 根备 1 根，20～50 根备 2 根，50～100 根备 3 根）。

（3）导线要按布线图敷设，电梯的供电电源必须单独敷设，动力和控制线路应分别敷设，微信号及电子线路应按产品要求单独敷设或采取抗干扰措施。若在同一线槽中敷设，其间要加隔板。

（4）在线槽的内拐角处要垫橡胶板等软物，以保护导线（见图 23-37）。

（5）截面积在 6 mm² 以下的铜线连接时，本身自缠不少于 5 圈，缠绕后涮锡。多股导线（10 mm² 及以上）与电气设备连接，使用连接卡或接线鼻子，在使用

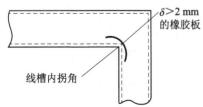

图 23-37　垫橡胶板

连接卡时，多股铜线应先涮锡。

（6）接头先用橡胶布包严，再用黑胶布包好放在盒内。

（7）设备及盘柜接线前应将导线沿接线端子方向整理成束，然后用小线或尼龙卡子绑扎，以便故障检查。

（8）导线终端应设方向套或标记牌，并注明该线路编号。

三、对重安装

（一）作业条件

（1）对重导轨安装、调整、验收合格后，在底层拆除局部脚手架排档，以对重能进入井道就位为准。

（2）井道内电焊把线、照明线等整理好，具有方便的操作场地。

（二）工艺流程

（三）吊装前的准备工作

（1）在脚手架上的相应位置（以方便吊装对重框架和装入坨块为准）搭设操作平台（见图23-38）。

（2）在适当高度（以方便吊装对重为准）的两相对的对重导轨支架上拴上钢丝绳扣，在钢丝绳扣中央悬挂一倒链。钢丝绳扣应拴在导轨支架上，不可直接拴在导轨上，以免导轨受力后移位或变形。

（3）在对重缓冲器两侧各支一根 100 mm×100 mm 木方。木方高度 $C=A+B+$越程距离（见图23-39）。越程距离如表23-4所示。

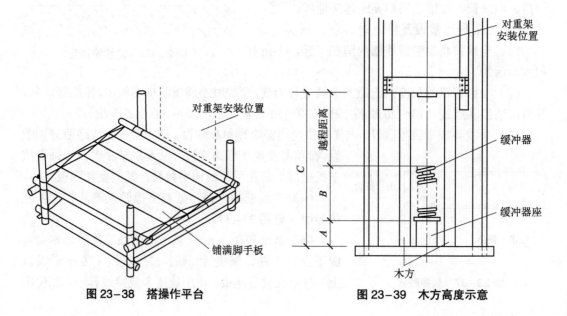

图23-38　搭操作平台　　　　　图23-39　木方高度示意

表 23-4 越程距离

电梯额定速度/（m/s）	缓冲器形式	越程距离/mm
0.5～1.0	弹簧	200～350
1.5～3.0	油压	150～400

（4）若导靴为弹簧式或固定式的，要将同一侧的两导靴拆下；若导靴为滚轮式的，要将四个导靴都拆下。

（四）对重框架吊装就位

（1）将对重框架运到操作平台上，用钢丝绳扣将对重绳头板和倒链钩连在一起（见图 23-40）。

（2）操作倒链，缓缓地将对重框架吊起到预定高度，对于一侧装有弹簧式或固定式导靴的对重框架。移动对重框架，使其导靴与该侧导轨吻合

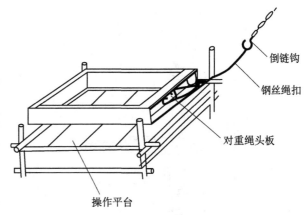

图 23-40 吊装

并保持接触，然后轻轻放松倒链，使对重架平稳牢固地安放在事先支好的木方上。当未装导靴的对重框架固定在木方上时，应使框架两侧面与导轨端面距离相等。

（五）对重导靴的安装、调整

（1）固定式导靴安装时要保证内衬与导轨端面间隙上下一致，若达不到要求要用垫片进行调整（见图 23-41）。

（2）在安装弹簧式导靴前，应将导靴调整螺母紧到最大限度，使导靴和导靴架之间没有间隙，这样便于安装（见图 23-42）。

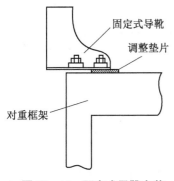

图 23-41 固定式导靴安装

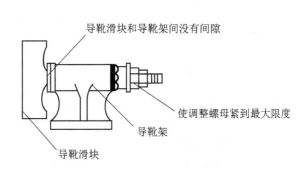

图 23-42 导靴调整

（3）若导靴滑块内衬上下与轨道端面间隙不一致,则在导靴座和对重框架间用垫片进行调整,调整方法同固定式导靴。

（4）滚轮式导靴安装要平整,两侧滚轮对导轨压紧后两滚轮的压簧量应相等,压缩尺寸应按制造厂规定。若无规定,则根据使用情况调整压力适中,正面滚轮应与道面压紧,

轮中心对准导轨中心（见图 23-43）。

（六）对重块的安装及固定

（1）装入相应数量的对重块。对重块数应根据下列公式求出：

装入的对重块数=轿厢自重+额定荷重×0.5-对重架重/每块坨的质量

（2）按厂家设计要求装上对重块防震装置。图 23-44 所示为挡板式防震装置。

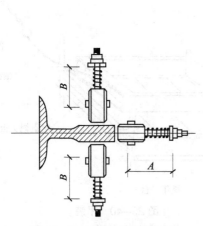

图 23-43 滚轮式导靴安装

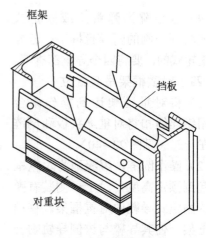

图 23-44 挡板式防震装置

四、钢丝绳安装

（一）作业条件

（1）做绳头的地方应保持清洁，熔化钨金的地方有防火措施。

（2）放开钢丝绳场地应洁净、宽敞，保证钢丝绳表面不受脏污。

（二）工艺流程

（1）单绕式工艺流程：

（2）复绕式工艺流程：

（三）确定钢丝绳长度

在轿厢及对重的绳头板上相应的位置分别装好一个绳头装紧。绳头杆上装上双螺母，以刚好能装上开口销为准。提起绳头杆（使绳头杆上的弹簧向压缩方向受力），用 2.5 mm² 以上的铜线以图 23-45 所示的方法测量轿厢绳头锥体出口至对重绳头锥体出口的长度 X。

绳长 L 用下列公式确定。

单绕式： $L=0.996（X+2Z+Q）$

复绕式： $L=0.996（X+2Z+2Q）$

式中：Z 为钢丝绳在锥体内的长度（包括钢丝绳在绳头锥套内回弯部分）；Q 为轿厢离出厅门地坎高度。（见图 23-45）

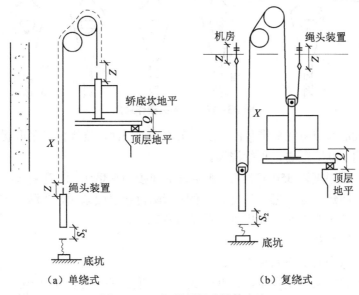

（a）单绕式　　　　　　　（b）复绕式

图 23-45　钢丝绳长度计算方法

（四）放钢丝绳、剁断钢丝绳

在清洁宽敞的地方放开钢丝绳，检查钢丝绳应无死弯、锈蚀、断丝情况。按上述方法确定钢丝绳长度后，从距剁口两端 5 mm 处将钢丝绳用 0.7～1 mm 的铅丝绑扎成 15 mm 的宽度，然后留出钢丝绳在锥体内长度 Z，再按要求进行绑扎（见图 23-46），然后用剁子剁断钢丝绳。

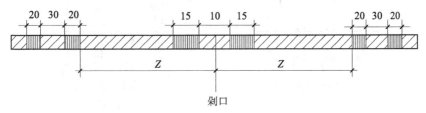

剁口

图 23-46　钢丝绳绑扎

（五）做绳头、挂钢丝绳

（1）在挂绳之前，应先将钢丝绳放开，使之自由悬垂于井道内，消除内应力。挂绳之前若发现钢丝绳上油污、渣土较多，可用棉丝浸上煤油，拧干后对钢丝绳进行擦拭，禁止对钢丝绳直接进行清洗，防止润滑脂被洗掉。

（2）单绕式电梯先做绳头后挂钢丝绳。复绕式电梯由于绳头穿过复绕轮比较困难，所以要先挂钢丝绳后做绳头；或先做好一侧的绳头，待挂好钢丝绳后再做另一侧绳头。

（3）将钢丝绳剁开后，穿入锥体，将剁口处绑扎铅丝拆去，松开绳股，除去麻芯，用汽油将绳股清洗干净，按要求尺寸弯回，将弯好的绳股用力拉入锥套内，将浇口处用石棉布或水泥袋纸包扎好，下口用石棉绳或棉丝扎严，操作顺序如图 23-47 所示。

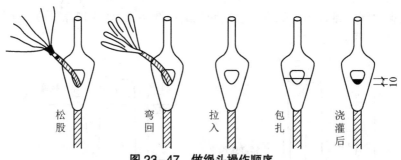

图 23-47 做绳头操作顺序

（4）绳头浇灌前应将绳头锥套内部油质杂物清洗干净，浇灌前应采取缓慢加热的办法使锥套温度达到 100 ℃左右，再行浇灌。

（5）钨金浇灌温度以 350 ℃为宜，钨金采取间接加热熔化，温度采取热电偶测量或当放入水泥袋时立即焦黑但不燃烧为宜。浇灌时清除钨金表面杂质，浇灌必须一次完成，浇灌时轻击绳头，使钨金灌实，灌后冷却前不可移动。

（六）调整钢丝绳

调整钢丝绳张力有如下两种方法：

（1）测量调整绳头弹簧高度，使其一致，其高度误差不可大于 2 mm。

采用此法应事先对所有弹簧进行挑选，使同一个绳头板装置上的弹簧高度一致，绳头装置如图 23-48 所示。

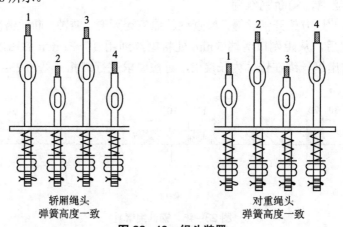

轿厢绳头   对重绳头
弹簧高度一致   弹簧高度一致

图 23-48 绳头装置

1~4—绳头

（2）用 100~150 N（10~15 kg）的弹簧种在梯井 3/4 高度处（人站在轿厢顶上），将各钢丝绳横拉出同等距离，其相互的张力差不得超过 5%，达不到要求时进行调整。

钢绳张力调整后，绳头上双螺母必须拧紧，销钉穿好劈好尾，绳头紧固后，绳头杆上丝扣须留有 1/2 的调整量。

五、机房机械设备安装

（一）作业条件

（1）机房间窗要齐全，地面干净，照明符合有关要求，有足够的作业空间。

（2）建筑结构必须符合承载力的设计要求，地面孔洞的位置、大小要符合图纸及规范要求。

（3）吊装机器的挂钩要符合设计要求。

（4）若机器在地面上安装时，地面一定要抹平、抹光。

（二）工艺流程

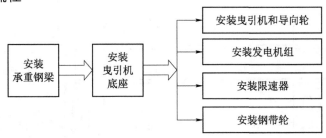

（三）安装承重钢梁

（1）钢梁安装前要刷防锈漆（交工前再刷一道）。

（2）按安装图确定钢梁位置。

（3）安装曳引机承重钢梁，其两端必须放于井道承重墙上（或承重梁），深入长度应与墙（或梁）外皮齐。若曳引机承重钢梁长度不足，其深入长度应保证至少超出墙（或梁）的中心线 2 cm 以上，且不应小于 7.5 cm。在曳引机承重钢梁与井道承重墙（或梁）间垫 $\delta \geqslant 16$ mm、面积大于接触的钢板。

根据不同条件，选下列安装方法之一进行安装：

1）钢梁安在机房楼板下。在井道顶层高度能满足《电梯制造与安装安全规范》（GB/T 7588.1）要求的条件下，钢梁宜安于楼板下，并将钢梁与楼板浇成一体（见图 23–49）。

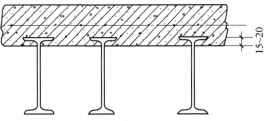

图 23–49　钢梁与楼板浇成一体

2）钢梁安在机房楼板上。审核机房高度，当钢梁安于楼板下顶层高度不能满足规范要求时，钢梁应装于楼板的上面。安装方法如下：首先确定轿厢对重的中心连线，然后按照安装图所给出的尺寸 P 及 Q 确定钢梁安装位置（见图 23–50）。

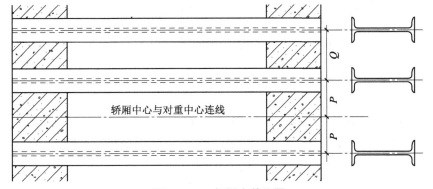

图 23–50　钢梁安装位置

3）钢梁安在混凝土台上。

如果机房高度较高，若条件允许，且机房楼板为承重型楼板，应尽量采取此种方法。当钢梁安装在混凝土台上时，混凝土台内必须按设计要求加钢筋，且钢筋通过地脚螺丝和楼板相连。混凝土台上面设有 $\delta \geq 16$ mm 的钢板（见图 23-51）。

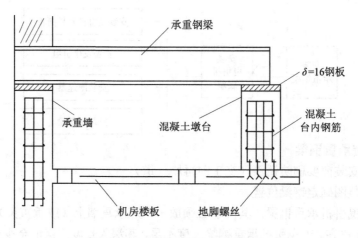

图 23-51　钢梁安装在混凝土台上

由于某种原因，现场打混凝土台确有困难，可以采用型钢架起钢梁的方法（见图 23-52）。

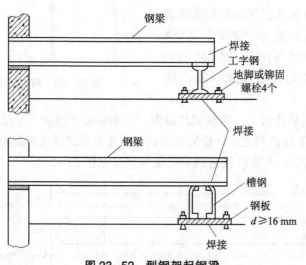

图 23-52　型钢架起钢梁

若因型钢高度与垫起高度不相适应或垫起高度不适宜采用型钢，可以在现场做金属构架架设钢梁（见图 23-53）。根据垫起高度所用型钢及钢板尺寸如表 23-5 所示。

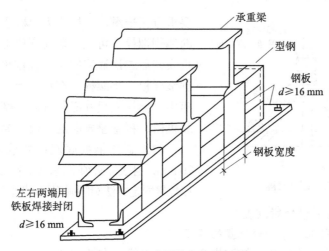

图 23-53 金属构架架设钢梁

表 23-5 选用型钢及钢板尺寸

垫起高度/mm	选用型钢名称	型钢规格/mm	铁板宽度/mm
300	等边角钢	100×100×10	300
450	槽钢	$h=160$	450
600	槽钢	$h=200$，$\delta=9$	同构架长

钢梁找平找正后，用电焊将承重梁和垫铁焊牢。承重梁在墙内的一端用混凝土塞实抹平，在地面上坦露的一端用混凝土打一个墩，将其封住（见图 23-54）。

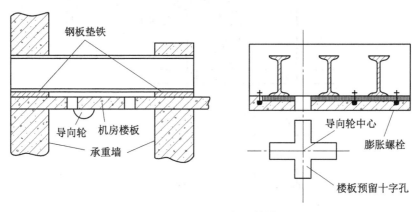

图 23-54 承重梁和垫铁

（四）安装曳引机底座

若电梯厂未提供成套曳引机底座，则需现场制作。

（1）制作混凝土底座：制作混凝土底座要由土建配合，根据设计要求施工。若无设计要求，则根据以下要求施工：混凝土基座用的水泥标号不小于 32.5 号，水泥、砂子、豆石的比例为 1:2:2。基座内配有相应规格的钢筋。混凝土基座的厚度以 250～300 mm 为宜，

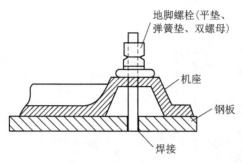

图 23-55　钢板底座

要求方正平滑，四周应大于机座 40 mm。基座上的地脚螺栓，可以采取在底座上预留孔，待曳引机安装后二次灌浆固定；或按曳引机安装孔尺寸制造样板，将螺栓穿在样板上直接打于混凝土基座中，但样板尺寸必须准确，螺栓必须垂直（安装机器时将基座表面的样板去掉）。

（2）制作钢板底座：要求钢板厚度不小于 20 mm，且表面必须平整、光滑，钢板与地脚螺栓采取焊接固定方法（地脚螺栓要备双母，见图 23-55）。

（五）安装曳引机与导向轮

1. 单绕式曳引机、导向轮位置的确定

在机房上方沿对重中心和轿厢中心拉一水平线，在这根线上的 A、B 两点对着样板上的轿厢中心和对重中心分别吊下两根垂线，并在 A′ 点吊下另一垂线（AA′ 距离为曳引轮直径）。将曳引机就位并移动，使垂线 AR 及 A′Q 与曳引轮两边绳槽中心 C 点及 C′ 点相切，则曳引机位置确定，并固定。将导向轮就位，使垂线 BP 与导向轮外边绳槽中心 D 点相切，并保持不变，同时在导向轮另一边中心点 D（相切处）吊一垂线 D′S，转动导向轮，使此垂线垂在对重中心及轿厢中心连线上，则导向轮位置确定，并加以固定（见图 23-56）。

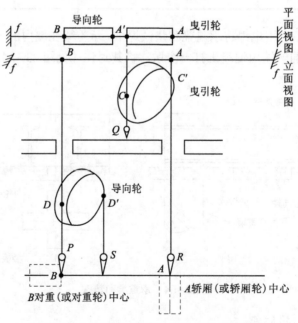

图 23-56　单绕式曳引机、导向轮位置的确定

2. 复绕式曳引机和导向轮安装位置的确定

（1）首先确定曳引轮和导向轮的拉力作用中心点，需根据引向轿厢或对重的绳槽而定。如图 23-57 所示，引向轿厢的绳槽是 2、4、6、8、10，因而曳引轮的作用中心点是在这

五槽的中心位置，即第 6 槽的中心 A' 点。导向轮的作用中心点是 1、3、5、7、9 槽中心位置，即第 5 槽的中心点 B'。

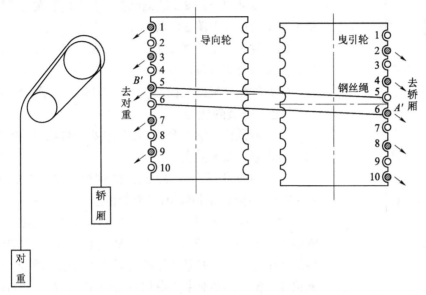

图 23-57　确定曳引轮和导向轮的拉力作用中心点

（2）安装位置的确定。

1）若导向轮及曳引机已由制造厂家组装在同一底座上，那么确定安装位置就极为方便，只要移动底座使曳引轮作用中心点 A' 吊下的垂线对准轿厢（或轿轮）中心点 A、导向轮作用中心点 B' 吊下的垂线对准对重（或对重轮）中心点 B，这项工作即已完成。然后将底座固定。

提示：这种情况在电梯出厂时，轿厢与对重中心距已完全确定，放线时应与图纸尺寸核对。

2）若曳引机与导向轮需在工地安装成套时，曳引机与导向轮的安装定位需要同时进行（若分别定位则非常困难）。方法如下：当曳引机及导向轮上位后，使由曳引轮作用中心点 A' 吊下的垂线对准轿厢（或轿轮）中心点 A，使由导向轮作用中心点 B' 吊下的垂线对准对重（或对重轮）中心点 B，并且始终保持不变，然后水平转动曳引机及导向轮，使两个轮平行，且相距 $S/2$（见图 23-58），并进行固定。

3）若曳引轮与导向轮的宽度及外形尺寸完全一样，此项工作也可以通过找两轮的侧面延长线进行（见图 23-59）。

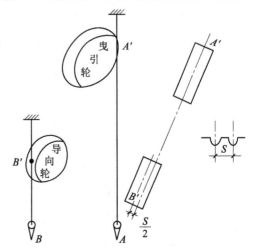

图 23-58　曳引机与导向轮成套安装时的安装位置

257

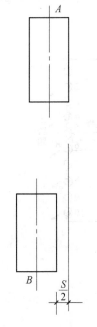

图 23-59　通过确定两轮的
侧面延长线确定安装位置

（六）安装发电机组

（1）按图确定机组位置。

（2）稳装机座：按安装图纸要求在地面和发电机组底座间垫上减震胶皮（见图 23-60）。

（3）发电机组找平找正后，连接发电机和底座的螺栓加平垫、弹簧垫及双螺母，并紧固。

（4）加装挡板或压板，以防水平移动（见图 23-61）。

（七）安装限速器

（1）若预留孔洞不合适，在剔楼板时要注意，剔孔不可过大，防止破坏楼板强度。

（2）用厚度不小于 12 mm 的钢板制作一个底座（见图 23-62）。将限速器和底座用螺丝相连。

（3）根据安装图所给坐标位置，将限速器就位，由限速轮绳槽中心向轿厢拉杆上绳头中心吊一垂线，同时由限速轮另一边绳槽中心直接向张紧轮相应的绳槽中心吊一垂线，调整限速器位置，使上述两对中心在相应的垂线上，位置即可确定。然后在机房楼板对应位置打上膨胀螺栓，将限速器就位，再一次进行测校，使限速器位置和底座的水平度都符合要求，然后将膨胀螺栓紧固。

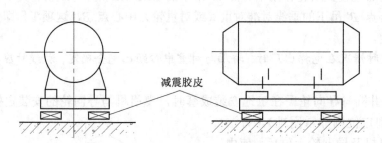

减震胶皮

卧式发电机

图 23-60　稳装机座

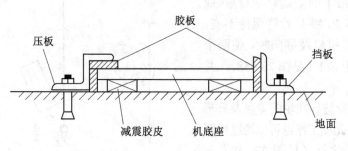

压板　　　胶板　　　挡板

减震胶皮　机底座　　地面

图 23-61　加装挡板

若楼板厚度小于 12 cm，应在楼板下再加一块钢板，与底座采用穿钉螺栓固定。

若限速轮的垂直误差 $d > 0.5$ mm，可在限速器底面与底座间加垫片进行调整。

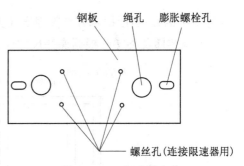

图 23-62　限速器底座

（八）安装钢带轮

（1）用厚度不小于 12 mm 的钢板或型钢制作钢带轮底座。在底座相应的位置上打钢带轮安装螺孔和膨胀螺栓孔，把钢带轮用螺丝固定在底座上。

（2）根据安装图所给位置将钢带轮就位，同时用线坠测量钢带轮中心切点 A、张紧轮中心切点 B、轿厢固定点 C，检查三点是否在同一垂线上。钢带轮另一边中心切点 D 及张紧轮中心切点 E 是否在同一垂线上，调整钢带轮位置使偏差在要求范围内（见图 23-63）。

（3）根据确定的位置，在机房地面上打膨胀螺栓。然后对钢带轮再一次按上述要求进行调整，并用膨胀螺栓进行固定。

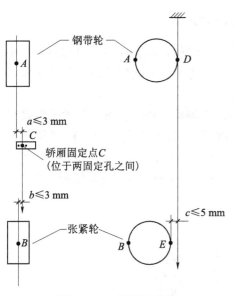

图 23-63　钢带轮就位

六、轿厢安装

（一）作业条件

（1）机房装好门窗，门上加锁，严禁非作业人员出入，机房地面无杂物。

（2）顶层脚手架拆掉后，有足够作业空间。

（3）施工照明应满足作业要求，必要时使用手把灯。

（4）导轨安装、找正完毕。

（5）顶层厅门口无堆积物，有足够搬运大型部件的通道。

（二）工艺流程

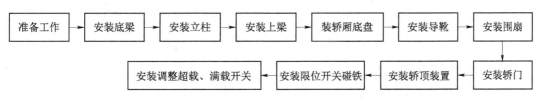

（三）准备工作

（1）在顶层厅门口对面的混凝土井壁相应位置上安装两个角钢托架（用 100×100 角钢），每个托架用三条 φ16 膨胀螺栓固定。

在厅门口牛腿处横放一根木方，在角钢托架和横木上架设两根 200×200 木方（或两根

20 号工字钢），然后把木方端部固定（见图 23-64）。

大型客梯及货梯应根据梯井尺寸计算来确定方木及型钢尺寸、型号。

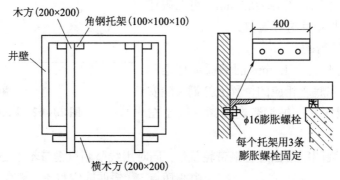

图 23-64　安装角钢托架和木方

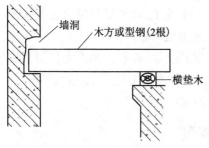

图 23-65　剔洞以支撑木方

（2）若井壁为砖结构，则在厅门口对面的井壁相应位置上剔两个与木方大小相适应的洞，用以支撑木方一端（见图 23-65）。

（3）在机房承重钢梁上相应位置（若承重钢梁在楼板下，则在轿厢绳孔旁）横向固定一根直径不小于 $\phi75\times4$ 的钢管，由轿厢中心绳孔处放下钢丝绳扣（不小于 $\phi13$），并挂一个 3 t 倒链，以备安装轿厢使用（见图 23-66）。

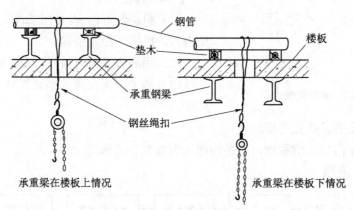

图 23-66　安放钢丝绳扣

（四）安装底梁

（1）将底梁放在架设好的木方或工字钢上。调整安全钳钳口（老虎嘴）与导轨面间隙（见图 23-67，若电梯厂图纸有具体规定尺寸，要按图纸要求），同时调整底梁的水平度，使其横、纵向不水平度均≤1/1000。

（2）安装安全钳楔块，楔齿距导轨侧工作面的距离调整到 3～4 mm（安装说明书有规定者按规定执行），且四个楔块距导轨侧工作面间隙应一致，然后用厚垫片塞于导轨侧面与楔块之间，使其固定（见图23-68），同时把老虎嘴和导轨端面用木楔塞紧。

调整安全钳钳口和轨道面间隙，使得a=a'、b=b'

图 23-67 调整安全钳钳口与导轨面间隙

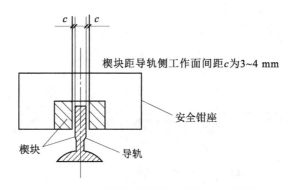

楔块距导轨侧工作面间距c为3~4 mm

安全钳座

楔块　　导轨

图 23-68 调整楔块距导轨侧工作面间距

（五）安装立柱

将立柱与底梁连接，连接后应使立柱垂直，其不铅垂度在整个高度上≤1.5 mm，不得有扭曲，若达不到要求则用垫片进行调整（见图23-69）。

（六）安装上梁

（1）用倒链将上梁吊起与立柱相连接，装上所有的连接螺栓。

（2）调整上梁的横、纵向水平度，使不水平度≤1/2000，然后分别紧固连接螺栓。

（3）当上梁带有绳轮时，要调整绳轮与上梁间隙，a、b、c、d 相等，其相互尺寸误差≤1 mm，绳轮自身垂直偏差≤0.5 mm（见图23-70）。

（七）装轿厢底盘

（1）用倒链将轿厢底盘吊起，然后放于相应位置。将轿厢底盘与立柱、底梁用螺丝连接（但不要把螺丝拧紧）。装上斜拉杆并进行调整，使轿底盘不平整度≤2/1000，然后将斜拉杆用双螺母拧紧，把各连接螺丝紧固（见图 23-71）。

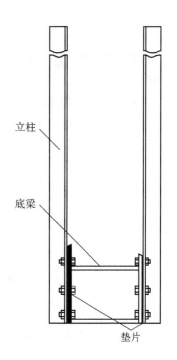

立柱

底梁

垫片

图 23-69 垫片调整垂直度

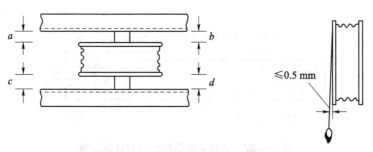

图 23-70　调整绳轮与上梁间隙

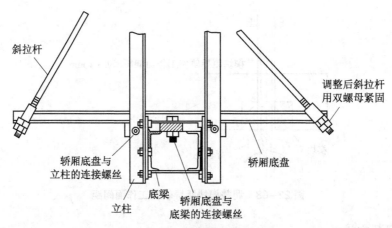

图 23-71　调整底盘不平整度

（2）若轿底为活动结构，先按上述要求将轿厢底盘托架安装调好，且将减震器安装在轿厢底盘托架上。

（3）用倒链将轿厢底盘吊起，缓缓就位，使减震器上的螺丝逐个插入轿底盘相应的螺丝孔中，然后调整轿底盘的水平度，使其不水平度≤2/1000。若达不到要求则在减震器的部位加垫片进行调整。

调整轿底定位螺丝，使其在电梯满载时与轿底保持 1~2 mm 的间隙（见图 23-72）。调整完毕，将各连接螺丝拧紧。

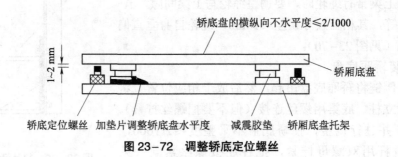

图 23-72　调整轿底定位螺丝

（4）安装、调整安全钳拉杆，达到要求后，拉条顶部要用双螺母拧紧。

（八）安装导靴

（1）要求上、下导靴中心与安全钳中心三点在同一条垂线上，不能有歪斜、偏扭现象（见图23-73）。

（2）固定式导靴要调整其间隙一致，内衬与导轨端面间隙两侧之和为 2.5+（0~1）mm。

（3）弹簧式导靴应随电梯的额定载重量不同而调整 b 尺寸，使内部弹簧受力相同，保持轿厢平衡，调整 $a=c=2$ mm（见表23-6和图23-74）。

（4）滚轮导靴安装平正，两侧滚轮对导轨压紧后，两轮压簧力量应相同，压缩尺寸按制造厂规定调整。若厂家无明确规定，则根据使用情况调整，使弹簧压力适中。要求正面滚轮应与导轨端面压紧，轮中心对准导轨中心（见图23-75）。

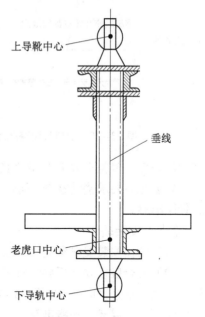

图 23-73 调整上、下导靴中心与安全钳中心

表 23-6 尺寸的调整

电梯额定载重量/kg	b/mm	电梯额定载重量/kg	b/mm
500	42	1500	25
750	34	2000~3000	25
1000	30	5000	20

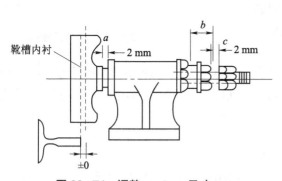

图 23-74 调整 a、b、c 尺寸

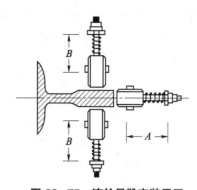

图 23-75 滚轮导靴安装平正

（九）安装围扇

（1）围扇底座和轿厢底盘的连接及围扇与底座之间的连接要紧密。各连接螺丝要加相应的弹簧垫圈（以防因电梯的震动而使连接螺丝松动）。

若因轿厢底盘局部不平而使围扇底座下有缝隙，要在缝隙处加调整垫片垫实（见

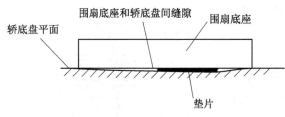

围扇底座和轿底盘间缝隙　围扇底座

轿底盘平面

垫片

图 23-76　加垫片调整缝隙

图 23-76)。

（2）若围扇直接安装在轿厢底盘上，其间若有缝隙，处理方法同上。

（3）安装围扇，可逐扇安装，亦可根据情况将几扇先拼在一起再安装。围扇安装后再安装轿顶，但要注意轿顶和围扇穿好连接螺丝后不要紧固，要在调整围扇垂直度偏差不大于 1/1000 的情况下逐个将螺丝紧固。

安装完后要求接缝紧密，间隙一致，夹条整齐，扇面平整一致，各部位螺丝必须齐全，且紧固牢靠。

（十）安装轿门

（1）轿门安装要求参见厅门安装的有关条文。

（2）安全触板安装后要进行调整，使之垂直。厅门全部打开后安全触板端面和轿门端面应在同一垂直平面上（见图 23-77）。安全触板的动作应灵活，功能可靠。

（3）在轿门扇和开关门机构安装调整完毕后，安装开门刀。开门刀端面和侧面的垂直偏差全长均不大于 0.5 mm，并且达到厂家规定的其他要求。

（十一）安装轿顶装置

（1）轿顶接线盒、线槽、电线管、安全保护开关等要按厂家安装图安装，若无安装图，则根据便于安装和维修的原则进行布置。

（2）安装、调整开门机构和传动机构使其符合厂家的有关设计要求，若厂家无明确规定，则按其传动灵活、功能可靠的原则进行调整。

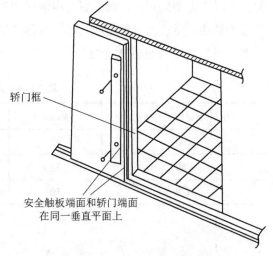

轿门框

安全触板端面和轿门端面
在同一垂直平面上

图 23-77　安全触板安装后的调整

（3）护身栏各连接螺丝要加弹簧垫圈紧固，以防松动，护身栏的高度不得超过上梁高度。

（4）平层感应器和开门感应器要根据感应铁的位置定位调整，要求横平竖直，各侧面应在同一垂直平面上，其垂直度偏差不大于 1 mm。

（十二）安装限位开关碰铁

（1）安装前对碰铁进行检查，若有扭曲、弯曲现象要调整。

（2）碰铁安装要牢固，要采用加弹簧垫圈的螺丝固定。要求碰铁垂直，偏差不应大于 1/1000，最大偏差不大于 3 mm（碰铁的斜面除外）。

（十三）安装调整超载、满载开关

（1）对超载、满载开关进行检查，其动作应灵活，功能可靠，安装要牢固。

（2）调整满载开关，应在轿厢额定载重量时可靠动作。调整超载开头，应在轿厢的额定载重量×110%时可靠动作。

七、井道机械设备安装

（一）作业条件

（1）井道内照明的要求同第二章第三节。

（2）各层厅门按要求安装完毕且调整好，门锁作用必须安全可靠。

（二）工艺流程

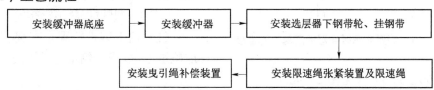

（三）安装缓冲器底座

首先检查缓冲器底座与缓冲器是否配套，并进行试组装，无问题时方可将缓冲器底座安装在导轨底座上。对于没有导轨底座的电梯，应采取措施，加工、增装导轨底座。若采用混凝土底座，则必须保证不破坏井道底的防水层，避免渗水后患，且须采取措施，使混凝土底座与井道底连成一体。

（四）安装缓冲器

（1）安装缓冲器时，缓冲器中心位置、垂直偏差、水平度偏差等指标要同时考虑。

确定缓冲器中心位置：在轿厢（或对重）碰击板中心放一线坠，移动缓冲器，使其中心对准线坠来确定缓冲器的位置，其偏移不得超过 20 mm（见图 23-78）。

（2）用水平尺测量缓冲器顶面，要求其水平误差 ≤4S/1000（见图 23-79）。

（3）若作用轿厢（或对重）的缓冲器由两个组成一套，两个缓冲器顶面应在一个水平面上，相差不应大于 2 mm（如图 23-80）。

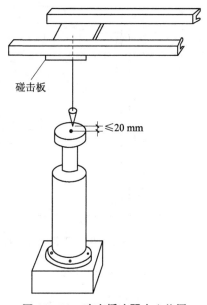

图 23-78　确定缓冲器中心位置

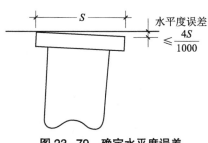

图 23-79　确定水平度误差

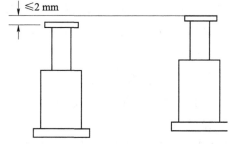

图 23-80　确定轿厢（或对重）的缓冲器

（4）测量油压缓冲器的活塞柱垂直度：其 a 和 b 的差不得大于 1 mm，测量时应在相

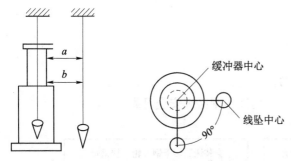

图 23-81　测量油压缓冲器的活塞柱垂直度

坑地面 450±50 mm（见图 23-82）。

（2）下钢带轮轴向位置的调整方法是：在轿厢固定钢带点的中心位置吊一线坠，调整下钢带轮轴向位置，使其最大误差为 2 mm（见图 23-83）。

差 90°的两个方向进行（见图 23-81）。

（5）在缓冲器底部和缓冲器底部面积的 1/2 调整缓冲器。垫入垫片的面积不得小于缓冲器底部面积的 1/2。调整后要将地脚螺栓紧固，要求加弹簧垫圈或用双螺母紧固，螺丝扣要露出 3～5 扣。

（五）安装选层器下钢带轮、挂钢带

（1）把下钢带轮固定支架安装在轿厢轨道上，要求下钢带轮重坨架下面距底

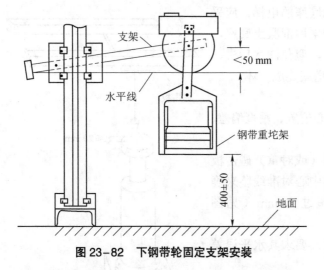

图 23-82　下钢带轮固定支架安装

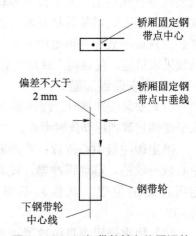

图 23-83　下钢带轮轴向位置调整

径向位置调整：用线坠检测上、下钢带轮边缘应在同一垂线上，最大偏差不大于 3 mm（见图 23-84）。

（3）在机房缓慢地往井道放钢带（要注意钢带不能扭折或打弯），使钢带通过下钢带轮后轿厢上的钢带固定卡固定后，再放另一侧钢带与轿厢固定卡进行固定。钢带固定后应使固定于井底导轨上的钢带轮支架，向上倾斜，支架倾斜不超过 50 mm。

（六）安装限速绳张紧装置及限速绳

（1）安装限速绳张紧装置，其底部距底坑地平面距离可根据表 23-7 中的规定来确定。

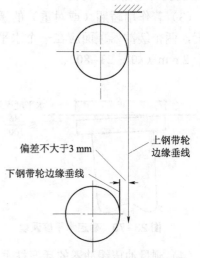

图 23-84　下钢带轮径向位置调整

表 23-7　张紧装置底部距底坑地平面距离

电梯速度/（m/s）	2～3	1～1.75	0.5～1
距底坑尺寸/mm	750±50	550±50	400±50

（2）根据表23-7中的规定及安装图尺寸将张紧轮上位。由轿厢拉杆下绳头中心向其对应的张紧轮绳槽中心点 a 吊一垂线 A（见图23-85，机房限速器至轿厢拉杆上绳头中心点的垂直度校定，已于限速器安装时完成），同时由限速器绳槽中心向张紧轮另一端绳槽中心 b 吊垂线 B，调整张紧轮位置，使垂线 A 与其对应 15 mm，则张紧装置位置确定。

（3）直接把限速绳挂在限速轮和张紧轮上进行测量，根据所需长度断绳，做绳头。做绳头的方法与主钢绳绳头相同，然后将绳头与轿厢拉杆板固定。

（七）安装曳引绳补偿装置

（1）若补偿装置为平衡链，安装前应于井道内自然悬挂松劲后再进行安装，其固定方法如图23-86所示。

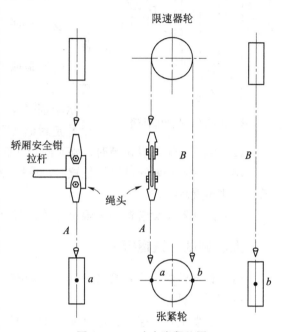

图 23-85　确定张紧位置

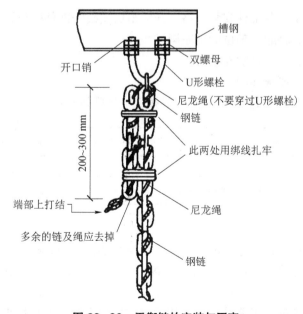

图 23-86　平衡链的安装与固定

267

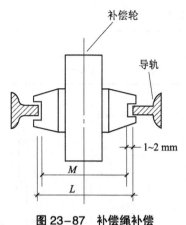

图 23-87　补偿绳补偿

（2）若电梯用补偿绳来补偿，除按施工图施工外，还应注意使补偿轮的导靴与补偿轮导轨之间间隙为 1～2 mm（见图 23-87）。

八、安全保护装置

安全保护装置符合质量要求是电梯安全运行的重要保证。

（1）限速器动作速度整定封记必须完好，且无拆动痕迹。当检查人员对某台电梯限速器检查时，根据限速器型式试验证书及安装、维护使用说明书，找到限速器上的每个整定封记（可能多处）部位，观察封记都完好。

（2）当安全钳可以调节时，整定封记应完好，且无拆动痕迹。

（3）当轿厢在两端站平层位置时，轿厢、对重的缓冲器撞板与缓冲器顶面间的距离应符合土建布置图要求。

（4）限速器张紧装置与其限位开关相对位置安装正确。

九、调试、试运行

（1）设备要求。设备及其附属装置应有出厂合格证明，经全面检查，确认符合要求后，方可进行试运转。

（2）主要机具。摇表、万用表、直流电流表、卡钳表、转速表、温度计、对讲机、砣块等。

（3）作业条件。

1）电梯安装完毕，各部件安装合格（开慢车后安装的部件除外）。

2）机房、井道、轿厢各部位清理完毕。

3）各安全开关、厅门锁功能正常。

4）油压缓冲器按要求加油。

（4）有说明书按说明书要求进行，一般按以下步骤进行：

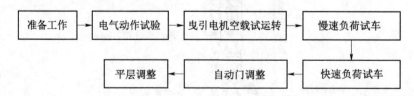

（5）准备工作。

1）对全部机械电气设备进行清洁、吹尘，检查各部位的螺栓、垫圈、弹簧垫、双螺母是否齐备、紧固，销钉开尾合适。检查设备、元件完好无损，电气接点接触可靠，如有问题及时解决。

2）全部机械设备的润滑系统，均应按规定加好润滑油。曳引机齿轮箱冲洗干净，加好齿轮油。

3）油压缓冲器按规定加好液压或机油。

4）检查厅门的机锁、电锁及各安全开关是否功能正常、安全可靠。

（6）电气动作试验。

1）检查全部电气设备的安装及接线应正确无误，接线牢固。

2）摇测电气设备的绝缘电阻值不应小于 0.5 MΩ，并做记录。

3）按要求上好保险丝，并对时间继电器、热保元件等需要调整部件进行检查调整。

4）摘掉至电动机及抱闸的电气线路，使它们暂时不能动作。

5）在轿厢操纵盘上按步骤操作选层按钮、开头门按钮等，并手动模拟各种开关相应的动作，对电气系统进行如下检查：

①信号系统：检查指示是否正确，光响是否正常。

②控制及运行系统：通过观察控制屏上继电器及接触器的动作，检查电梯的选层、定向、换速、截车、平层等各种性能是否正确，门锁、安全开关、限位开关等在系统中的作用，继电器、接触器、本身机械、电气联锁是否正常，同时还检查电梯运行的起动、制动、换速的延时是否符合要求，以及屏上各种电气元件运行是否可靠、正常，有无不正常的振动、噪声、过热、粘接等现象。对于设有消防员控制及多台程序控制的电梯，还要检查其动作是否正确。

（7）曳引电动机空载试运转。

1）将电梯曳引绳从曳引轮上摘下，恢复电气动作试验时摘除的电动机及抱闸线路。

2）单独给抱闸线圈送电，检查闸瓦间隙、弹簧力度、动作灵活程度、胶磁铁行程是否符合要求，有无不正常震动及声响，并进行必要的调整，使其符合要求，同时检查线圈温度，应小于 60 ℃。

3）摘去曳引机联轴器的连接螺栓，使电动机可单独进行转动。

4）用手盘动电动机使其旋转，若无卡阻及声响正常，起动电动机使之慢速运行，检查各部件运行情况及电动机轴承温升情况。若有问题，随时停车处理。若运行正常，试 5 分钟后改为快速运行，并对各部运行及温度情况继续进行检查。轴承温度的要求为：润滑油不超过 75 ℃，滚动轴承不应超过 85 ℃。若是直流电梯，应检查直流电动机电刷接触是否良好，位置是否正确，并观察电动机转向应与运行方向一致。若情况正常，半小时后试运行结束。试车时，要对电动机空载电流进行测量，应符合要求。

5）连接好联轴器、手动盘车，检查曳引机旋转情况，若如情况正常，将曳引机盘根压盖松开，起动曳引机，使其慢速运行，检查各部运行情况。注意盘根处，应有油出现，曳引机的油温不得超过 80 ℃，轴承温度要求同上，若无异常，5 分钟后改为快速运行，并继续对曳引机及其他部位进行检查。若情况正常，半小时后试运转结束。在试运转的同时逐渐压紧盘根压盖，使其松紧适中，以每分钟 3～4 滴油为宜（调整压盖时，注意盖与轴的周围间隙应一致）。试车中对电流进行检测。

（8）慢速负荷试车。

1）将曳引绳复位。

2）在轿厢盘车或慢行的同时，对梯井内各部位进行检查，主要包括开门刀与各层门地坎间隙，各层门锁轮与轿厢地坎间隙，平层器与各层铁板间隙，限位开关、越程开头等与碰铁之间位置关系，轿厢上、下坎两侧端点与井壁间隙，轿厢与中线盒间隙，随线、选层器钢带、限速器钢丝绳等与井道各部件距离。

对以上各项的安装位置、间隙、机械动作要进行检查，对不符合要求的应及时进行调整。同时在机房内对选层器上各电气接点位置进行检查调整，使其符合要求。慢车运行正常，厅门关好，门锁可靠，方可快车行驶。

（9）快速负荷试车。开慢车将轿厢停于中间楼层，轿内不载人，按照操作要求，在机房控制屏处手动模拟开车。先单层，后多层，上下往返数次（暂不到上、下端站）。如无问题，试车人员进入轿厢，进行实际操作。试车中对电梯的信号系统、控制系数、驱动系统进行测试、调整，使之全部正常，对电梯的起动、加速、换速、制动、平层及强迫缓速开头、限位开关、极限开头、安全开关等的位置进行精确调整，应动作准确、安全、可靠。外呼按钮、指令按钮均起作用，同时试车人员在机房内对曳引装置、电动机（及其电流）、抱闸等进行进一步检查。各项规定试测合格，电梯各项性能符合要求，电梯快速试验即告结束。

（10）自动门调整（直流电动机驱动）。

1）调整门杠杆，应使门关好后，其两壁所成角度小于180°，以便必要时，人能在轿厢内将门扒开。

2）用手盘时，调整控制门速行程开关的位置。

3）通电进行开门、关门，调整门机电阻使开关门的速度符合要求。开门时间一般调整在2.5~3 s，关门时间一般调整在3~3.5 s。

4）安全触板应功能可靠。

（11）平层调整。

1）轿厢内半载，调整好抱闸松紧度。

2）快速上下运行至各层，记录平层偏差值，综合分析，调整选层器（调整截车距离）及调整遮磁板，使平层偏差在规定范围内。

3）轿厢在最底层平层位置，轿厢内加80%的额定负载，轿底满载开关动作。

4）轿厢在最底层平层位置，轿内加110%的额定负载，轿底超载开关动作，操纵盘上灯亮，蜂鸣器响，且门不关。

（12）试运行完毕，要填写试运行测试记录表。

第三节　工程施工监理

一、设备材料质量控制

（1）设备技术资料、设备随机文件、设备零部件应与装箱单内容相符，设备外观不应存在明显的损坏等。随机文件包括土建布置图，产品出厂合格证，门锁装置、限速器、安全钳及缓冲器等保证电梯安全部件的型式试验证书复印件，设备装箱单，安装使用维护说明书，动力电路和安全电路的电气原理图。自动扶梯、人行道还必须提供梯级或踏板的型式试验报告复印件，或胶带的断裂强度证明文件复印件；对公共交通型自动扶梯、人行道应有扶手带的断裂强度证书复印件。

（2）导轨及其支架的设备、材料要求。

1）设备：电梯导轨、导轨支架、压道板、接道板、导轨基础座及相应的连接螺丝等规格、数量要和装箱单相符。产品要有出厂检验合格及技术文件。

2）材料：凡使用的材料应有检验合格证或检验资料。使用的材料如表 23-8 所示，根据电梯设计不同分别采用。

表 23-8 安装导轨支架和导轨所使用的材料

材料名称	规　格	要　求
镀锌膨胀螺栓	根据设计要求决定	
过墙穿钉	根据设计要求决定一般直径≥ϕ20	
钢板	δ=16 或 δ=20 的普通低碳钢	
电焊条	3.2 mm 或 4.0 mm 结 T-422 普通低碳钢焊条	
水泥	标号不小于 325 号普通硅酸盐水泥	
砂子	中砂	含泥量小于 5%

（3）电气设备材料要求。

1）各电气设备及部件的规格、数量、质量应符合有关要求，各种开关应动作灵活可靠，控制柜、励磁柜应有出厂合格证。

2）槽钢、角钢无锈蚀，膨胀螺栓、螺丝、射钉、射钉子弹、电焊条等的规格、性能应符合图纸及使用要求。

（4）对重设备、材料要求。

1）对重架规格应符合设计要求，完整、坚固，无扭曲及损伤现象。

2）对重导靴和固定导靴用的螺丝规格、质量、数量应符合要求。

3）调整垫片应符合要求。

（5）钢丝绳设备、材料要求。

1）钢丝绳规格型号符合设计要求，无死弯、锈蚀、松股、断丝现象，麻芯润滑油脂无干枯现象，且保持清洁。

2）绳头杆及其组件的数量、质量、规格符合设计要求。

3）钨金（巴氏合金）的数量要备够。

4）截面 2.5 mm² 以上的铜线；20 号铅丝；汽油、煤油、棉丝。

（6）机房机械设备、材料要求。

1）机房机械设备的规格、数量必须符合图纸要求，且完好无损。

2）承重钢梁和各种型钢的规格、尺寸要符合设计要求。

3）若主机、发电机基座使用钢板制作时，钢板厚度不应小于 20 mm，限速器、钢带轮基座使用的钢板厚度不应小于 12 mm，且所有钢板表面要平整、光滑。

4）焊接采用普通低碳钢电焊条，电焊条要有出厂合格证。

5）安装用的螺丝、膨胀螺栓、水泥等的规格、标号要符合设计要求。

（7）轿厢设备、材料要求。

1）轿厢零部件应完好无损、数量齐全，规格符合要求。

2）各传动、转动部件应灵活、可靠（如安全钳连动机构）。

3）方木（200×200）或工字钢（Ⅰ20），M16膨胀螺栓，100×100角钢，直径大于50 mm的圆钢或 ϕ75×4 的钢管，8号铅丝。

（8）井道机械设备、材料要求。

1）各部件的规格、数量应符合有关要求，且无损坏，有出厂合格证。

2）油压缓冲器活塞杆表面应干净、无锈迹且备有防尘罩。

3）各设备的活动部件，应活动灵活、功能可靠。

4）补偿绳应干净，无死弯、无锈蚀、无断丝现象；补偿链应按要求穿好防震尼龙绳。

5）地脚螺栓、膨胀螺栓及其他各连接螺丝的规格、质量都要符合有关规定，并配有多种规格金属垫片。

二、安装程序控制

（1）概述。对电梯安装过程进行控制，尤其是关键工序的控制，使影响安装过程质量的各种因素得到有效控制，确保安装过程的各项活动处于受控状态，使安装质量达到国家有关标准的要求，确保电梯安全、平稳运行，为用户提供满意的产品。

（2）安装过程的计划。

1）确定工艺流程及关键工序。

2）编制关键工序明细表，其内容应包括工序名称、技术标准、检测手段等。

3）按关键工序明细表确定质量控制点，并编制有关检验标准。

4）按要求编制安装计划，并办理告知手续。

5）对施工队人员进行检查，做到安装人员、电工、电焊工必须持证上岗。

（3）施工前准备。

1）电梯安装的施工单位应当在施工前将拟进行的电梯情况书面告知直辖市或者设区的市的特种设备安全监督管理部门，告知后即可施工。

2）办理告知需要的材料一般包括"特种设备开工告知申请书"一式两份、电梯安装资质证原件、电梯安装资质证复印件加盖公章、组织机构代码证复印件加盖公章等。

3）安装单位应当在履行告知后、开始施工前向规定的检验机构申请监督检验，待检验机构审查电梯制造资料完毕，并且获悉检验结果为合格后，方可实施安装。

（4）施工技术准备。安装施工单位编制施工组织设计和施工方案、组织图纸会审，确认交工及验收标准和各种记录表格形式，划分单位工程和工程质量控制点进行认可。

（5）施工工艺质量控制。确保施工人员严格按图纸、标准、规范及作业指导书施工，以保证规定的质量。

（6）材料控制。所有材料应符合图纸及标准要求，并妥善保管，不得发生变质、变形或降低标号现象，有可追溯性要求的场合，整个施工过程应保持其材料的识别标记。

（7）设备控制。合理使用施工机具以及大型起重、运输设备，并制定保养规定，及时维修，保证性能良好、安全可靠。针对小型机具，应根据实际情况制定可行的管理办法，并严格执行。

（8）人员控制。管理及施工人员应按规定持证上岗，工作岗位、种类和范围应符合相应证书的规定。各单位对特种作业人员，如焊工、起重工、电工、仪表工等，建立特种作业人员管理台账，使特种作业人员资格状况一目了然，并根据项目施工进度要求实行动态控制。

（9）施工过程质量控制。要求施工队在施工过程中按阶段进行自检，注意对关键工序进行严格检查，发现问题及时整改。

（10）调试。

1）调试是指在安装工程完成后、装置或设备试运行以前的各种工作，由安装单位组织进行。

2）调试工作应按作业指导书（包括试车方案、调试方案、单机试车方案等）的要求和规定程序进行，并做好记录工作及当场签字工作。预试车合格后应尽快整理交工文件，向建设单位办理中间交接或工程交接。

三、工程施工监理要点

（一）导轨支架和导轨安装监理要点

（1）用混凝土浇筑的导轨支架若有松动，要剔出来，按要求重新浇筑，不可在原有基础上修补。

（2）用膨胀螺栓固定的导轨支架若松动，要向上或向下改变导轨支架的位置，重新打膨胀螺栓进行安装。

（3）焊接的导轨支架要一次焊接成功，不可在调整轨道后再补焊，以防影响调整精度。

（4）组合式导轨支架在导轨调整完毕后，须将其连接部分点焊，以增加其强度。

（5）固定导轨用的压道板、紧固螺丝一定要和导轨配套使用，不允许采用焊接的方法或直接用螺丝固定（不用压道板）的方法将导轨固定在导轨支架上。

（6）调整导轨时，为了保证调整精度，要在导轨支架处及相邻的两导轨支架中间的导轨处设置测量点。

（7）冬季尽量不采用混凝土筑导轨支架的方法安装导轨支架。在砖结构井壁剔筑导轨支架孔洞时，要注意不可破坏墙体。

（二）电气设备安装监理要点

（1）安装墙内、地面内的电线管、槽，安装后要经有关部门验收合格，且在验收签证后才能封入墙内或地面内。

（2）线槽不允许用气焊切割或开孔。

（3）对于易受外部信号干扰的电子线路，应有防干扰措施。

（4）电线管、槽及箱、盒连接处的跨接地线不可遗漏，若使用铜线跨接，连接螺丝必须加弹簧垫。

（5）随行电缆敷设前必须悬挂松劲后方可固定。

（三）对重安装监理要点

（1）导靴安装调整后，各个螺丝一定要紧牢。

（2）若发现个别的螺孔位置不符合安装要求，要及时解决，绝不允许空着不装。

（3）吊装对重过程中，不要碰基准线，以免影响安装精度。

（四）钢丝绳安装监理要点

（1）若钢丝绳较脏，要用蘸了煤油且拧干后的棉丝擦拭，不可进行直接清洗，防止润滑脂被洗掉。

（2）断绳时不可使用电气焊，以免破坏钢丝绳强度。

（3）在做绳头须去掉麻芯时应用锯条锯断或用刀割断，不得用火烧断。

（4）安装钢丝绳前一定要使钢丝绳自然悬垂于井道，消除其内应力。

（5）复绕式电梯位于机房或隔声层的绳头板装置，必须稳装在承重结构上，不可直接稳装于楼板上。

（五）机房机械设备安装监理要点

（1）承重钢梁两端安装必须符合设计和规格要求。

（2）凡是要打入混凝土内的部件，在打混凝土之前要经有关人员检查，在符合要求、经检查核验者签字后，才能进行下一道工序。

（3）所有设备件连接螺孔要用相应规格的钻头开孔，严禁用气焊开孔。

（4）曳引机出厂时已经过检验，原则上不许拆开，若有特殊情况需拆开检修、调整，要由技术部门会同有经验的钳工按有关规定操作。

（5）限速器的整定值已由厂家调整好，现场施工中不能调整。若机件有损坏，须送到厂家检验调整。

（六）轿厢安装监理要点

（1）安装立柱时应使其自然垂直，达不到要求，要在上、下梁和立柱间加垫片进行调整，不可强行安装。

（2）轿厢底盘调整水平后，轿厢底备用与底盘座之间、底盘座与下梁之间的各连接处都要接触严密，若有缝隙要用垫片垫实，不可使斜拉杆过分受力。

（3）斜拉杆一定要上双母拧紧，轿厢各连接螺丝压接紧固、垫圈齐备。

（七）井道机械设备安装监理要点

（1）打缓冲器底座用的混凝土成分及水泥标号要符合设计要求。

（2）限速器断绳开关、钢带张紧装置的断带开关、补偿器的定位开头的功能可靠。

（3）限速绳要无断丝、锈蚀、油污或弯曲现象。

（4）钢带不能有折迹和锈蚀现象。

（5）补偿链环不能有开焊现象，补偿绳不能有断丝、锈蚀等现象。

（6）油压缓冲器在使用前一定要按要求加油，以保证其功能可靠。

（八）试运行监理要点

试车工作中，应严格依据图纸及有关资料要求调整，不可随意更改设备线路，认真查线，分步试验。

第四节　工程质量标准及验收

一、工程质量标准

检验批划分按施工段、楼层、单元、设备组别划分，对于工程量较少的分项工程可统一划分为一个验收批。

（一）电力驱动的曳引式或强制式电梯

1. 电梯安装设备进场验收

（1）主控项目。随机文件必须包括土建布置图、产品出厂合格证、门锁装置、限速器、安全钳及缓冲器的型式试验证书复印件。

（2）一般项目。

1）随机文件还应包括装箱单，安装、使用维护说明书，动力电路和安全电路的电气原理图。

2）设备零部件应与装箱单内容相符。

3）设备外观不应存在明显的损坏。

2. 电梯安装土建交接验收

（1）主控项目。

1）机房（如果有）内部、井道土建（钢架）结构及布置必须符合电梯土建布置图的要求。

2）主电源开关必须符合下列规定：

①主电源开关应能够切断电梯正常使用情况下最大电流。

②对有机房电梯，该开关应能从机房入口处方便地接近。

③对无机房电梯，该开关应设置在井道外工作人员方便接近的地方，且应具有必要的安全防护。

3）井道必须符合下列规定：

①当底坑底面下有人员能到达的空间存在，且对重（或平衡重）上未设有安全钳装置时，对重缓冲器必须能安装在（或平衡重运行区域的下边）一直延伸到坚固地面上的实心桩墩上。

②电梯安装之前，所有层门预留孔必须设有高度不小于 1.2 m 的安全保护围封，并应保证有足够的强度。

③当相邻两层门地坎间的距离大于 11 m 时，其间必须设置井道安全门，井道安全门严禁向井道内开启，且必须装有安全门处于关闭时电梯才能运行的电气安全装置。当相邻轿厢间有相互救援用轿厢安全门时，可不执行本款。

（2）一般项目。

1）机房（如果有）还应符合下列规定：

①机房内应设有固定的电气照明，地板表面上的照度不应小于 200 lx。机房内应设置

一个或多个电源插座。在机房内靠近入口的适当高度处应设有一个开关或类似装置控制机房照明电源。

②机房内应通风，从建筑物其他部分抽出的陈腐空气，不得排入机房内。

③应根据产品供应商的要求，提供设备进场所需要的通道和搬运空间。

④电梯工作人员应能方便地进入机房或滑轮间，而不需要临时借助于其他辅助设施。

⑤机房应采用经久耐用且不易产生灰尘的材料建造，机房内的地板应采用防滑材料。

⑥在一个机房内，当有两个以上不同平面的工作平台，且相邻平台高度差大于 0.5 m 时，应设置楼梯或台阶，并应设置高度不小于 0.9 m 的安全防护栏杆。当机房地面有深度大于 0.5 m 的凹坑或槽坑时，均应盖住。供人员活动空间和工作台面以上的净高度不应小于 1.8 m。

⑦供人员进出的检修活板门应有不小于 0.8 m×0.8 m 的净通道，开门到位后应能自行保持在开启位置。检修活板门关闭后应能支撑两个人的重量（每个人按在门的任意 0.2 m×0.2 m 面积上作用 1000 N 的力计算），不得有永久性变形。

⑧门或检修活板门应装有带钥匙的锁，它应从机房内不用钥匙打开。只供运送器材的活板门，可只在机房内部锁住。

⑨电源零线和接地线应分开，机房内接地装置的接地电阻值不应大于 4 Ω。

⑩机房应有良好的防渗、防漏水保护。

2）井道还应符合下列规定：

①井道尺寸是指垂直于电梯设计运行方向的井道截面沿电梯设计运行方向投影所测定的井道最小净空尺寸，该尺寸应和土建布置图所要求的一致，允许偏差应符合规范规定。

②全封闭或部分封闭的井道，井道的隔离保护、井道壁、底坑底面和顶板应具有安装电梯部件所需要的足够强度，应采用非燃烧材料建造，且应不易产生灰尘。

③当底坑深度大于 2.5 m 且建筑物布置允许时，应设置一个符合安全门要求的底坑进口；当没有进入底坑的其他通道时，应设置一个从层门进入底坑的永久性装置，且此装置不得凸入电梯运行空间。

④井道应为电梯专用，井道内不得装设与电梯无关的设备、电缆等。井道可装设采暖设备，但不得采用蒸汽和水作为热源，且采暖设备的控制与调节装置应装在井道外面。

⑤井道内应设置永久性电气照明，井道内照度应不小于 50 lx，井道最高点和最低点 0.5 m 以内应各装一盏灯，再设中间灯，并分别在机房和底坑设置一控制开关。

⑥装有多台电梯的井道内各电梯的底坑之间应设置最低点离底坑地面不大于 0.3 m，且至少延伸到最低层站楼面以上 2.5 m 高度的隔障，在隔障宽度方向上隔障与井道壁之间的间隙不应大于 150 mm。

⑦底坑内应有良好的防渗、防漏水保护，底坑内不得有积水。

⑧每层楼面应有水平面基准标识。

3. 电梯安装驱动主机验收

（1）主控项目。紧急操作装置动作必须正常，可拆卸的装置必须置于驱动主机附近易接近处，紧急救援操作说明必须贴于紧急操作时易见处。

（2）一般项目。

1）当驱动主机承重梁需埋入承重墙时，埋入端长度应超过墙厚中心至少 20 mm，且支承长度不应小于 75 mm。

2）制动器动作应灵活，制动间隙调整应符合产品设计要求。

3）驱动主机、驱动主机底座与承重梁的安装应符合产品设计要求。

4）驱动主机减速箱（如果有）内油量应在油标所限定的范围内。

5）机房内钢丝绳与楼板孔洞边间隙应为 20～40 mm，通向井道的孔洞四周应设置高度不小于 50 mm 的台缘。

4. 电梯安装导轨验收

（1）主控项目。导轨安装位置必须符合土建布置图要求。

（2）一般项目。

1）两列导轨顶面间的距离偏差应为：轿厢导轨 0～+2 mm；对重导轨 0～+3 mm。

2）导轨支架在井道壁上的安装应固定可靠，预埋件应符合土建布置图要求。锚栓（如膨胀螺栓等）固定应在井道壁的混凝土构件上使用，其连接强度与承受振动的能力应满足电梯产品设计要求，混凝土构件的压缩强度应符合土建布置图要求。

3）每列导轨工作面（包括侧面与顶面）与安装基准线每 5 m 的偏差均不应大于下列数值：轿厢导轨和设有安全钳的对重（平衡重）导轨为 0.6 mm；不设安全钳的对重（平衡重）导轨为 1.0 mm。

4）轿厢导轨和设有安全钳的对重（平衡重）导轨工作面接头处不应有连续缝隙。

5）不设安全钳的对重（平衡重）导轨接头处缝隙不应大于 1.0 mm，导轨工作面接头处台阶不应大于 0.15 mm。

5. 电梯安装门系统验收

（1）主控项目。

1）层门地坎至轿厢地坎之间的水平距离偏差为 0～+3 mm，且最大距离严禁超过 35 mm。

2）层门强迫关门装置必须动作正常。

3）动力操纵的水平滑动门在关门开始的 1/3 行程之后，阻止关门的力严禁超过 150 N。

4）层门锁钩必须动作灵活，在证实锁紧的电气安全装置动作之前，锁紧元件的最小啮合长度为 7 mm。

（2）一般项目。

1）门刀与层门地坎、门锁滚轮与轿厢地坎间隙不应小于 5 mm。

2）层门地坎水平度不得大于 2/1000，地坎应高出装修地面 2～5 mm。

3）层门指示灯盒、召唤盒和消防开关盒应安装正确，其面板与墙面贴实，横竖端正。

4）门扇与门扇、门扇与门套、门扇与门楣、门扇与门口处轿壁、门扇下端与地坎的间隙，乘客电梯不应大于 6 mm，载货电梯不应大于 8 mm。

6. 电梯安装轿厢验收

（1）主控项目。当距轿底面在 1.1 m 以下使用玻璃轿壁时，必须在距轿底面 0.9～1.1 m 的高度安装扶手，且扶手必须独立地固定，不得与玻璃有关。

（2）一般项目。

1）当轿厢有反绳轮时，反绳轮应设置防护装置和挡绳装置。

2）当轿顶外侧边缘至井道壁水平方向的自由距离大于 0.3 m 时，轿顶应装设防护栏及警示性标识。

7. 电梯安装对重验收

一般项目：

（1）当对重（平衡重）架有反绳轮，反绳轮应设置防护装置和挡绳装置。

（2）对重（平衡重）块应可靠固定。

8. 电梯安装安全部件验收

（1）主控项目。

1）限速器动作速度整定封记必须完好，且无拆动痕迹。

2）当安全钳可调节时，整定封记应完好，且无拆动痕迹。

（2）一般项目。

1）限速器张紧装置与其限位开关相对位置安装应正确。

2）安全钳与导轨的间隙应符合产品设计要求。

3）轿厢在两端站平层位置时，轿厢、对重的缓冲器撞板与缓冲器顶面间的距离应符合土建布置图要求。轿厢、对重的缓冲器撞板中心与缓冲器中心的偏差不应大于 20 mm。

4）液压缓冲器柱塞铅垂度不应大于 0.5%，充液量应正确。

9. 电梯安装悬挂装置、随行电缆、补偿装置验收

（1）主控项目。

1）绳头组合必须安全可靠，且每个绳头组合必须安装防螺母松动和脱落的装置。

2）钢丝绳严禁有死弯。

3）当轿厢悬挂在两根钢丝绳或链条上，且其中一根钢丝绳或链条发生异常相对伸长时，为此装设的电气安全开关应动作可靠。

4）随行电缆严禁有打结和波浪扭曲现象。

（2）一般项目。

1）每根钢丝绳张力与平均值偏差不应大于 5%。

2）随行电缆的安装应符合下列规定：

①随行电缆端部应固定可靠。

②随行电缆在运行中应避免与井道内其他部件干涉。当轿厢完全压在缓冲器上时，随行电缆不得与底坑地面接触。

3）补偿绳、链、缆等补偿装置的端部应固定可靠。

4）对补偿绳的张紧轮，验证补偿绳张紧的电气安全开关应动作可靠。张紧轮应安装防护装置。

10. 电梯安装电气装置验收

（1）主控项目。

1）电气设备接地必须符合下列规定：

①所有电气设备及导管、线槽的外露可导电部分均必须可靠接地（PE）。

②接地支线应分别直接接至接地干线接线柱上，不得互相连接后再接地。

2）导体之间和导体对地之间的绝缘电阻必须大于 1000 Ω/V，且其值不得小于：

①动力电路和电气安全装置电路 0.5 MΩ。

②其他电路（控制、照明、信号等）0.25 MΩ。

（2）一般项目。

1）主电源开关不应切断下列供电电路：

①轿厢照明和通风。

②机房和滑轮间照明。

③机房、轿顶和底坑的电源插座。

④井道照明。

⑤报警装置。

2）机房和井道内应按产品要求配线。软线和无护套电缆应在导管、线槽或能确保起到等效防护作用的装置中使用。护套电缆和橡套软电缆可明敷于井道或机房内使用，但不得明敷于地面。

3）导管、线槽的敷设应整齐牢固。线槽内导线总面积不应大于线槽净面积的 60%；导管内导线总面积不应大于导管内净面积的 40%；软管固定间距不应大于 1 m，端头固定间距不应大于 0.1 m。

4）接地支线应采用黄绿相间的绝缘导线。

5）控制柜（屏）的安装位置应符合电梯土建布置图中的要求。

11. 电梯安装整机安装验收

（1）主控项目。

1）安全保护验收必须符合下列规定：

①必须检查以下安全装置或功能：断相、错相保护装置或功能；短路、过载保护装置；限速器；安全钳；缓冲器；门锁装置；上、下极限开关。

②下列安全开关，必须动作可靠：限速器绳张紧开关；液压缓冲器复位开关；有补偿张紧轮时，补偿绳张紧开关；当额定速度大于 3.5 m/s 时，补偿绳轮防跳开关；轿厢安全窗（如果有）开关；安全门、底坑门、检修活板门（如果有）的开关；对可拆卸式紧急操作装置所需要的安全开关；悬挂钢丝绳（链条）为两根时，防松动安全开关。

2）限速器安全钳联动试验必须符合下列规定：

①限速器与安全钳电气开关在联动试验中必须动作可靠，且应使驱动主机立即制动。

②对瞬时式安全钳，轿厢应载有均匀分布的额定载重量；对渐进式安全钳，轿厢应载有均匀分布的 125%额定载重量。当短接限速器及安全钳电气开关，轿厢以检修速度下行，人为使限速器机械动作时，安全钳应可靠动作，轿厢必须可靠制动，且轿底倾斜度不应大于 5%。

3）层门与轿门的试验必须符合下列规定：

①每层层门必须能够用三角钥匙正常开启。

②当一个层门或轿门（在多扇门中任何一扇门）非正常打开时，电梯严禁起动或继续运行。

4）曳引式电梯的曳引能力试验必须符合下列规定：

①轿厢在行程上部范围空载上行及行程下部范围载有 125% 额定载重量下行，分别停层 3 次以上，轿厢必须可靠地制停（空载上行工况应平层）。轿厢载有 125% 额定载重量以正常运行速度下行时，切断电动机与制动器供电，电梯必须可靠制动。

②当对重完全压在缓冲器上，且驱动主机按轿厢上行方向连续运转时，空载轿厢严禁向上提升。

（2）一般项目。

1）曳引式电梯的平衡系数应为 0.4～0.5。

2）电梯安装后应进行运行试验。轿厢分别在空载、额定载荷工况下，按产品设计规定的每小时起动次数和负载持续率各运行 1000 次（每天不少于 8 h），电梯应运行平稳，制动可靠，连续运行无故障。

3）噪声检验应符合下列规定：

①机房噪声：对额定速度小于或等于 4 m/s 的电梯，不应大于 80 dB（A）；对额定速度大于 4 m/s 的电梯，不应大于 85 dB（A）。

②乘客电梯和病床电梯运行中轿内噪声：对额定速度小于或等于 4 m/s 的电梯，不应大于 55 dB（A）；对额定速度大于 4 m/s 的电梯，不应大于 60 dB（A）。

③乘客电梯和病床电梯的开关门过程噪声不应大于 65 dB（A）。

4）平层准确度检验应符合下列规定：

①额定速度小于或等于 0.63 m/s 的交流双速电梯，应在 ±15 mm 的范围内。

②额定速度大于 0.63 m/s 且小于或等于 1.0 m/s 的交流双速电梯，应在 ±30 mm 的范围内。

③其他调速方式的电梯，应在 ±15 mm 的范围内。

5）运行速度检验应符合下列规定：

当电源为额定频率和额定电压、轿厢载有 50% 额定载荷时，向下运行至行程中段（除去加速加减速段）时的速度，不应大于额定速度的 105%，且不应小于额定速度的 92%。

6）观感检查应符合下列规定：

①轿门带动层门开、关运行，门扇与门扇、门扇与门套、门扇与门楣、门扇与门口处轿壁、门扇下端与地坎应无刮碰现象。

②门扇与门扇、门扇与门套、门扇与门楣、门扇与门口处轿壁、门扇下端与地坎之间各自的间隙在整个长度上应基本一致。

③对机房（如果有）、导轨支架、底坑、轿顶、轿内、轿门、层门及门地坎等部位应进行清理。

（二）液压电梯

液压电梯与曳引式电梯，除动力方式不同外，其他基本相同，本小节内容仅列出液压系统分项的验收标准，其他分项的标准请参照曳引式电梯执行。

电梯安装液压系统验收如下：

（1）主控项目。液压泵站及液压顶升机构的安装必须按土建布置图进行。顶升机构必须安装牢固，缸体垂直度严禁大于 0.4‰。

（2）一般项目。

1）液压管路应可靠连接，且无渗漏现象。

2）液压泵站油位显示应清晰、准确。

3）显示系统工作压力的压力表应清晰、准确。

（三）自动扶梯、自动人行道

1. 自动扶梯、自动人行道设备进场验收

（1）主控项目。必须提供以下资料：

1）技术资料。

①梯级或踏板的型式试验报告复印件，或胶带的断裂强度证明文件复印件。

②对公共交通型自动扶梯、自动人行道应有扶手带的断裂强度证书复印件。

2）随机文件。

①土建布置图。

②产品出厂合格证。

（2）一般项目。

1）随机文件还应提供以下资料：

①装箱单。

②安装、使用维护说明书。

③动力电路和安全电路的电气原理图。

2）设备零部件应与装箱单内容相符。

3）设备外观不应存在明显的损坏。

2. 自动扶梯、自动人行道土建交接验收

（1）主控项目。

1）自动扶梯的梯级或自动人行道的踏板或胶带上空，垂直净高度严禁小于 2.3 m。

2）在安装之前，井道周围必须设有保证安全的栏杆或屏障，其高度严禁小于 1.2 m。

（2）一般项目。

1）土建工程应按照土建布置图进行施工，且其主要尺寸允许误差应为提升高度 -15～+15 mm、跨度 0～+15 mm。

2）根据产品供应商的要求应提供设备进场所需的通道和搬运空间。

3）在安装之前，土建施工单位应提供明显的水平基准线标识。

4）电源零线和接地线应始终分开，接地装置的接地电阻值不应大于 4 Ω。

3. 自动扶梯、自动人行道整机安装验收

（1）主控项目。

1）在下列情况下，自动扶梯、自动人行道必须自动停止运行，且⑤～⑪款情况下的开关断开的动作必须通过安全触点或安全电路来完成。

①无控制电压。

②电路接地的故障。

③过载。

④控制装置在超速和运行方向非操纵逆转下动作。

⑤附加制动器（如果有）动作。

⑥直接驱动梯级、踏板或胶带的部件（如链条或齿条）断裂或过分伸长。

⑦驱动装置与转向装置之间的距离（无意性）缩短。

⑧梯级、踏板或胶带进入梳齿板处有异物夹住，且产生损坏梯级、踏板或胶带支撑结构。

⑨无中间出口的连续安装的多台自动扶梯、自动人行道中的一台停止运行。

⑩扶手带入口保护装置动作。

⑪梯级或踏板下陷。

2）应测量不同回路导线对地的绝缘电阻，测量时，电子元件应断开。导体之间和导体对地之间的绝缘电阻应大于 1000 Ω/V，且其值必须大于：

①动力电路和电气安全装置电路 0.5 MΩ。

②其他电路（控制、照明、信号等）0.25 MΩ。

3）电气设备接地必须符合下列规定：

①所有电气设备及导管、线槽的外露可导电部分均必须可靠接地（PE）。

②接地支线应分别直接接至接地干线接线柱上，不得互相连接后再接地。

（2）一般项目。

1）整机安装检查应符合下列规定：

①梯级、踏板、胶带的楞齿及梳齿板应完整、光滑。

②在自动扶梯、自动人行道入口处应设置使用须知的标牌。

③内盖板、外盖板、围裙板、扶手支架、扶手导轨、护壁板接缝应平整，接缝处的凸台不应大于 0.5 mm。

④梳齿板梳齿与踏板面齿槽的啮合深度不应小于 6 mm。

⑤梳齿板梳齿与踏板面齿槽的间隙不应小于 4 mm。

⑥围裙板与梯级、踏板或胶带任何一侧的水平间隙不应大于 4 mm，两边的间隙之和不应大于 7 mm。当自动人行道的围裙板设置在踏板或胶带之上时，踏板表面与围裙板下端之间的垂直间隙不应大于 4 mm。当踏板或胶带有横向摆动时，踏板或胶带的侧边与围裙板垂直投影之间不得产生间隙。

⑦梯级间或踏板间的间隙在工作区段内的任何位置，从踏面测得的两个相邻梯级或两个相邻踏板之间的间隙不应大于 6 mm。在自动人行道过渡曲线区段，踏板的前缘和相邻踏板的后缘啮合，其间隙不应大于 8 mm。

⑧护壁板之间的空隙不应大于 4 mm。

2）性能试验应符合下列规定：

①在额定频率和额定电压下，梯级、踏板或胶带沿运行方向空载时的速度与额定速度之间的允许偏差为±5%。

②扶手带的运行速度相对梯级、踏板或胶带的速度允许偏差为 0～+2%。

3）自动扶梯、自动人行道制动试验应符合下列规定：

①自动扶梯、自动人行道应进行空载制动试验，制停距离应符合规范的规定。

②自动扶梯应进行载有制动载荷的制停距离试验（除非制停距离可以通过其他方法检验），制动载荷应符合规范规定，制停距离应符合规范规定；对自动人行道，制造商应提

供按载有规范规定的制动载荷计算的制停距离，且制停距离应符合规范的规定。

4）电气装置还应符合下列规定：

①主电源开关不应切断电源插座、检修和维护所必需的照明电源。

②配线应符合规范规定。

5）观感检查应符合下列规定：

①上行和下行自动扶梯、自动人行道，梯级、踏板或胶带与围裙板之间应无刮碰现象（梯级、踏板或胶带上的导向部分与围裙板接触除外），扶手带外表面应无刮痕。

②对梯级（踏板或胶带）、梳齿板、扶手带、护壁板、围裙板、内外盖板、前沿板及活动盖板等部位的外表面应进行清理。

二、工程交接验收

电梯工程交接验收，主要包含三部分：土建交接检验验收、整机安装验收及电梯准用前准用验收。

（一）土建交接检验验收

土建施工单位、安装单位、建设单位（监理单位）共同对土建工程进行交接验收，是电梯安装工程顺利进行的重要保证。

（1）曳引电梯（液压电梯）的土建交接验收：

1）机房（如果有）内部、井道土建（钢架）结构及布置必须符合电梯土建布置图的要求。机房、地坑内应有良好的防渗、防漏水保护，底坑不得有积水。

2）机房（如果有）内应设有固定电气照明，在机房内靠近入口的适当高度处应设有一个开关或类似装置控制机房照明电源。机房的电源零线和接地线应分开，机房内接地装置的接地电阻值不应大于 $4\,\Omega$。

3）主电源开关应能够切断电梯正常使用情况下的最大电流，对有机房电梯，开关应能从机房入口处方便地接近，对无机房电梯，该开关应设置在井道外工作人员方便接近的地方，且应具有必要的安全防护。

4）当井道底坑下有人员能到达的空间存在，且对重（或平衡重）上未设有安全钳装置时，对重缓冲器必须能安装在（或平衡重运行区域的下边）一直延伸到坚固地面上的实心桩墩上。

5）电梯安装之前，所有厅门预留孔必须设有高度不小于 1200 mm 的安全保护围封（安全防护门），并应保证有足够的强度，保护围封下部应有高度不小于 100 mm 的踢脚板，并应采用左右开启方式，不能上下开启。

6）当相邻两层门地坎间的距离大于 11 m 时，其间必须设置井道安全门，井道安全门严禁向井道开启，且必须装有安全门处于关闭时电梯才能运行的电气安全装置（当相邻轿厢间有相互救援用轿厢安全门时除外）。

7）井道内应设置永久性电气照明，井道电压应采用 36 V 安全电压，井道内照度不得小于 50 lx，井道最高点和最低点 0.5 m 内应各装一盏灯，中间灯间距不超过 7 m，并分别在机房和底坑设置控制开关。

8）轿厢缓冲器支座下的底坑地面应能承受满载轿厢静载 4 倍的作用力。当底坑底面下面有人员能到达的空间存在，且对重（或平衡重）上未设有安全钳装置时，对重缓冲器必须能安装在一直延伸到坚固地面上的实心桩墩上。

9）每层楼面应有最终完成地面基准标识，多台并列和相对电梯应提供厅门口装饰基准标识。

（2）自动扶梯、自动人行道土建交接检验。

1）自动扶梯的梯级或自动人行道的踏板或胶带上空，垂直净高度严禁小于 2.3 m。

2）在安装之前，井道周围必须设有保证安全的栏杆或屏障，其高度严禁小于 1.2 m。

3）根据产品供应商的要求应提供设备进场所需的通道和搬运空间。

4）在安装之前，土建施工单位应提供明显的水平基准线标识。

5）电源零线和接地线应始终分开，接地装置的接地电阻值不应大于 4 Ω。

（二）整机安装验收

（1）曳引电梯（液压电梯）整机安装验收：

1）当控制柜三相电源中任何一相断开或任何两相错接时，断相、错相保护装置或功能应使电梯不发生危险故障。当错相不影响电梯正常运行时，可以没有错相保护装置或功能。

2）动力电路、控制电路、安全电路必须有与负载匹配的短路保护装置，动力电路必须有过载保护。

3）限速器上的轿厢（对重、平衡重）下行标志必须与轿厢（对重、平衡重）的实际下行方向相符，限速器铭牌上的额定速度、动作速度必须与被检电梯相符，限速器必须与其型式试验证书相符。

4）安全钳、缓冲器、门锁装置必须与其型式试验证书相符。

5）上、下极限开关必须是安全触点，在端站位置进行动作试验时必须动作正常。在轿厢或对重（如果有）接触缓冲器之前必须动作，且缓冲器完全压缩时，保持动作状态。

6）轿顶、机房（如果有）、滑轮间（如果有）、底坑停止装置位于轿顶、机房（如果有）、滑轮间（如果有）、底坑停止装置的动作必须正常。

7）限速器绳张紧开关，液压缓冲器复位开关等必须动作可靠。

8）限速器与安全钳电气开关在联动试验中必须动作可靠，且应使驱动主机立即制动。

9）对瞬时式安全钳，轿厢应载有均匀分布的额定载重量；对渐进式安全钳，轿厢应载有均匀分布的 125%额定载重量。当短接限速器及安全钳电气开关轿厢以检修速度下行，人为使限速器机械动作时，轿厢必须可靠制动，且轿底倾斜度不应大于 5%。

10）层门与轿门试验时，每层层门必须能够使用三角钥匙正常开启，当一个层门或轿门（在多扇门中任何一扇门）非正常打开时，电梯严禁起动或继续运行。

11）在进行曳引式电梯的曳引能量试验时，轿厢在行程上部范围空载上行及行程下部范围载有 125%额定载重量下行，分别停层 3 次以上，轿厢必须可靠地制停（空载上行工况应平层）。当轿厢载有 125%额定载重量以正常运行速度下行时，切断电动机与制动器供电，电梯必须可靠制动。当对重完全压在缓冲器上，且驱动主机按轿厢上行方向连续运转时，空载轿厢严禁向上提升。

12）电梯安装后应进行运行试验。轿厢分别在空载、额定载荷工况下，按产品设计规定的每小时起动次数和负载持续率各运行 1000 次（每天不少于 8 h），电梯应运行平稳，制动可靠，连续运行无故障。

13）电梯运行中的噪声、平层准确度检验、运行速度检验等应符合产品说明书和标准规范的规定。

①电梯运行时，轿门带动层门开、关运行，门扇与门扇、门扇与门套、门扇与门楣、门扇与门口处轿壁、门扇下端与地坎应无刮碰现象。

②门扇与门扇、门扇与门套、门扇与门楣、门扇与门口处轿壁、门扇下端与地坎之间各自的间隙在整个长度上应基本一致。

③对机房（如果有）、导轨支架、底坑、轿顶、轿内、轿门、层门及门地坎等部位应进行清理。

（2）自动扶梯、自动人行道整机安装验收。

1）在下列情况下，自动扶梯、自动人行道必须自动停止运行，且④～⑪款情况下的开关断开的动作必须通过安全触点或安全电路来完成。

①无控制电压。

②电路接地的故障。

③过载。

④控制装置在超速和运行方向非操作逆转下动作。

⑤附加制动器（如果有）动作。

⑥直接驱动梯级、踏板或胶带的部件（如链条或齿条）断裂或过分伸长。

⑦驱动装置与转向装置之间的距离缩短。

⑧梯级、踏板或胶带进入梳齿板有异物夹住，且产生损坏梯级、踏板或胶带支撑结构。

⑨无中间出口的连续安装的多台自动扶梯、自动人行道中的一台停止运行。

⑩扶手带入口保护装置动作。

⑪梯级或踏板下限。

2）应测量不同回路导线对地的绝缘电阻。测量时，电子元件应断开，导体之间和导体对地之间的绝缘电阻应大于 1000 Ω/V，动力电路和电气安全装置电路不得小于 0.5 MΩ，其他电路（控制、照明、信号等）不得小于 0.25 MΩ。

3）整机安装检查应符合下列规定：

①梯级、踏板、胶带的楞齿及梳齿板应完整、光滑。

②在自动扶梯、自动人行道入口处应设置使用须知的标牌。

③内盖板、外盖板、围裙板、扶手支架、扶手导轨、护壁板接缝应平整。接缝处的凸台不应大于 0.5 mm。

④梳齿板的梳齿与踏板齿槽的啮合深度不应小于 6 mm。

⑤梳齿板的梳齿与踏板齿槽的间隙不应大于 4 mm。

⑥围裙板与梯级、踏板或胶带任何一侧的水平间隙不应大于 4 mm，两边的间隙之和不应大于 7 mm。当自动人行道的围裙板设置在踏板或胶带之上时，踏板表面与围裙板下端之间的垂直间隙不应大于 4 mm。当踏板或胶带有横向摆动时，踏板或胶带的侧边与围裙板垂直投影之间不得产生间隙。

⑦梯级间或踏板间的间隙在工作区段内的任何位置，从踏面测得的两个相邻梯级或两

个相邻踏板之间的间隙不应大于 6 mm。在自动人行道过渡曲线区段，踏板的前缘和相邻踏板的后缘啮合，其间隙不应大于 8 mm。

⑧护壁板之间的空隙不应大于 4 mm。

4）在额定频率和额定电压下，梯级、踏板或胶带沿运行方向空载时的速度与额定速度之间的允许偏差为±5%；扶手带的运行速度相对梯级、踏板或胶带的速度允许偏差为 0～+2%。

5）自动扶梯、自动人行道应进行空载制动试验，制停距离应符合标准规范要求。

6）自动扶梯、自动人行道应进行载有制动载荷的下行制停距离试验（除非制停距离可以通过其他方法检验），制动载荷、制停距离应符合标准规范的规定。

7）上行和下行自动扶梯、自动人行道，梯级、踏板或胶带与围裙板之间应无刮碰现象（梯级、踏板或胶带上的导向部分与围裙板接触除外），扶手带外表面应无刮痕。

8）对梯级（踏板或胶带）、梳齿板、扶手带、护壁板、围裙板、内外盖板、前沿板及活动盖板等部位的外表面应进行清理。

（三）电梯准用前验收

（1）电梯安装单位自检试运行后，整理记录，并向制造单位提供，由制造单位负责进行校验和调试。

（2）检验和调试符合要求后，向经国务院特种设备安全监督管理部门核准的检验检测机构报验，要求监督检验。

（3）监督检验合格，电梯可以交付使用，获得准用许可后，按规定办理交工验收手续。

（四）需要的资料

收集整理的资料文件，如表 23-9 所示。

表 23-9 需收集的资料文件

序号	质量记录名称	序号	质量记录名称
1	使用维护说明	20	接地电阻测试记录
2	设备开箱检查记录	21	绝缘电阻测试记录
3	机房、井道预检记录	22	电气安全装置检查记录
4	安装样板放线记录	23	层门安全装置检查记录
5	轿厢导轨安装检查记录	24	电梯主要功能检查记录
6	对重导轨安装检查记录	25	分项目检查记录（备目表）
7	层门安装检查记录	26	负荷试验记录表
8	曳引装置安装检查记录	27	负荷试验曲线图表
9	轿厢组装检查记录	28	平层准确度测量记录
10	悬挂装置安装检查记录	29	电梯噪声测试记录
11	对重、补偿绳安装检查记录	30	加速度测试记录
12	限速器、缓冲器检查记录	31	电梯分项工程质量评定
13	电气装置安装检查记录	32	质量保证资料核查表
14	随行电缆安装检查记录	33	电梯单台质量评定表
15	承重梁隐检记录	34	电梯分部工程质量证定
16	支架、螺栓埋设隐检记录	35	电梯观感质量证定
17	绳头灌注隐检记录	36	电梯验收条件检查表
18	隐检记录（备用表）	37	电梯安装验收（保修）证书
19	电气接地隐检记录	38	施工技术资料移交书

第五节 质量通病及防治

一、土建工程

（一）质量通病

（1）机房门开启方向不对（向内开启），夏天室内温度过高。

（2）机房内布置与电梯无关的上下水或其他管道。

（3）井道平面尺寸偏小，垂直度不符合要求。

（4）预留孔洞或预埋件相对尺寸偏差过大，超出规范要求。

（5）各层站中心偏差大，电梯层门安装困难。

（二）防治措施

（1）机房内应向外开启，增加通风散热措施。

（2）拆除与电梯无关的管道。

（3）提前了解土建结构，对尺寸不符合安装要求的地方，及时提出，以便整改，不宜修正的方面，要与建设单位、土建单位、设计单位协商，采取相应的补救措施。

（4）仔细核对电梯型号及电梯厂家提供的土建图，提前进行交底。井道的平面尺寸与图纸对照严禁偏小。

（5）与土建单位交接前，按规范进行验收，不符合规范之处，整改后再施工。

二、曳引机、导向轮固定安装

（一）质量通病

（1）承重梁螺栓孔用气割开孔或电焊开孔，开孔过大，损伤工字钢立筋；承重梁斜翼缘上使用平垫圈固定，螺栓与工字钢接触不紧密，导致曳引机弹性固定时，两端无压板、挡板，固定不可靠、不紧密。

（2）曳引轮、导向轮（复绕轮）垂直度超差，两端面平行度超差，使曳引绳与曳引轮、导向轮（复绕轮）产生不均匀侧向磨损，引起曳引绳的震动。

（二）防治措施

（1）承重梁位置应根据井道平面布置标准线来确定，以轿厢中心到对重中心的连接线和机器底盘螺栓孔位置来确定，保证在电梯运行时曳引绳不碰承重梁，安装时不损伤承重梁。

（2）当曳引机直接固定在承重梁上时，必须实测螺栓孔，用电钻打眼。对螺栓孔过大的，必须进行加固，对严重损伤工字钢立筋的应更换承重梁。

（3）用与承重梁斜翼缘斜度一致的斜方垫圈固定曳引机，使螺栓与承重梁紧密接触。

（4）弹性固定的曳引机，在曳引机的顶端用挡板固定，在后端用压板固定，防止曳引机位移。

（5）根据曳引绳绕绳形式不同，先调整好曳引机的位置，注意按轿厢中心铅垂线与曳引轮的节圆直径铅垂线调整曳引机的安装位置。

（6）曳引机底座与基础座中间用垫片调整，使曳引轮的空载垂直度偏差在 2 mm 以内，并有意向满载时曳引轮偏侧的反方向调整，使轿厢在满载时曳引轮的垂直度偏差在 2 mm 以内。

（7）调整导向轮，使曳引轮与导向轮的不平行度不超过 1 mm（在空载时）。

三、制动器安装

（一）质量通病

（1）制动器抱闸闸瓦不能紧密地合于制动轮工作表面上。

（2）松闸时不能同步离开，其四周间隙不均匀，且大于 0.7 mm。

（二）防治措施

（1）安装前应拆卸电磁铁的铁芯，检查电磁铁在铜套中能否灵活运动，可用少量石墨粉作为铁芯与铜套的润滑剂，调整电磁铁，使其能迅速吸合，并不发生撞芯现象，一般应保持 0.6～1 mm 的间隙。

（2）修正瓦片闸带，使之能紧贴制动轮，调整手动松闸装置。

（3）调整松闸量限位螺钉，使制动带与制动轮工作表面间隙小于 0.7 mm，调整时可一边调整后再调另一边；调整制动瓦定位螺钉，使制动瓦上下间隙一致。

（4）调紧制动弹簧，使之达到：

1）在电梯做静载试验时，压紧力应足以克服电梯的差重。

2）在做超载运行时，压紧力能使电梯可靠制动。

四、层门、轿厢安装

（一）质量通病

（1）层门地坎尺寸超标，层门地坎不平、不直，轿门地坎与各层门地坎的距离偏差超标，层门地坎标高超标，影响使用功能。

（2）层门地坎边沿的垂直平面、牛腿及混凝土外凸。

（3）层门门套与门不垂直，开启不平稳，层门有划伤。

（4）轿顶反绳轮垂直度超标，缺安全防护装置。

（5）各层门指示灯盒及呼叫盒安装不与装饰匹配，出现歪斜、凸凹，影响观感质量。

（二）防治措施

（1）层门地坎控制不水平度不超过 1/1000，并且应装直，以保证地坎至各层层门地坎的距离偏差不超过±1 mm。地坎应填实，不应有空鼓，各层门地坎应高出最终地面 2～5 mm，以保证安全使用。

（2）地坎安装前应准确测量后，将凸出的混凝土部位凿去，等地坎安装好后用砂浆找平。

（3）门套安装前，检查门套是否变形，并进行必要的调整。

（4）在吊挂层门门扇前，先检查门滑轮的转动是否灵活，并应注入润滑脂，清洁层门导轨和地坎导槽。

（5）注意保护层门外观，外贴的保护膜在交工前再清除。

（6）轿厢安装后要再对反绳轮的垂直度进行测量、调整，并应检查上梁与立柱的连接处是否紧密、有无变形。安装后立即安装保护罩和挡绳装置。

（7）层门指示灯盒和呼叫盒应与装饰工程密切配合，特别是大理石的厅门，位置应正确，其面板与墙面贴实，横竖端正，清洁美观。

五、导轨安装

（一）质量通病

（1）导轨支架不平，焊缝支架间断焊，单面焊接，影响导轨安装质量。

（2）导轨接头处组装缝隙大。

（3）导轨调整垫铁不点焊，导轨接头台阶修光长度不够，导致轿厢运行不平稳。

（4）导轨垂直度超差，导轨局部明显弯曲。

（二）防治措施

（1）导轨架不水平度不应超过 5 mm；安装牢固，横竖端正，焊接时双面焊牢，焊缝饱满，且随时清除焊渣，进行防腐处理。

（2）导轨接头在地面预组装，先采用装配法，后用锉刀修正接头缝隙处，预组装后将导轨编号。

（3）轿厢导轨和设有安全钳的对重（平衡重）导轨工作面接头处不应有连续缝隙，导轨接头处台阶不应大于 0.05 mm。如超过应修平，修平长度应大于 150 mm。

（4）导轨安装前先检查，对弯曲的导轨要先调直。用专用校轨卡板自下而上初校，导板与导轨的连接螺栓暂不拧紧，用导轨卡板精调时，逐个拧紧压板螺栓和导轨连接板螺栓。

六、电梯电器安装

（一）质量通病

（1）电线管、线槽敷设混乱，动力、控制线路混放。线管、线槽敷设不直、不整齐、不牢固，控制线路受静电、电磁感应干扰大。

（2）井道地坑不防水，导致电器及导线受潮，绝缘性能降低。

（3）限位开关、极限开关等进线口不密封，灰尘进入。

（4）随行电缆两端及不运动电缆固定不牢，当轿厢压缩缓冲器后，电缆与地坑和轿厢低框接触。

（二）防治措施

（1）严格按标准规范施工，电线管用管卡固定，管口应装护口，与线槽连接应用锁紧螺母，安装后应横平竖直，接口严密，线槽盖齐全、平整，无翘角。

（2）井道地坑从建筑上采取防水措施，确保地坑干燥、清洁，不积水。

（3）所有限位开关、极限开关、联锁开关等的进线口，均应密封，保证灰尘不进入。

（4）计算电缆长度后再固定，保证电缆不致拉紧或拖地。绑扎随行电缆，其绑扎长度应为 30～70 mm，绑扎处应离电缆支架 100～150 mm。

（5）轿底电缆支架应与井道电缆支架平行，使随行电缆处于底部时能避开缓冲器，并保持一定距离。

（6）多根电缆同时绑扎时，长度应保持一致。

七、电梯安全装置

（一）质量通病

（1）当安全钳动作时，两侧安全钳不能同时动作，使轿厢发生变形；在安全钳动作后，安全钳急停开关未动作，电梯控制电路未切断。

（2）电梯运行过程中安全保护开关误动作，使电梯无故停车。在出故障时，安全保护开关不动作。

（二）防治措施

（1）调整安全钳楔块工作面与导轨侧面间的间隙，间隙应均匀一致。

（2）调整急停开关位置，检查电路，先做模拟试验，动作正常后再做正式的安全钳试验。

（3）各安全保护开关和支架应用螺栓可靠固定，并有止退措施，严禁用焊接固定。

（4）检查各开关，不能因电梯正常运行时的碰撞和钢绳、钢带、皮带的正常摆动使开关产生位移、损坏和误动作。

八、电梯试运行

（一）质量通病

电梯平层不准确，尤其是轿厢空载时与满载时平层不准确。

（二）防治措施

（1）平层的调整应在平衡系统调整后及静载试验完成后进行，平行运行速度应符合说明书要求。

（2）在电梯中加50%的额定重量，以楼层中层为基准层，调整感应器和铁板位。

第二十四章 >>>
质量检验评定的等级标准

第一节 质量等级要求概述

一、分项工程的质量等级

（1）合格。

1）保证项目必须符合相应质量检验评定标准的规定。

2）基本项目抽检的处（件）应符合相应质量检验评定标准的合格规定。

3）允许偏差项目抽检的点数中，建筑工程有 70%及以上、建筑设备安装工程有 80% 及以上的实测值应在相应质量检验评定标准的允许偏差范围内。

（2）优良。

1）保证项目必须符合相应质量检验评定标准的规定。

2）基本项目每项抽检的处（件）应符合相应质量检验评定标准的合格规定。其中有 50% 及以上的处（件）符合优良规定，该项即为优良；优良项数应占检验项数的 50%及以上。

3）允许偏差项目抽检的点数中，有 90%及以上的实测值应在相应质量检验评定标准 的允许偏差范围内。

二、分部工程的质量等级

（1）合格：所含分项工程的质量全部合格。

（2）优良：所含分项工程的质量全部合格，其中有 50%及以上为优良（建筑设备安 装工程中，必须含指定的主要分项工程）。

三、单位工程的质量等级

（1）合格。

1）所含分部工程的质量应全部合格。

2）质量保证资料应基本齐全。

3）观感质量的评定得分率应达到 70%及以上。

（2）优良。

1）所含分部工程的质量应全部合格，其中有 50%及以上优良，建筑工程必须含主体和装饰分部工程；以建筑设备安装工程为主的单位工程，其指定的分部工程必须优良。如锅炉房的采暖卫生与煤气分部工程；变、配电室的建筑电气安装分部工程；空调机房和净化车间的通风与空调分部工程等。

2）质量保证资料应基本齐全。

3）观感质量的评定得分率应达到 85%及以上。

四、不合格分项工程的质量等级处理

当分项工程质量不符合相应质量检验评定标准合格的规定时，必须及时处理，并应按以下规定确定其质量等级：

（1）经返工重做的可重新评定质量等级。

（2）经加固补强或经法定检测单位鉴定能够达到设计要求的，其质量仅应评为合格。

（3）经法定单位鉴定达不到原设计要求，但经设计单位认可能够满足结构安全和使用功能要求可不加固补强的，或经加固补强改变外形尺寸或造成永久性缺陷的，其质量可定为合格，但所在分部工程不应评为优良。

电气工程（强电部分）的分部工程、分项工程的划分如表 24-1 所示。

表 24-1　电气工程（强电部分）的分部工程、分项工程划分

分部工程	子分部工程	分项工程
建筑电气	室外电气	架空线路及杆上电气设备安装；变压器、箱式变电所安装；成套配电柜，控制柜（屏、台）和动力、照明配电箱（盘）及控制柜安装；电线、电缆导管和线槽敷设；电线、电缆穿管和线槽敷设；电缆头制作、导线连接和线路电气试验；建筑物外部装饰灯具、航空障碍标志灯安装；庭院路灯安装；建筑照明通电试运行；接地装置安装
	变配电室	变压器、箱式变电所安装；成套配电柜、控制柜（屏、台）和动力、照明配电箱（盘）安装；裸母线、封闭母线、插接式母线安装；电缆沟内和电缆竖井内电缆敷设；电缆头制作、导线连接和线路电气试验；接地装置安装；防雷引下线和变配电室接地干线敷设
	供电干线	裸母线、封闭母线、插接式母线安装；桥架安装和桥架内电缆敷设；电缆沟内和电缆竖井内电缆敷设；电线、电缆导管和线槽敷设；电线、电缆穿管和线槽敷线；电缆头制作、导线连接和线路电气试验
	电气动力	成套配电柜、控制柜（屏、台）和动力、照明配电箱（盘）及控制柜安装；低压电动机、电加热器及电动执行机构检查、接线；低压电气动力设备检测、试验和空载试运行；桥架安装和桥架内电缆敷设；电线、电缆导管和线槽敷设；电线、电缆穿管和线槽敷线；电缆头制作、导线连接和线路电气试验；插座、开关、风扇安装
	电气照明	成套配电柜、控制柜（屏、台）和动力、照明配电箱（盘）及控制柜安装；电线、电缆导管和线槽敷设；电线、电缆穿管和线槽敷设；槽板配线；钢索配线；电缆头制作、导线连接和线路电气试验；普通灯具安装，专用灯具安装；插座、开关、风扇安装；建筑照明通电试运行
	设备和不间断电源	成套配电柜、控制柜（屏、台）和动力、照明配电箱（盘）及控制柜安装；柴油发电机组安装；不间断电源的其他功能单元安装；裸母线、封闭母线、插接式母线安装；电线、电缆导管和线槽敷设；电线、电缆穿管和线槽敷线；电缆头制作、导线连接和线路电气试验；接地装置安装
	防雷及接地	接地装置安装；防雷引下线和变配电室接地干线敷设；建筑物等电位连接；接闪器安装

续表

分部工程	子分部工程	分项工程
电梯	电力驱动的曳引式或强制式电梯	设备进场验收，土建交接检验，驱动主机、导轨、门系统、轿厢、对重、安全部件、悬挂装置、随行电缆、补偿装置、电气装置，整机安装验收
	液压电梯	设备进场验收；土建交接检验；液压系统、导轨、门系统、轿厢、对重、安全部件、悬挂装置、随行电缆、电气装置，整机安装验收
	自动扶梯、自动人行道	设备进场验收；土建交接检验；整机安装验收

第二节　线路敷设

一、电缆线路工程

（一）保证项目

（1）电缆的耐压试验结果、泄漏电流和绝缘电阻必须符合施工规范规定。检查数量：全数检查。检验方法：检查试验记录。

（2）电缆敷设必须符合以下规定：电缆严禁有绞拧、铠装压扁、护层断裂和表面严重划伤等缺陷；直埋敷设时，严禁在管道的上面或下面平行敷设。检查数量：全数检查。检验方法：观察检查和检查隐蔽工程记录。

（3）电缆终端头和电缆接头的制作、安装必须符合下列规定：

1）封闭严密，填料灌注饱满，无气泡、无渗油现象；芯线连接紧密，绝缘带包扎严密，防潮涂料涂刷均匀；封铅表面光滑，无砂眼和裂纹。

2）交联聚乙烯电缆头的半导体带、屏蔽带包缠不超越应力锥中间最大处，锥体坡度匀称，表面光滑。

3）电缆头安装、固定牢靠，相序正确。直埋电缆接头保护措施完整，标志准确清晰。

检查数量：按不同类别的电缆头各抽查 10%，但不少于 5 个。

检验方法：观察检查和检查安装记录。

（二）基本项目

（1）电缆支、托架安装应符合以下规定。

1）合格：位置正确，连接可靠，固定牢靠，油漆完整，在转弯处能托住电缆平滑均匀地过渡，托架加盖部分盖板齐全。

2）优良：在合格基础上，间距均匀，排列整齐，横平竖直，油漆色泽均匀。

检查数量：按不同类型的支、托架各抽查 5 段。检验方法：观察检查。

（2）电缆保护管安装应符合以下规定。

1）合格：管口光滑，无毛刺，固定牢靠，防腐良好。弯曲处无弯扁现象，其弯曲半径不小于电缆的最小允许弯曲半径；出入地沟、隧道和建筑物的保护管口封闭严密。

2）优良：在合格基础上，弯曲处无明显的褶皱和不平；出入地沟、隧道和建筑物，保护管坡向及坡度正确。明设部分横平竖直，成排敷设的排列整齐。

检查数量：按不同敷设方式、场所各抽查 5 处。检验方法：观察检查。

（3）电缆敷设应符合以下规定。

1）合格。

①坐标和标高正确，排列整齐，标志桩、标志牌设置准确；有防燃、隔热和防腐蚀要求的电缆，保护措施完整。

②在支架上敷设时，固定可靠，同一侧支架上的电缆排列顺序正确，控制电缆应放在电力电缆的下面，1 kV 及其以下的电力电缆应放在 1 kV 以上电力电缆的下面；直埋电缆的埋设深度、回填土要求、保护措施以及电缆间和电缆与地下管网间平行或交叉的最小距离均应符合施工规范规定。

2）优良：在合格基础上，电缆转弯和分支处不紊乱，走向整齐清楚；电缆的标志桩、标牌清晰齐全；直埋电缆的隐蔽工程记录及简图齐全、准确。

检查数量：按不同敷设方式各抽查 5 处。检验方法：观察检查和检查隐蔽工程记录及简图。

（4）电缆及其支、托架和保护管接地（接零）支线敷设的检验和评定应按以下要求确定。

1）合格：连接紧密、牢固，接地（接零）线截面选用正确，需防腐的部分涂漆均匀无遗漏。

2）优良：在合格基础上，线路走向合理，色标准确，涂刷后不污染设备和建筑物。

检查数量：抽查 5 处。检验方法：观察检查。

（三）允许偏差项目

明设电缆支架安装允许偏差、电缆最小弯曲半径和检验方法应符合表 24-2 中的规定。

检查数量：支架按不同类型各抽查 5 段，电缆按不同类别各抽查 5 处。

表 24-2 支架安装允许偏差、电缆弯曲半径和检验方法

项次	项 目			允许偏差或弯曲半径/mm	检验方法
1	明设成排支架相到高低差			10	拉线和尺量检查
2	电缆最小允许弯曲半径	油浸纸绝缘电力电缆	单芯	≥20d	尺量检查
			多芯	≥15d	
		橡皮绝缘电力电缆	橡皮或聚氯乙烯护套	≥10d	
			裸铅护套	≥15d	
			铅护套钢带铠装	≥20d	
		塑料绝缘电力电缆		≥10d	
		控制电缆		≥10d	

注：d 为电缆外径。

二、配管及管内穿线工程

（一）保证项目

（1）导线间和导线对地间的绝缘电阻值必须大于 0.5 MΩ。检查数量：抽查 5 个回路。检查方法：实测或检查绝缘电阻测试记录。

（2）薄壁钢管严禁熔焊连接，塑料管的材质及适用场所必须符合设计要求和施工规范规定。检查数量：按管子不同材质各抽查 5 处。检查方法：明设的观察检查，暗设的检查隐蔽工程记录。

（二）基本项目

（1）管子敷设应符合以下规定。

1）合格。

①连接紧密，管口光滑，护口齐全。明配管及其支架平直牢固，排列整齐，管子弯曲处无明显褶皱，油漆防腐完整；暗配管保护层大于 15 mm。

②盒（箱）设置正确，固定可靠，管子进入盒（箱）处顺直，在盒（箱）内露出的长度小于 5 mm；用锁紧螺母固定的管口，管子露出锁紧螺母的螺纹为 2～4 扣。

2）优良：在合格基础上，线路进入电气设备和器具的管口位置正确。

检查数量：按管子不同材质、不同敷设方式各抽查 10 处。检验方法：观察检查和尺量检查。

（2）管路的保护应符合以下规定。

1）合格：穿过变形缝处有补偿装置，补偿装置能活动自如；穿过建筑物和设备基础处加套保护管。

2）优良：在合格基础上，补偿装置平整，管口光滑，护口牢固，与管子连接可靠；加套的保护管在隐蔽工程记录中标示正确。

检查数量：全数检查。检验方法：观察检查和检查隐蔽工程记录。

（3）管内穿线应符合以下规定。

1）合格：在盒（箱）内导线有适当余量，导线在管子内无接头，不进入盒（箱）的垂直管子的上口穿线后密封处理良好；导线连接牢固，包扎严密，绝缘良好，不伤芯线。

2）优良：在合格基础上，盒（箱）内清洁无杂物，导线整齐，护线套（护口）齐全，不脱落。

检查数量：抽查 10 处。检验方法：观察检查或检查安装记录。

（4）金属电线保护管、盒（箱）及支架接地（接零）支线敷设的检验和评定应按以下要求确定。

1）合格：连接紧密、牢固，接地（接零）线截面选用正确，需防腐的部分涂漆均匀无遗漏。

2）优良：在合格基础上，线路走向合理，色标准确，涂刷后不污染设备和建筑物。

检查数量：抽查 5 处。检验方法：观察检查。

（三）允许偏差项目

电线保护管弯曲半径、明配管安装允许偏差和检验方法应符合表 24-3 的规定。

检查数量：按不同检查部位、内容各抽查 10 处。

表 24-3　保护管弯曲半径、明配管安装允许偏差和检验方法

项次	项　目			弯曲半径或允许偏差/mm	检验方法
1	管子最小弯曲半径	暗配管		≥6D	尺量检查及检查安装记录
		明配管	只有一个弯	≥4D	
			两个弯及以上	≥6D	
2	管子弯曲处的弯扁度			≤0.1D	尺量检查
3	明配管固定点间距	管子直径/mm	15～20	30	尺量检查
			25～30	40	
			40～50	50	
			65～100	60	
4	明配管水平、垂直敷设任意 2 m 段内		平直度	3	拉线、尺量检查
			垂直度	3	吊线、尺量检查

注：D 为管子外径。

三、瓷夹、瓷柱（珠）及瓷瓶配线工程

（一）保证项目

（1）导线间和导线对地间的绝缘电阻值必须大于 0.5 MΩ。检查数量：抽查 5 个回路。检验方法：实测或检查绝缘电阻测试记录。

（2）导线严禁有扭绞、死弯和绝缘层损坏等缺陷。检查数量：抽查 10 处。检验方法：观察检查。

（二）基本项目

（1）瓷件及其支架安装应符合以下规定。

1）合格：安装牢固，瓷件无损坏，瓷瓶不倒装，导线或瓷件固定点的间距正确，支架油漆完整。

2）优良：在合格基础上，瓷件排列整齐，间距均匀，表面清洁。检查数量：按不同瓷件敷设的线路各抽查 10 处。检验方法：观察检查和手扳检查。

（2）导线敷设应符合以下规定。

1）合格。

①平直、整齐，与瓷件固定可靠；穿过梁、墙、楼板在跨越线路等处有保护管；跨越建筑物变形缝的导线两端固定可靠，并留有适当余量。

②导线连接牢固，包扎严密，绝缘良好，不伤芯线；导线接头不受拉力。

2）优良：在合格基础上，导线进入电气器具处绝缘处理良好，转弯和分支处整齐。检查数量按不同瓷件敷设的线路各抽查 10 处。

检验方法：观察检查。

（三）允许偏差项目

配线的允许偏差和检验方法应符合表 24-4 中的规定。

检查数量：按不同瓷件敷设的线路各抽查 10 处。

表 24-4　配线允许偏差和检验方法

项次	项　目		允许偏差/mm	检验方法
1	瓷夹配线线路中心线	水平线路	5	拉线、尺量检查
		垂直线路	5	吊线、尺量检查
2	瓷柱、瓷瓶配线线路中心线	水平线路	10	拉线、尺量检查
		垂直线路	5	吊线、尺量检查
3	瓷柱、瓷瓶配线线间距离	水平线路	10	拉线、尺量检查
		垂直线路	5	吊线、尺量检查

四、护套线配线工程

（一）保证项目

（1）导线间和导线对地间的绝缘电阻值必须大于 0.5 MΩ。检查数量：抽查 5 个回路。检验方法：实测或检查绝缘电阻测试记录。

（2）导线严禁有扭绞、死弯、绝缘层损坏和护套断裂等缺陷。检查数量：抽查 10 处。检验方法：观察检查。

（3）塑料护套线严禁直接埋入抹灰层内敷设。检查数量：抽查 5 处。检验方法：观察检查。

（二）基本项目

（1）护套线敷设应符合以下规定。

1）合格：平直、整齐，固定可靠；穿过梁、墙、楼板和跨越线路等处有保护管；跨越建筑物变形缝的导线两端固定可靠，并留有适当余量。

2）优良：在合格基础上，导线明敷部分紧贴建筑物表面；多根平行敷设间距一致，分支和弯头处整齐。

检查数量：抽查 10 处。检验方法：观察检查。

（2）护套线的连接应符合以下规定。

1）合格：连接牢固，包扎严密，绝缘良好，不伤芯线；接头设在接线盒或电气器具内，板孔内无接头。

2）优良：在合格基础上，接线盒位置正确，盒盖齐全平整，导线进入接线盒或电气器具时留有适当余量。

检查数量：抽查 10 处。检验方法：观察检查。

（三）允许偏差项目

护套线配线允许偏差、弯曲半径和检验方法应符合表 24-5 中的规定。

检查数量：按检查项目各抽查 10 段（处）。

表 24-5　护套线配线允许偏差、弯曲半径和检验方法

项次	项　目		允许偏差或弯曲半径/mm	检验方法
1	固定点间距		5	尺量检查
2	水平或垂直敷设的直线段	平直度	5	拉线、尺量检查
		垂直度	5	吊线、尺量检查
3	最小弯曲半径		≥3b	尺量检查

注　b 为平弯时护套线厚度或侧弯时护套线宽度。

五、槽板配线工程

（一）保证项目

导线间和导线对地间的绝缘电阻值必须大于 0.5 MΩ。

检查数量：抽查 10 个回路。检验方法：实测或检查绝缘电阻测试记录。

（二）基本项目

（1）槽板敷设应符合以下规定。

1）合格：紧贴建筑物表面，固定可靠，横平竖直，直线段的盖板接口与底板接口错开，其间距不小于 100 mm，盖板锯成斜口对接，木槽板无劈裂，塑料槽板无扭曲变形。

2）优良：在合格基础上，槽板沿建筑物表面布置合理，盖板无翘角；分支接头做成丁字三角叉接，接口严密整齐；槽板表面色泽均匀，无污染。

检查数量：抽查 10 处。检验方法：观察检查。

（2）槽板线路的保护应符合以下规定。

1）合格：线路穿过梁、墙和楼板有保护管；跨越建筑物变形缝处槽板断开，导线加套保护软管并留有适当余量，保护软管与槽板结合严密。

2）优良：在合格基础上，线路与电气器具、木台连接严密，导线无裸露现象。

检查数量：抽查 10 处。检验方法：观察检查。

（3）导线的连接应符合以下规定：

1）合格：连接牢固，包扎严密，绝缘良好，不伤芯线，槽板内无接头。

2）优良：在合格基础上，接头设在器具或接线盒内。

检查数量：抽查 10 处。检验方法：观察检查。

（三）允许偏差项目

槽板配线允许偏差和检验方法应符合表 24-6 中的规定。

检查数量：抽查 10 段。

表 24-6　槽板配线允许偏差和检验方法

项次	项　目		允许偏差/mm	检验方法
1	水平或垂直敷设的直线段	平直度	5	拉线、尺量检查
2		垂直度	5	吊线、尺量检查

六、配线用钢索工程

（一）保证项目

终端拉环必须固定牢靠，拉紧调节装置齐全；钢索端头用专用金具卡牢，数量不少于2个。

检查数量：抽查5条。检验方法：观察检查。

（二）基本项目

（1）钢索的中间固定应符合以下规定。

1）合格：中间固定点间距不大于12 m，吊钩可靠地托住钢索，吊杆或其他支持点受力正常，吊杆不歪斜，油漆完整。

2）优良：在合格基础上，吊点均匀，钢索表面整洁，镀锌钢索无锈蚀，塑料护套钢索的护套完好。固定点间距相同，钢索的弛度一致。

检查数量：抽查5段。检验方法：观察检查。

（2）钢索及其吊架接地（接零）支线敷设的检验和评定应按以下要求确定。

1）合格：连接紧密、牢固，接地（接零）线截面选用正确，需防腐的部分涂漆均匀无遗漏。

2）优良：在合格基础上，线路走向合理，色标准确，涂刷后不污染设备和建筑物。检查数量：抽查5处。检验方法：观察检查。

（三）允许偏差项目

钢索上配线的允许偏差和检验方法应符合表24-7中的规定。

检查数量：按不同配线类别各抽查10处。

表24-7　钢索上配线的允许偏差和检验方法

项次	项　　目		允许偏差/mm	检验方法
1	各种配线支持件间的距离	钢管配线	30	尺量检查
2		硬塑料管配线	20	
3		塑料护套配线	5	
4		瓷柱配线	30	

第三节　硬母线和滑接线安装

一、硬母线安装工程

（一）保证项目

（1）高压绝缘子和高压穿墙套管的耐压试验必须符合施工规范规定。检查数量：全数检查。检验方法：检查耐压试验记录。

（2）高压瓷件表面严禁有裂纹、缺损和瓷釉损坏等缺陷。检查数量：穿墙套管全数检查，绝缘子抽查5个。检验方法：观察检查。

（3）母线连接必须符合下列规定。

1）搭接（包括与设备的搭接），接触面间隙用0.05 mm×10 mm塞尺检查。线接触的，塞不进去；面接触的，当接触面宽56 mm及以下时，塞入深度不大于4 mm，当接触面宽63 mm及以上时，塞入深度不大于6 mm。

2）焊接，在焊缝处有2~4 mm的加强高度，焊口两侧各凸出4~7 mm。焊缝无裂纹、未焊透等缺陷，残余焊药清除干净。

3）不同金属的母线搭接，其搭接面的处理符合施工规范规定。

检查数量：按不同种类的接头各抽查5个。检验方法：观察检查和实测或检查安装记录。

（4）母线的弯曲处严禁有缺口和裂纹。检查数量：抽查5个弯头。检验方法：观察检查。

（二）基本项目

（1）母线绝缘子及支架安装应符合以下规定。

1）合格：位置正确，固定牢靠，固定母线用的金具正确、齐全，黑色金属支架防腐完整。

2）优良：在合格基础上，安装横平竖直，成排的排列整齐，间距均匀，油漆色泽均匀，绝缘子表面清洁。

检查数量：抽查10处。检验方法：观察检查。

（2）母线安装应符合以下规定。

1）合格。

①平直整齐，相色正确；母线搭接用的螺栓和母线钻孔尺寸正确。

②多片矩形母线片间保持与母线厚度相等的间隙，多片母线的中间固定架不形成闭合磁路；封闭母线外壳连接紧密，导电部分搭接螺栓的扭紧力矩符合产品要求，外壳的支座及端头固定牢靠，无摇晃现象；采用拉紧装置的车间低压架空母线，拉紧装置固定牢靠，同一档内各母线弛度相互差不大于10%。

2）优良：在合格基础上，使用的螺栓螺纹均露出螺母2~3扣，搭接处母线涂层光滑均匀，架空母线弛度一致，相色涂刷均匀。

检查数量：按母线不同安装方式或结构类别各抽查10处。检验方法：观察检查和检查安装记录。

（3）母线支架及其他非带电金属部件接地（接零）支线敷设的检验和评定，应按《建筑电气工程施工质量验收规范》（GB 50303—2015）的规定进行。

（三）允许偏差项目

母线安装的允许偏差、弯曲半径和检验方法应符合表24-8中的规定。

检查数量：线间距离抽查10处，弯头按不同形式各抽查5个。

表 24-8　母线安装允许偏差、弯曲半径和检验方法

项次	项　目		允许偏差或半径/mm	检验方法
1	母线间距与设计尺寸		±5	
2	母线平弯最小弯曲半径			尺量检查
	$B\delta \leq 50×5$	铜	$>2\delta$	
		铝	$>2\delta$	
	$B\delta \leq 125×10$	铜	$>2\delta$	
		铝	$>2.5\delta$	
3	母线立弯最小弯曲半径			
	$B\delta \leq 50×51$	铜	$>B$	
		铝	$>1.5B$	
	$B\delta \leq 125×10$	铜	$>1.5B$	
		铝	$>2B$	

注：B 为母线宽度，mm；δ 为母线厚度，mm。

二、滑接线和移动式软电缆安装工程

（一）保证项目

（1）滑接线和移动式软电缆的相间或各相对地间的绝缘电阻值必须符合施工规范规定。检查数量：全数检查。检验方法：实测或检查绝缘电阻测试记录。

（2）型钢滑接线的中心线与起重机轨道的实际中心线的距离和同一条型钢滑接线的各支型钢间的水平或垂直距离必须保持一致，其最大偏差值严禁超过施工规范的规定值。检查数量：抽查 5 条。检验方法：实测或检查安装记录。

（3）滑接线在绝缘子上固定可靠；滑接线连接处平滑，滑接面严禁有锈蚀；在滑接线与导线端子连接处必须做镀锌或镀锡处理。检查数量：每条各抽 5 处。检验方法：观察检查。

（二）基本项目

（1）绝缘子和支架安装应符合以下规定。

1）合格：绝缘子无裂纹和缺损，与支架间的缓冲软垫片齐全；支架安装平整牢固，间距均匀，油漆完整。

2）优良：在合格基础上，绝缘子清洁，支架油漆色泽均匀，连接用的螺栓螺纹露出螺母 2～3 扣。

检查数量：每条抽查 5 处。检验方法：观察检查。

（2）滑线安装应符合以下规定。

1）合格。

①变形缝和检修段处留有 10～20 mm 的间隙，间隙两侧的滑线端头圆滑，滑接面间高差不大于 1 mm。

②自由悬吊滑线的弛度，相互间的偏差不大于 20 mm。

③非滑接部分油漆完整，警戒色标正确；滑线指示灯指示正常。

2）优良：在合格基础上，起重机运行时，滑块或其他受电器在全程滑行中平稳，无较大的火花。

检查数量：每条抽查 5 处。检验方法：观察检查和通电试运行检查、检查安装记录。

（3）移动式软电缆安装应符合以下规定。

1）合格。

①软电缆的滑轨或吊索终端固定牢靠，吊索调节装置齐全。

②软电缆的悬挂装置沿滑轨或钢索滑动时灵活平稳，无卡阻现象。

③电缆移动段长度比起重机移动距离长 15%～20%；若设计无特殊要求，移动段长度大于 20 mm，加装牵引绳。

2）优良：在合格基础上，电缆退扭良好，运行时不打扭；黑色金属部件防腐完整。

检查数量：抽查 5 处。检验方法：观察检查和通电试运行检查、检查安装记录。

（4）滑接器安装应符合以下规定。

1）合格：接触面平整光滑，与滑线接触可靠，滑接器的中心线（宽面）不越出滑接线的边缘，绝缘部件完整齐全。

2）优良：在合格基础上，导线引线固定牢靠，滑块可动部分灵活无卡阻。

检查数量：抽查 5 处。检验方法：观察检查和通电试运行检查。

（5）非带电金属支架及其他部件接地（接零）支线敷设的检验和评定应按以下要求确定。

1）合格：连接紧密、牢固，接地（接零）线截面选用正确，需防腐的部分涂漆均匀无遗漏。

2）优良：在合格基础上，线路走向合理，色标准确，涂刷后不污染设备和建筑物。

检查数量：抽查 5 处。检验方法：观察检查。

第四节　电气器具、设备

一、电力变压器安装工程

（一）保证项目

（1）电力变压器及其附件的试验调整和器身检查结果必须符合施工规范规定。检查数量：全数检查。检验方法：检查安装和调整试验记录。

（2）并列运行的变压器，必须符合并列条件。检查数量：全数检查。检验方法：实测或检查定相记录。

（3）高低压瓷件表面严禁有裂纹缺损和瓷釉损坏等缺陷。检查数量：全数检查。检验方法：观察检查。

（二）基本项目

（1）变压器本体安装应符合以下规定。

1）合格。

①位置正确，注油量、油号准确，油位清晰；油箱无渗油现象，就位后，轮子固定可靠。

②装有气体继电器的变压器顶盖，沿气体继电器的气流方向有 1%～1.5%的升高坡度。

2）优良：在合格基础上，器身表面干净清洁，油漆完整。

检查数量：全数检查。检验方法：观察检查和实测或检查安装记录。

（2）变压器附件安装应符合以下规定。

1）合格。

①与油箱直接连通的附件内部清洗干净，安装牢固，连接严密，无渗油现象。

②膨胀式温度计毛细管的弯曲半径不小于 50 mm，且管子无压扁和急剧的扭折现象，毛细管过长部分盘放整齐，温包套管充油饱满。

③有载调压开关的传动部分润滑良好，动作灵活、准确。

2）优良：在合格基础上，附件与油箱间的连接垫圈、管路和引线等整齐美观。

检查数量：全数检查。检验方法：观察检查和检查安装记录。

（3）变压器与线路连接应符合以下规定。

1）合格。

①连接紧密，连接螺栓的锁紧装置齐全，瓷套管不受外力。

②零线沿器身向下接至接地装置的线段固定牢靠。

③器身各附件间连接的导线有保护管，保护管、接线盒固定牢靠，盒盖齐全。

2）优良：在合格基础上，引向变压器的母线及其支架、电线保护管和接零线等均便于拆卸，不妨碍变压器检修时的搬动；各连接用的螺栓螺纹露出螺母 2～3 扣；保护管颜色一致，支架防腐完整。检查数量：全数检查。检验方法：观察检查。

（4）变压器及其附件外壳和其他非带电金属部件接地（接零）支线敷设的检验和评定应按以下要求确定。

1）合格：连接紧密、牢固，接地（接零）线截面选用正确，需防腐的部分涂漆均匀无遗漏。

2）优良：在合格基础上，线路走向合理，色标准确，涂刷后不污染设备和建筑物。

检查数量：抽查 5 处。检验方法：观察检查。

二、高压开关安装工程

（一）保证项目

（1）高压开关的试验调整结果必须符合施工规范规定。

检查数量：按不同类型各抽查 1～3 台。检验方法：检查试验调整记录。

（2）瓷件表面严禁有裂纹、缺损和瓷釉损坏等缺陷。

检查数量：按不同类型各抽查 1～3 台。检验方法：观察检查。

（3）导电接触面、开关与母线连接处必须接触紧密，用 0.05 mm×10 mm 塞尺检查：线接触的，塞不进去；面接触的，当接触面宽 50 mm 及以下时，塞入深度不大于 4 mm，当接触面宽 60 mm 及以上时，塞入深度不大于 6 mm。检查数量：按不同类型各抽查 1～3 台。检验方法：实测和检查安装记录。

（二）基本项目

（1）开关安装应符合以下规定。

1）合格。

①位置正确，固定牢靠，部件完整，操动部分灵活、准确，充油部分油号、油位正确清晰，无渗油现象。

②支架、连杆和传动轴等固定连接牢靠，油漆完整。

2）优良：在合格基础上，操动部分方便省力，空行程少，分合闸时无明显振动。

检查数量：按不同类型各抽查 1～3 台。检验方法：观察检查、试操作检查。

（2）高压开关及其支架、操动机构等的接地（接零）支线敷设的检验和评定如下。导电接触面、开关与母线连接处必须接触紧密，用 0.05 mm×10 mm 塞尺检查：线接触的，塞不进去；面接触的，当接触面宽 50 mm 及以下时，塞入深度不大于 4 mm，当接触面宽 60 mm 及以上时，塞入深度不大于 6 mm。检查数量：按不同类型各抽查 1～3 台。检验方法：实测和检查安装记录。

三、成套配电柜（盘）及动力开关柜安装工程

（一）保证项目

（1）柜（盘）的试验调整结果必须符合施工规范规定。检查数量：按不同类型各抽查 1～3 台。检验方法：检查试验调整记录。

（2）高压瓷件表面严禁有裂纹、缺损和瓷釉损坏等缺陷，低压绝缘部件完整。检查数量：按不同类型各抽查 1～3 台。检验方法：观察检查。

（3）柜（盘）内设备的导电接触面与外部母线连接的检验和评定，必须符合《建筑电气工程施工质量验收规范》（GB 50303—2015）第 4.2.3 条的规定。

（二）基本项目

（1）柜（盘）组立应符合以下规定。

1）合格。

①柜（盘）与基础型钢间连接紧密，固定牢固，接地可靠，柜（盘）间接缝平整。

②盘面标志牌、标志框齐全、正确并清晰。

③小车、抽屉式柜推拉灵活，无卡阻碰撞现象；接地触头接触紧密、调整正确，投入时接地触头比主触头先接触，退出时接地触头比主触头后脱开。

④小车，抽屉式柜，动、静触头中心线调整一致，接触紧密；二次回路的切换接头或机械、电气联锁装置的动作正确、可靠。

2）优良：在合格基础上，油漆完整均匀，盘面清洁，小车或抽屉互换性好。

检查数量：单独安装的抽查 1～5 台，成排安装的抽查 1～3 排。检验方法：观察检查。

（2）柜（盘）内的设备及接线应符合以下规定。

1）合格。

①完整齐全，固定牢靠，操动部分动作灵活、准确。

②有两个电源的柜（盘），母线的相序排列一致；相对排列的柜（盘），母线的相序排列对称。母线色标正确。

③二次结线准确，固定牢靠，导线与电器或端子排的连接紧密，标志清晰、齐全。

2）优良：在合格基础上，盘内母线色标均匀完整；二次结线排列整齐，回路编号清

晰、齐全，采用标准端子头编号，每个端子螺丝上接线不超过两根。柜（盘）的引入、引出线路整齐。

检查数量：单独安装的抽查 1～5 台，成排安装的抽查 1～3 排。检验方法：观察和试操作检查。

（3）柜（盘）及其支架接地（接零）支线敷设的检验和评定如下。

1）合格：连接紧密、牢固，接地（接零）线截面选用正确，需防腐的部分涂漆均匀无遗漏。

2）优良：在合格基础上，线路走向合理，色标准确，涂刷后不污染设备和建筑物。

检查数量：抽查 5 处。检验方法：观察检查。

（三）允许偏差项目

柜（盘）安装的允许偏差和检验方法应符合表 24-9 中的规定。

检查数量：按柜（盘）安装不同类型各抽查 5 处。

表 24-9　柜（盘）安装允许偏差和检验方法

项次	项 目			允许偏差/mm	检验方法
1	基础型钢	顶部平直度	每米	1	拉线、尺量
			全长	5	
2		侧面平直度	每米	1	
			全长	5	
3	柜（盘）安装	每米垂直度		1.5	吊线、尺量
4		水平偏差	相邻两盘顶部	2	直尺、塞尺
			成列盘顶部	5	拉线、尺量
5		盘面偏差	相邻两盘边	1	直尺、塞尺
			成列盘边	5	拉线、尺量
6		盘间接缝		2	塞尺

四、低压电器安装工程

（一）保证项目

绝缘测量和绝缘电阻值必须符合施工规范规定。检查数量：按不同类型各抽查 5 台。检验方法：实测或检查绝缘电阻测试记录。

（二）基本项目

（1）电器安装应符合以下规定。

1）合格。

①部件完整，安装牢靠，排列整齐，绝缘器件无裂纹缺损；电器的活动接触导电部分接触良好，触头压力符合电器技术条件；电刷在刷握内能上、下活动；集电环表面平整、清洁。

②电磁铁芯的表面无锈斑及油垢，吸合、释放正常，通电后无异常噪声；注油的电器油位正确，指示清晰，油试验合格，贮油部分无渗漏现象。

2）优良：在合格基础上，电器表面整洁，固定电器的支架或盘、板平整，电器的引出导线整齐，固定可靠，电器及其支架油漆完整。

检查数量：按不同类型各抽查 5 台（件）。检验方法：观察检查和试通电检查，检查安装记录。

（2）电器的操动机构安装应符合以下规定。

1）合格：动作灵活，触头动作一致，各联锁、传动装置位置正确可靠。

2）优良：在合格基础上，操作时无较大振动和异常噪声，需润滑的部位润滑良好。检查数量：按不同类型各抽查 5 台（件）。检验方法：观察检查和试操作检查。

（3）电器的引线焊接应符合以下规定。

1）合格：焊缝饱满，表面光滑，焊药清除干净，锡焊焊药无腐蚀性。

2）优良：在合格基础上，焊接处防腐和绝缘处理良好，引线绑扎整齐，固定可靠。

检查数量：抽查 10 处。检验方法：观察检查。

（4）电器及其支架的接地（接零）支线敷设的检验和评定如下。

1）合格：连接紧密、牢固，接地（接零）线截面选用正确，需防腐的部分涂漆均匀无遗漏。

2）优良：在合格基础上，线路走向合理，色标准确，涂刷后不污染设备和建筑物。

检查数量：抽查 5 处。检验方法：观察检查。

五、电动机的电气检查和接线工程

（一）保证项目

（1）电动机的试验调整结果必须符合施工规范规定。检查数量：高压电动机全数检查，低压电动机抽查 30%，但不少于 5 台。检验方法：实测或检查试验调整记录。

（2）电动机接线端子与导线端子必须连接紧密，不受外力，连接用紧固件的锁紧装置完整齐全。在电动机接线盒内，裸露的不同相导线间和导线对地间最小距离必须符合施工规范规定。检查数量：高压电动机全数检查，低压电动机抽查 30%，但不少 5 台。检验方法：观察检查和检查安装记录。

（二）基本项目

（1）电动机抽芯检查结果应符合以下规定。

1）合格。

①线圈绝缘层完好，无伤痕，绑线牢靠，槽楔无断裂，不松动，引线焊接牢固；内部清洁，通风孔道无堵塞。

②轴承工作面光滑清洁，无裂纹或锈蚀，注油（脂）的型号、规格和数量正确；转子平衡块紧固，平衡螺丝锁紧，风扇叶片无裂纹。

2）优良：在合格基础上，电动机油漆完整、均匀，抽芯检查记录齐全。

检查数量：抽查抽芯电动机的 30%，但不少于 5 台；重点检查大容量电动机。检验方法：观察检查和检查电动机抽芯记录。

（2）电动机电刷安装应符合以下规定。

1）合格。

①电刷与换向器或集电环接触良好，在刷握内能上、下活动，电刷的压力正常，引线

与刷架连接紧密可靠。

②绕线电动机的电刷抬起装置动作可靠，短路刀片接触良好，动作方向与标志一致。

2）优良：在合格基础上，运行时电刷无明显火花。

检查数量：抽查 5 台。检验方法：观察检查和试运行检查。

（3）电动机外壳接地（接零）支线敷设的检验和评定如下。

1）合格：连接紧密、牢固，接地（接零）线截面选用正确，需防腐的部分涂漆均匀无遗漏。

2）优良：在合格基础上，线路走向合理，色标准确，涂刷后不污染设备和建筑物。

检查数量：抽查 5 处。检验方法：观察检查。

六、蓄电池安装工程

（一）保证项目

（1）蓄电池电解液配制，首次充、放电的各项指标均必须符合产品技术条件及施工规范规定。检查数量：全数检查。检验方法：检查充、放电记录。

（2）蓄电池组母线对地的绝缘电阻值必须符合下列规定：

1）110 V 的蓄电池组不小于 0.1 MΩ。

2）220 V 的蓄电池组不小于 0.2 MΩ。

检查数量：全数检查。检验方法：实测或检查绝缘电阻测试记录。

（二）基本项目

（1）蓄电池台架应符合以下规定。

1）合格：木台架干燥、光滑，无活疖和劈裂；台架尺寸正确，防酸处理完整。

2）优良：在合格基础上，木台架平直整齐，水泥台架耐酸衬砌平整。

检查数量：抽查 10 处。检验方法：观察检查和检查安装记录。

（2）电池安装应符合以下规定。

1）合格。

①稳固、垫平，排列整齐，标志正确，清晰齐全；绝缘子、绝缘垫板等无碎裂和缺损。

②容器内无严重的沉淀或其他杂物，容器本体无渗漏。

2）优良：在合格基础上，表面清洁，容器内的有关表计清晰可见，电解液液位正确。

检查数量：抽查 10 处。检验方法：观察检查。

（3）蓄电池母线安装应符合以下规定。

1）合格。

①母线及其支持件和支架平整，固定牢靠，母线平直，弯曲处弯度均匀一致；母线穿墙接线板固定牢固，密封良好。

②母线熔焊焊接，焊缝无裂纹、气孔等缺陷；蜡焊焊接，焊缝饱满光滑。

2）优良：在合格基础上，母线色标准确均匀，母线布置整齐合理。

检查数量：抽查 10 处。检验方法：观察检查。

七、电气照明器具及其配电箱（盘）安装工程

（一）保证项目

（1）大（重）型灯具及吊扇等安装用的吊钩、预埋件必须埋设牢固。吊扇吊杆及其销钉的防松、防振装置齐全、可靠。检查数量：大（重）型灯具全数检查，吊扇抽查10%，但不少于5台。检验方法：观察检查和检查隐蔽工程记录。

（2）器具的接地（接零）保护措施和其他安全要求必须符合施工规范规定。检查数量：抽查10处。检验方法：观察检查和检查安装记录。

（二）基本项目

（1）器具安装应符合以下规定。

1）合格。

①器具及其支架牢固端正，位置正确，有木台的安装在木台中心。

②暗插座、暗开关的盖板紧贴墙面，四周无缝隙；工厂罩弯管灯、防爆弯管灯的吊攀齐全，固定可靠；电铃、光字号牌等讯响显示装置部件完整，动作正确，讯响显示清晰；灯具及其控制开关工作正常。

2）优良：在合格基础上，器具表面清洁，灯具内外干净明亮，吊杆垂直，双链平行。

检查数量：抽查器具总数的10%。检验方法：观察检查。

（2）配电箱（盘、板）安装应符合以下规定。

1）合格：位置正确，部件齐全，箱体开孔合适，切口整齐；暗式配电箱箱盖紧贴墙面；零线经汇流排（零线端子）连接，无绞接现象；箱体（盘、板）油漆完整。

2）优良：在合格基础上，箱体内外清洁，箱盖开闭灵活，箱内结线整齐，回路编号齐全、正确；管子与箱体连接有专用锁紧螺母。

检查数量：抽查5台。检验方法：观察检查。

（3）导线与器具连接应符合以下规定。

1）合格。

①连接牢固紧密，不伤芯线。压板连接时，压紧无松动；螺栓连接时，在同一端子上导线不超过两根，防松垫圈等配件齐全。

②开关切断相线，螺口灯头相线接在中心触点的端子上；同样用途的三相插座接线，相序排列一致；单相插座的接线，面对插座，右极接相线，左极接零线；单相三孔、三相四孔插座的接地（接零）线接在正上方；插座的接地（接零）线单独敷设，不与工作零线混同。

2）优良：在合格基础上，导线进入器具的绝缘保护良好，在器具、盒（箱）内的余量适当。吊链灯的引下线整齐美观。

检查数量：按不同类别器具各抽查10处。检验方法：观察检查、通电检查。

（4）照明器具及配电箱（盘）的接地（接零）支线敷设的检验和评定如下。

1）合格：连接紧密、牢固，接地（接零）线截面选用正确，需防腐的部分涂漆均匀无遗漏。

2）优良：在合格基础上，线路走向合理，色标准确，涂刷后不污染设备和建筑物。

检查数量：抽查5处。检验方法：观察检查。

（三）允许偏差项目

照明器具、配电箱（盘、板）安装允许偏差和检验方法应符合表 24-10 中的规定。

检查数量：配电箱（盘、板）抽查 5 台，器具抽查总数的 10%，但不少于 10 套（件）。

表 24-10　照明器具、配电箱（盘、板）安装允许偏差和检验方法

项次	项　　　目			允许偏差/mm	检验方法
1	箱、盘、板、垂直度	箱（盘、板）体高 50 cm 以下		1.5	吊线、尺量
		箱（盘、板）体高 50 cm 以上		3	
2	照明器具	成排灯具中心线		5	拉线、尺量
3		明开关、插座的底板和暗开关、插座的面板	并列安装高差	0.5	尺量
			同一场所高差	5	
4			面板垂直度	0.5	吊线、尺量

第五节　避雷针（网）及接地装置安装工程

一、保证项目

（1）接地装置的接地电阻值必须符合设计要求。检查数量：全数检查。检验方法：实测或检查接地电阻测试记录。

（2）接至电气设备、器具和可拆卸的其他非带电金属部件接地（接零）的分支线，必须直接与接地干线相连，严禁串联连接。

检查数量：抽查设备、器具总数的 10%。检验方法：观察检查和检查安装记录。

二、基本项目

（1）避雷针（网）及其支持件安装应符合以下规定。

1）合格：位置正确，固定牢靠，防腐良好；针体垂直，避雷网规格尺寸和弯曲半径正确；避雷针及支持件的制作质量符合设计要求。设有标志灯的避雷针，灯具完整，显示清晰。

2）优良：在合格基础上，避雷网支持件间距均匀；避雷针针体垂直度偏差不大于顶端针杆的直径。检查数量：全数检查。检验方法：观察检查和实测或检查安装记录。

（2）接地（接零）线的敷设应符合以下规定。

1）合格。

①平直、牢固，固定点间距均匀，跨越建筑物变形缝有补偿装置，穿墙有保护管，油漆防腐完整。

②焊接连接的焊缝平整、饱满，无明显气孔、咬肉等缺陷；螺栓连接紧密、牢固，有防松措施。

③防雷接地引下线的保护管固定牢靠，断线卡设置便于检测，接触面镀锌或镀锡完整，

309

螺栓等紧固件齐全。

2）优良：在合格基础上，防腐均匀，不污染建筑物。

检查数量：全数检查。检验方法：观察检查。

（3）接地体安装应符合以下规定：

1）合格：位置正确，连接牢固，接地体埋设深度距地面不小于 0.6 m。

2）优良：在合格基础上，隐蔽工程记录齐全、准确。

检查数量：全数检查。检验方法：检查隐蔽工程记录。

三、允许偏差项目

接地（接零）线焊接搭接长度规定和检验方法应符合表 24–11 中的规定。

检查数量：按不同搭接类别各抽查 5 处。

表 24–11　接地（接零）线焊接搭接长度规定和检验方法

项次	项　　目		规定数值	检验方法
1	搭接长度/mm	扁钢	$\geq 2b$	尺量检查
		圆钢	$\geq 6d$	
		圆钢和扁钢	$\geq 6d$	
2	扁钢搭接焊的棱边数/根		3	观察检查

注：b 为扁钢宽度；d 为圆钢直径。

附　　录

附录 A　常用标注方式及文字符号汇总

附表 A-1　标写计算用的文字符号

标注文字符号	名称	单位
P_e	设备容量	kW
P_{js}	计算负荷	kW
U_e	额定电压	V
I_e	额定电流	A
I_{js}	计算电流	A
I_z	整定电流	A
I_d	短路电流	A
K_x	需要系数	
$\Delta u\%$	电压损失百分数	
$\cos\Phi$	功率因数	
S_{js}	视在功率	kV·A
Q_{js}	无功功率	kvar
Q_k	电容器容量	kvar

附表 A-2　供配电系统设计文件标注的文字符号

标注文字符号	名称	单位
U_n	系统标称电压	V
U_r	设备的额定电压	V
I_r	额定电流	A
f	频率	Hz
P_r	额定功率	kW

标注文字符号	名称	单位
P_n	设备安装功率	kW
P_c	计算有功功率	kW
Q_c	计算无功功率	kvar
S_c	计算视在功率	kV·A
S_r	额定视在功率	kV·A
I_c	计算电流	A
I_{st}	启动电流	A
I_k	稳态短路电流	kA
I_s	整定电流	A
I_p	尖峰电流	A
$\cos\Phi$	功率因数	
u_{kr}	阻抗电压	%
i_p	短路电流峰值	kA
K_d	需要系数	

附录 B　常用导线型号及使用范围

附表 B-1　油浸纸绝缘铝包电力电缆

型号		使用范围
铜芯	铝芯	
ZL	ZLL	架空敷设在干燥室内、沟管中，不能承受外力作用
ZL11	ZLL11	敷设在对铝护套有腐蚀的室内或沟管中，不能承受机械外力
ZL12	ZLL12	用于对铝护套有腐蚀的土壤中，能承受机械外力但不能承受拉力
ZL120	ZLL120	用于对铝护套有腐蚀的室内或沟管中，能承受机械外力但不能承受拉力
ZL13	ZLL13	用于对铝护套有腐蚀的土壤和水中，能承受机械外力也能承受相当的拉力
ZL130	ZLL130	敷设在对铝护套有腐蚀的室内、沟管中和矿井内，能承受机械外力也承受相当的拉力
ZL15	ZLL15	用于对铝护套有腐蚀的水中，能承受较大拉力
ZL22	ZLL22	用于对铝护套和钢带均有严重腐蚀环境中，能承受机械外力但不能承受拉力
ZL23	ZLL23	用于对铝护套和细钢丝均有严重腐蚀环境中，能承受机械外力也能承受相当的拉力
ZL25	ZLL25	用于对铝护套和细钢丝均有严重腐蚀环境中，能承受机械外力也能承受相当的拉力

附表 B-2　交联聚乙烯绝缘聚氯乙烯护套电力电缆

型号		使用范围
铜芯	铝芯	
YJV	YJLV	用于室内、隧道及托架中，也可直埋，不能承受外力，但可承受一定的敷设牵引力
YJV29	YJLV29	敷设在地下，能承受机械外力，不能承受大的拉力
YJV30	YJLV30	用于室内、隧道及矿井中，能承受机械外力和相当的拉力
YJV39	YJLV39	敷设在水中或具有落差较大的土壤中，能承受相当的拉力
YJV50	YJLV50	同 YJV30、YJLV30
YJV59	YJLV59	敷设在水中，能承受较大拉力

附表 B-3　聚氯乙烯绝缘聚氯乙烯护套电力电缆

型号		使用范围
铜芯	铝芯	
VV	VLV	敷设在室内、隧道及管道中，不能承受机械外力
VV29	VLV29	敷设在地下，能承受机械外力，不能承受大的拉力
VV30	VLV30	敷设在室内、矿井中，能承受机械外力及相当的拉力
VV39	VLV39	敷设在水中，能承受相当的拉力
VV50	VLV50	同 VV30、VLV30
VV59	VLV59	敷设在水中，能承受较大的拉力

附表 B-4　普通橡胶软电缆

型号	使用范围
YQ	连接交流电压 250 V 及以下轻型移动设备和日用电器
YQW	同 YQ，具有一定耐油性及对气候的适应性强
YZ	连接交流 500 V 及以下各种移动电气设备（包括农用电气设备）
YZW	同 YZ，具有一定耐油性及对气候的适应性强
YC	同 YZ，能承受较大机械外力作用
YCW	同 YC，具有一定耐油性及对气候的适应性强
YH	用作电焊机二次侧连接及连接电焊钳的软电缆，额定电压为 200 V
YHW	用作电焊机二次侧连接及连接电焊钳的软电缆，额定电压为 200 V

附表 B-5　常用电线

型号		使用范围
铜芯	铝芯	
BX	BLX	宜于室内明敷或穿管敷设
BXR		在室内作电气设备活动部分的连接线
BV	BLV	用于低压电气线路，可明敷、暗敷，护套线可直接埋地
BVV	BLVV	同 BLV
BXF	BLXF	宜于固定敷设，尤其适用于户外
BVR		适用于室内作仪表、开关等活动部分的连接线

附表 B-6　常用控制、信号电缆

型号		使用范围	使用条件
铜芯	铝芯		
KVV	KLVV	敷设在室内、电缆沟中、管道内及地下	（1）额定电压：交流 500 V 及以下；直流 1000 V 及以下。 （2）导线最高工作温度 65 ℃。 （3）敷设时最低环境温度：橡皮绝缘为 −15 ℃；塑料绝缘为 0 ℃；耐寒塑料为 −20 ℃。 （4）敷设时最小弯曲半径为 10 倍电缆外径
KYV	KLYV		
KXV	KLXV		
KXF			
KXVD	KLXVD	敷设在室内、电缆沟中、管道内及地下，耐寒性能好	
KYVD	KLYVD		
KVV29	KLVV29	敷设在室内、电缆沟中、管道内及地下，能承受较大的机械外力作用，但不能承受拉力	
KYV29	KLYV29		
KXV29	KLXV29		
PVV		敷设在室内、电缆沟中、管道内及地下	（1）额定电压：交流 250 V 及以下；直流 500 V 及以下。 （2）导线长期工作温度 65 ℃。 （3）敷设时最低环境温度为 0 ℃。 （4）敷设时最小弯曲半径为 10 倍电缆外径
PYV			
PVV29		敷设在室内、电缆沟中、管道内及地下，能承受较大机械外力，但不能承受拉力	
PYV29			
KVVR		移动式电气、仪表、电信器材及遥控设备装置连接用	（1）交流额定电压为 250 V。 （2）导线长期工作温度为 65 ℃。 （3）敷设时最低环境温度为 −15 ℃

附录 C　常用数据汇总

附表 C-1　各种电气装置要求的接地电阻值

电气装置名称	接地的电气装置特点	接地电阻要求/Ω
低压电力网中，电源中性点接地	100 kV·A 及以上变压器（发电机）	≤4
	由单台容量不超过 100 kV·A 或使用同一接地装置并联运行且总容量不超过 100 kV·A 的变压器或发电机供电	≤10
	上述装置的重复接地（不少于 3 处）	≤30
引入线上装有 25 A 以下的熔断器的小容量线路电气设备	任何供电系统	≤4
	高低压电气设备联合接地	≤10
	电流、电压互感设备联合接地	≤10
土壤电阻率大于 500 Ω·m 的高土壤电阻率地区发电厂、变电所电气装置保护接地	高低压电气设备联合接地	≤10
	电流、电压互感器二次线圈接地	≤10
建筑物	一类防雷（防止直击雷）	≤10（冲击电阻）
	一类防雷（防止感应雷）	≤10（工频电阻）
	二类防雷（防止直击雷）	≤10（冲击电阻）
	三类防雷（防止直击雷）	≤30（冲击电阻）
共用接地装置		接入设备中要求的最小值确定，一般为 1

附表 C-2　钢制托盘、梯架允许最小板厚　　单位：mm

托盘、梯架宽度 W	允许最小板厚
W≤150	1.0
150<W≤300	1.2
300<W≤500	1.5
500<W≤800	2.0
W>800	2.2

注：1. 连接板的厚度至少按托盘、梯架间等板厚选用，也可以选厚一个等级。

　　2. 盖板的板厚可以按托盘、梯架的厚度选低一个等级。

附表 C-3　金属管材规格

管材种类 （图注代号）	公称口径/mm	外径/mm	壁厚/mm	内径/mm
电线管（KBG） 注：KBG 为扣压薄 壁镀锌铁管	16	15.7	1.2	13.3
	20	19.7	1.2	17.3
	25	24.7	1.2	22.3
	32	31.6	1.2	29.2
	40	39.6	1.2	37.2
电线管（JDG） 注：JDG 为套接紧定 式镀锌铁管	16	15.7	1.2	13.3
	20	19.7	1.2	17.3
	25	24.7	1.2	22.3
	32	31.6	1.2	29.2
	40	39.6	1.2	37.2
	50	49.6	1.2	47.2
	16	15.7	1.6	12.5
	20	19.7	1.6	16.5
	25	24.7	1.6	21.5
	32	31.6	1.6	28.4
	40	39.6	1.6	36.4
	50	49.6	1.6	46.4
电线管（MT） 注：MT 为黑铁 电线管	16	15.87	1.6	12.67
	20	19.05	1.6	15.85
	25	25.4	1.6	22.2
	32	31.75	1.6	28.55
	40	38.1	1.6	34.9
	50	50.8	1.6	47.6
焊接钢管（SC）	15	20.75	2.5	15.75
	20	26.25	2.5	21.25
	25	32	2.5	27
	32	40.75	2.5	35.75
	40	46	2.5	41
	50	58	2.5	53
	70	74	3.0	68
	80	86	3.0	80
	100	112	3.0	106

管材种类（图注代号）	公称口径/mm	外径/mm	壁厚/mm	内径/mm
水煤气钢管（RC）	15	21.25	2.75	15.75
	20	26.75	2.75	21.25
	25	33.5	3.25	27
	32	42.25	3.25	35.75
	40	48	3.5	41
	50	60	3.5	53
	70	75	3.75	68
	80	88.5	4	80
	100	114	4	106
	125	140	4.5	131
	150	165	4.5	156

附表 C-4　聚氯乙烯电线管规格

管材种类（图注代号）	公称口径/mm	外径/mm	壁厚/mm	内径/mm
聚氯乙烯硬质电线管（PC）（PVC 中型管）	16	16	1.4	13
	20	20	1.5	16.9
	25	25	1.7	21.4
	32	32	2.0	27.8
	40	40	2.0	35.4
	50	50	2.3	44.1
聚氯乙烯硬质电线管（PC）（PVC 重型管）	16	16	1.9	12.2
	20	20	2.1	15.8
	25	25	2.2	20.6
	32	32	2.7	26.6
	40	40	2.8	34.4
	50	50	3.2	43.6
	63	63	3.4	56.2

续表

管材种类 （图注代号）	公称口径/mm	外径/mm	壁厚/mm	内径/mm
聚氯乙烯塑料 波纹电线管 （KPC）	15	18.7	2.45	13.8
	20	21.2	2.6	16
	25	28.5	2.9	22.7
	32	34.5	3.05	28.4
	40	42.5	3.15	36.2
	50	54.5	3.8	46.9

附表 C-5　0.45/0.75 kW　BV、ZRBV、BV-105、WDZ-BYJ 电线外径与面积关系

线芯截面/mm²	1	1.5	2.5	4	6
线芯组成/mm	1×1.13	1×1.78	1×1.78	1×2.25	1×2.76
参考外径/mm	2.8	3.3	3.9	4.4	4.9
线芯截面/mm²	10	16	25	35	50
线芯组成/mm	7×1.35	7×1.70	7×2.14	7×2.52	19×1.78
参考外径/mm	7.0	8.0	10	11.5	13
线芯截面/mm²	70	95	120	150	185
线芯组成/mm	19×2.14	19×2.52	37×2.03	37×2.25	37×2.52
参考外径/mm	15	17.5	19	21	23.5

附表 C-6　焊接钢管新老尺寸对照

老尺寸	4 分	6 分	1 寸	1.2 寸	1.5 寸	2 寸
DN/mm	15	20	25	32	40	50
老尺寸	2.5 寸	3 寸	4 寸	5 寸	6 寸	8 寸
DN/mm	65	80	100	125	150	200

附表 C-7　室内电气管线桥架与其他管道之间的最小距离

附表 C-7a

线路布线方式	与其他用途管道间的最小距离/mm									
	工艺设备		煤气管		乙炔管		氧气管		蒸汽管	
	平行	交叉	平行	交叉	平行	交叉	平行	交叉	平行	交叉
导线穿金属管	—	—	100	100	100	100	100	100	1000*	300
电缆明敷	—	—	500	300	1000	500	500	300	1000*	500
绝缘导线明敷	—	—	1000	300	1000	500	500	300	1000*	300
裸母线	1500	1500	1000	300	2000	500	1000	500	1000*	500
吊车滑触线	1500	1500	1500	500	3000	500	1500	500	1000*	500
配电设备	—	—	1500	—	3000	—	1500	—	500*	—

线路布线方式	与其他用途管道间的最小距离/mm							
	暖热水管		通风管		上下水管		压缩空气管	
	平行	交叉	平行	交叉	平行	交叉	平行	交叉
导线穿金属管	300*	300	—	—	—	—	—	—
电缆明敷	500*	500	150	100	150	100	150	100
绝缘导线明敷	300*	500	200	100	200	100	200	100
裸母线	1000*	500	1000	500	1000	500	1000	500
吊车滑触线	1000*	500	1000	500	1000	500	1000	500
配电设备	100*	—	100	—	100	—	100	—

附表 C-7b　电缆桥架与各种管道的最小净距

管道类别		平行净距/mm	交叉净距/mm
一般工艺管道		400	300
具有腐蚀性液体或气体管道		500	500
热力管道	无保温层	1000	1000
	有保温层	500	500

注：1. 表内无"*"标识数字为电气管线在管道上面时的数据，有"*"标识的数字为电气管线在管道下面时的数据。

2. 在不能满足表中所列距离情况下，应采取下列措施：

（1）当电气管线与蒸汽管线不能保持表中距离时，应在蒸汽管线或电气管外包绝缘层，此时平行净距可减至 200 mm，交叉处仅需满足施工操作和便于维修的距离。

（2）当电气管线与热水管不能保持表中距离时，应在交叉处的裸母线外装保护网或罩。

（3）当裸母线与其他管道交叉不能保持表中距离时，应在交叉处的裸母线外装保护网或罩。

3. 当上水管与电气管线平行敷设且在同一垂直面时，应将电气管线敷设于水管之上。

参考文献

[1] 雍静. 供配电系统[M]. 北京：机械工业出版社，2003.

[2] 刘学军. 继电保护原理[M]. 北京：中国电力出版社，2007.

[3] 马小军. 建筑电气控制技术[M]. 北京：机械工业出版社，2012.

[4] 杨岳. 电气安全[M]. 北京：机械工业出版社，2010.

[5] 杨金夕. 防雷接地及电气安全技术[M]. 北京：机械工业出版社，2004.

[6] 李惠昇. 电梯控制技术[M]. 北京：机械工业出版社，2003.

[7] 魏立明. 建筑电气照明技术与应用[M]. 北京：机械工业出版社，2015.

[8] 孙光伟. 水暖与空调电气控制技术[M]. 北京：中国建筑工业出版社，1998.

[9] 胡国文，蔡桂龙，胡乃定. 现代民用建筑电气工程设计与施工[M]. 北京：中国电力出版社，2005.

[10] 安勇. 建筑电气监理手册[M]. 北京：机械工业出版社，2008.

[11] 李玉云. 建筑设备自动化[M]. 北京：机械工业出版社，2006.

[12] 王再英，韩养社，高虎贤. 楼宇自动化系统原理与应用[M]. 北京：电子工业出版社，2011.

[13] 高明远. 建筑设备工程[M]. 北京：中国建筑工业出版社，1989.

[14] 李海，黎文安. 实用建筑电气技术[M]. 北京：中国水利水电出版社，1997.

[15] 刘介才. 供配电技术[M]. 北京：机械工业出版社，2012.

[16] 王晋生. 10kV 及以下配电装置工程图集[M]. 北京：中国电力出版社，2001.

[17] 韩宁. 综合布线[M]. 北京：人民交通出版社，2000.

[18] 潘云钢. 高层民用建筑空调设计[M]. 北京：中国建筑工业出版社，1999.

[19] 薛殿华. 空气调节[M]. 北京：清华大学出版社，1991.

[20] 杨光臣. 建筑电气工程施工[M]. 重庆：重庆大学出版社，1996.

[21] 中国航空规划设计研究总院有限公司组. 工业与民用供配电设计手册[M]. 第 4 版. 北京：中国电力出版社，2016.

[22] 电气装置安装工程接地装置施工及验收规范：GB 50169—2016 [S]. 北京：中国计划出版社，2017.

[23] 建筑电气工程施工质量验收规范：GB 50303—2015 [S]. 北京：中国建筑工业出版社，2016.

[24] 电梯制造与安装安全规范　第 1 部分：乘客电梯和载货电梯：GB/T 7588.1—2020 [S]. 北京：中国标准出版社，2020.

[25] 电梯工程施工质量验收规范：GB 50310—2002 [S]. 北京：中国建筑工业出版社，2004.

[26] 建筑电气照明装置施工与验收规范：GB 50617—2010 [S]. 北京：中国计划出版社，2010.

[27] 建筑物防雷装置检测技术规范：GB/T 21431—2015 [S]. 第 2 版. 北京：中国标准出版社，2019.

[28] 电气装置安装工程 66 kV 及以下架空电力线路施工及验收规范：GB 50173—2014 [S]. 北京：中国计划出版社，2015.

[29] 1kV 及以下配线工程施工与验收规范：GB 50575—2010 [S]. 北京：中国计划出版社，2010.

[30] 电控配电用电缆桥架：JB/T 10216—2013 [S]. 北京：机械工业出版社，2014.

[31] 建筑机电工程抗震设计规范：GB 50981—2014 [S]. 北京：中国建筑工业出版社，2015.

[32] 电气装置安装工程 电缆线路施工及验收规范：GB 50168—2018 [S]. 北京：中国计划出版社，2018.

[33] 电气装置安装工程蓄电池施工及验收规范：GB 50172—2012 [S]. 北京：中国计划出版社，2012.

[34] 建设工程监理规范：GB/T 50319—2013 [S]. 北京：中国建筑工业出版社，2014.

[35] 阻燃和耐火电线电缆或光缆通则：GB/T 19666—2019 [S]. 北京：中国标准出版社，2019.

[36] 电梯安装验收规范：GB/T 10060—2011 [S]. 北京：中国标准出版社，2012.

[37] 电气装置安装工程 低压电器施工及验收规范：GB 50254—2014 [S]. 北京：中国计划出版社，2014.

[38] 河南省工程建设标准设计管理办公室. 12 系列建筑标准设计图集：12YD1–18 [S]. 北京：中国建材工业出版社，2012.

[39] 中国建筑标准设计研究院. 防雷与接地设计施工要点：15D500 [S]. 北京：中国计划出版社，2015.

[40] 中国建筑标准设计研究院. 建筑物防雷设施安装：15D501 [S]. 北京：中国计划出版社，2015.

[41] 中国建筑标准设计研究院. 等电位联结安装：15D502 [S]. 北京：中国计划出版社，2015.